石川 峻=著
ISHIKAWA Shun

有機化学演習

[四訂版]

Organic Chemistry
Problems

四訂版刊行にあたって

　新教育過程（2022年4月開始）における高等学校教科書を基に,故石川峻先生が執筆された三訂版から用語を一部変更して刊行しました。

2024年　春　　　駿台文庫

三訂版刊行にあたって

　本書は増補改訂版を出してからすでに10年を経過した。この間，大学の入試事情も変わり，有機化学の入試問題では，新傾向の問題が増加してきた。また，学習指導要項が改定された時期でもあるので，これを機会に新課程の入試に十分に対応できるように，この度三訂版を刊行することにした。

　三訂版では，天然有機化合物と合成高分子化合物の問題を最新の大学入試問題と重点的に入れ替えた。また，新項目の問題も最新の大学入試問題から厳選し，採り入れた。

　すでに知られるごとく，有機化合物の数は無機化合物に比べて圧倒的に多い。しかも大学入試で出題される有機化学は出題率が高く，かつ広範囲にわたっており，難易度も年々高くなっているのが現状である。

　有機化学は数多くの有機化合物を対象としているが，学習のしかたによっては，まとめやすく，能率よく学習効果を上げることができ，確実に得点に結びつけることが可能である。

　本書はこのような観点に立って，広範囲にわたる有機化学を短期間で修得させ，入試問題に対処できる実力を養成するために執筆したものであり，受験生諸君にとって最適な学習参考書になりうると信じる。本書が受験生諸君の入試対策の一助ともなるならば著者にとって望外の喜びである。

2013年　秋　　　石川　峻

本書の構成・特色・利用法

〔1〕本書の構成

　本書は，第1章「有機化学の基礎」，第2章「有機化学演習」からなっている．第1章では，大学入試に必要と思われる有機化学の基礎知識を23項目に分け，入試出題頻度をも考慮してできるだけ簡潔に記述した．第2章では，最も典型的な問題56題を〈例題〉として取り上げて解説し，各節末には《練習問題》と―練習問題の解説と解答―を加えて構成した．

〔2〕本書の特色

（1）　第1章では，大学入試における有機化学の学習に必要と思われる入試頻出事項を，容易に理解・記憶できるよう簡潔に整理し，表や図にまとめた．

（2）　現在の有機化学に関係する入試問題では，理論的説明を要求する問題はきわめて少ない．したがって，本書では電子論などによる理論的な説明は最小限にとどめ，主として基礎的な事項の記述に重点をおいた．

（3）　〈例題〉の56題，《練習問題》の60題は，最近の入試問題を検討し，出題頻度の高い内容を含む問題のみを大学入試問題から厳選，採択した．

（4）　〈例題〉には ▶ポイント ， 解説 ， 答 の順に記述した． ▶ポイント には〈例題〉で取り扱われている内容の重要点，注意事項あるいは出題率などを記述し，入試対策に万全を期した． 解説 と 答 はできるだけ平易に説明し，問題解法のテクニックの修得に役立つように心がけた．

〔3〕本書の利用法

（1）　最初，官能基と主な化合物の名称と化学式を覚え，そのうえで第1章の「有機化学の基礎」に記載した必要最小限の知識は記憶し，いつでも利用できるようにする．

（2）　〈例題〉は大学入試問題のうち中程度の，頻出度の高い問題を選んである．〈例題〉を解くにあたっては，関連のある第1章の出題頻出事項を熟読し，次に ▶ポイント を読み問題の重要点や注意事項，あるいは出題頻度を熟知する．

（3）　〈例題〉は自力で解いてみる．さらに 解説 から解き方や考え方を把握し，確実に身につける．

（4）　《練習問題》は〈例題〉と同程度もしくはやや高度な問題を大学入試問題の中から選んである．〈例題〉で培われた力を発揮して解いてみる．

（5）　有機化学反応のまとめには「アセチレンを中心にした反応系統図」と「ベンゼンを中心にした反応系統図」，一連の化学反応式などが大変役立つから十分に活用できるように理解しておく．

　有機化学の学習に時間的余裕のない受験生諸君は，〈例題〉だけを解くことで十分に実戦力が養成されるはずである．

目　　　　次

第1章　有機化学の基礎

第2章　有機化学演習

第 1 章

有機化学の基礎

§1. 有機化合物の特徴・分類

　炭素化合物を**有機化合物**という．ただし，一酸化炭素，二酸化炭素，炭酸塩，炭酸水素塩，シアン化合物などは無機化合物である．

特　徴	① C, H, O が主な構成元素（そのほか，N, S, P, ハロゲン） ② 多くは非電解質（スルホン酸，カルボン酸，フェノール類などは水に溶けて電離する） ③ 融点は一般に低い． ④ 多くは有機溶媒に溶けるが，水には溶けにくい． ⑤ 反応速度がおそい． ⑥ 燃焼すると CO_2 と H_2O を生じる．
分　類	鎖式化合物 （脂肪族化合物）｛飽和化合物　 例 メタン，エタノール 　　　　　　　　不飽和化合物　 例 エチレン，アセチレン 環式化合物｛炭素環式化合物｛脂環式化合物 　　　　　　　　　　　　　　　 例 シクロヘキサン 　　　　　　　　　　　　　芳香族化合物 　　　　　　　　　　　　　　　 例 ベンゼン，アニリン 　　　　　　　複素環式化合物　 例 ピリジン

§2. 官　能　基

(1)	ヒドロキシ基	-OH	アルコール（**ROH**）　　　　（中性） 　例 CH_3OH（メタノール）
			フェノール類　　　　　　　　（酸性） 　例 C_6H_5OH（フェノール）
(2)	ホルミル基 （アルデヒド基）	-CHO	アルデヒド（**RCHO**）（還元性あり） 　例 HCHO（ホルムアルデヒド）
(3)	カルボニル基 （ケトン基）	＞CO	ケトン（**RCOR′**）　（還元性なし） 　例 CH_3COCH_3（アセトン）

(4)	**カルボキシ基**	$-COOH$	カルボン酸（**RCOOH**）　　　　（酸性） 例 HCOOH（ギ酸）
(5)	**スルホ基**	$-SO_3H$	スルホン酸　　　　　　　　　　（酸性） 例 $C_6H_5SO_3H$ 　　　　　　　（ベンゼンスルホン酸）
(6)	**ニトロ基**	$-NO_2$	ニトロ化合物　　　　　　　　　（中性） 例 $C_6H_5NO_2$（ニトロベンゼン）
(7)	**アミノ基**	$-NH_2$	アミン（**RNH₂**）　　　　　（塩基性） 例 $C_6H_5NH_2$（アニリン）
(8)	**アセチル基**	CH_3CO-	アセチル化合物 例 $C_6H_5NHCOCH_3$ 　　　　　　　（アセトアニリド）
(9)	**ビニル基**	$CH_2=CH-$	ビニル化合物　　　　　　　　（重合性） 例 $CH_2=CHCl$（塩化ビニル）
(10)	**アゾ基**	$-N=N-$	アゾ化合物　　　　　　　　　　（有色） 例 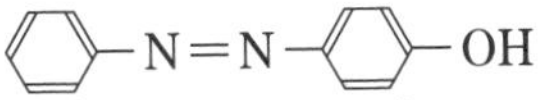 ⬡$-N=N-$⬡$-OH$ （p-フェニルアゾフェノール）
(11)	**ジアゾニウム基**	$-N^+\equiv N$	ジアゾニウム塩 例 $C_6H_5N^+\equiv NCl^-$ （塩化ベンゼンジアゾニウム）
(12)	**アミノ基 カルボキシ基**	$\begin{cases}-NH_2\\-COOH\end{cases}$	アミノ酸　　　　　　　　　　（両性） 例 $CH_2(NH_2)COOH$（グリシン）
(13)	**ヒドロキシ基 カルボキシ基**	$\begin{cases}-OH\\-COOH\end{cases}$	ヒドロキシ酸　　　　　　　　（酸性） 例 $CH_3CH(OH)COOH$　　（乳酸）
(14)	**エーテル結合**	$-\overset{|}{\underset{|}{C}}-O-\overset{|}{\underset{|}{C}}-$	エーテル（**ROR′**） 例 CH_3OCH_3（ジメチルエーテル）

(15)	**エステル結合**	$-\overset{\vert}{\underset{\vert}{C}}-\overset{\vert}{\underset{\Vert}{\underset{O}{C}}}-O-\overset{\vert}{\underset{\vert}{C}}-$	エステル（**RCOOR′**） 　例　CH_3COOCH_3（酢酸メチル）
(16)	**アルキル基**	$C_nH_{2n+1}-$　(R−)	例
	メチル基	CH_3-	CH_3OH（メタノール）
	エチル基	C_2H_5-	$C_2H_5OC_2H_5$（ジエチルエーテル）
	プロピル基	$CH_3-CH_2-CH_2-$	$CH_3CH_2CH_2OH$（1-プロパノール）
	イソプロピル基	$\overset{CH_3}{\underset{CH_3}{>}}CH-$	$\overset{CH_3}{\underset{CH_3}{>}}CHOH$（2-プロパノールまたはイソプロピルアルコール）
(17)	**フェニル基**	C_6H_5-	例　C_6H_5COOH（安息香酸）
(18)	**ベンジル基**	$C_6H_5CH_2-$	例　$C_6H_5CH_2OH$（ベンジルアルコール）

§3.　有機化合物のよび方

（1）鎖式炭化水素

	メタン CH_4	エタン C_2H_6	プロパン C_3H_8	ブタン C_4H_{10}
アルカン alkane （メタン系炭化水素） C_nH_{2n+2}	メタン CH_4	エタン C_2H_6	プロパン C_3H_8	ブタン C_4H_{10}
アルケン alkene （エチレン系炭化水素） C_nH_{2n}		エチレン （エテン） C_2H_4	プロペン （プロピレン） C_3H_6	ブテン C_4H_8
アルキン alkyne （アセチレン系炭化水素） C_nH_{2n-2}		アセチレン （エチン） C_2H_2	プロピン （メチルアセチレン） $CH_3-C\equiv CH$	1-ブチン （エチルアセチレン） $C_2H_5-C\equiv CH$

① **枝分かれした炭素鎖をもつアルカン**

　分子の中の最も長い炭素鎖を**主鎖**といい，主鎖の炭素に枝分かれしてついている炭素鎖を**側鎖**という．側鎖がついているC原子の番号がなるべく小さくなるように主鎖のC原子の端から番号をつける．

| 側鎖のついている炭素の番号 | ー | 側鎖名 | 主鎖の相当するアルカンの名称 |

（同じ側鎖が2つ以上ついているときはジ，トリ，……の接頭語をつける）

例　$\overset{1}{CH_3}-\overset{2}{CH}-\overset{3}{CH_2}-\overset{4}{CH_3}$　　　$\overset{1}{CH_3}-\overset{2}{C}-\overset{3}{CH_2}-\overset{4}{CH_2}-\overset{5}{CH_3}$
$\qquad\qquad\quad |$
$\qquad\qquad\ CH_3$

2-メチルブタン　　　　　　　　　　2,2-ジメチルペンタン

② アルケン

| 二重結合で結合している炭素の小さいほうの番号 | ー | 主鎖に相当するアルケンの名称 |

例　$\overset{5}{CH_3}-\overset{4}{CH_2}-\overset{3}{CH_2}-\overset{2}{CH}=\overset{1}{CH_2}$　　1-ペンテン

（2）　アルコール

慣　用　名……アルキル基の名称のあとにアルコールをつける．
国　際　名……炭化水素名の語尾に-ol（オール）をつける．

	慣　用　名	国　際　名
CH_3OH	メチルアルコール	メタノール
C_2H_5OH	エチルアルコール	エタノール
C_3H_7OH { $CH_3CH_2CH_2OH$	プロピルアルコール	1-プロパノール
$CH_3-CH-CH_3$ / OH	イソプロピルアルコール	2-プロパノール

（注）　プロパノール以上ではC原子につくOH基の位置を明示する．OH基のついている
　　　C原子の番号を書き，そのあとにたとえばプロパノール，ブタノール，……を書く．

（3）　鎖式カルボン酸

慣用名……広く使われている．
国際名……カルボキシ基をメチル基に変えた炭化水素名に「酸」をつける．

	慣　用　名	国　際　名
CH_3COOH	酢　酸	エタン酸
C_2H_5COOH	プロピオン酸	プロパン酸

（4）　エステル

酸の名称のあとにアルコールの炭化水素基の名称をつける．

例　CH_3COOCH_3　酢酸メチル　　　　$C_2H_5COOC_2H_5$　プロピオン酸エチル

§4.　主な有機化合物と化学式

(物質名がゴシック体(太字)の化合物はとくに重要)

(1)　炭化水素 (p.15～18参照)	**アルカン**　C_nH_{2n+2} (メタン系)	CH_4 メタン	C_2H_6 エタン	C_3H_8 プロパン	C_4H_{10} ブタン	C_5H_{12} ペンタン
	アルケン　C_nH_{2n} (エチレン系) 二重結合1個	C_2H_4 エテン (エチレン)	C_3H_6 プロペン (プロピレン)		C_4H_8 ブテン	C_5H_{10} ペンテン
	アルキン　C_nH_{2n-2} (アセチレン系) 三重結合1個	C_2H_2 アセチレン (エチン)	$CH_3C \equiv CH$ プロピン (メチルアセチレン)			

シクロアルカン (シクロパラフィン)　C_nH_{2n}　環1個

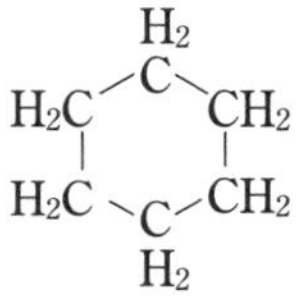

シクロヘキサン

芳香族

ベンゼン　トルエン　エチルベンゼン　スチレン　クメン(イソプロピルベンゼン)　o-キシレン　m-キシレン　ナフタレン　アントラセン　p-キシレン

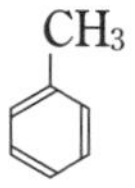

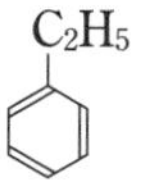

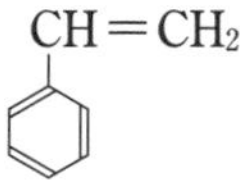

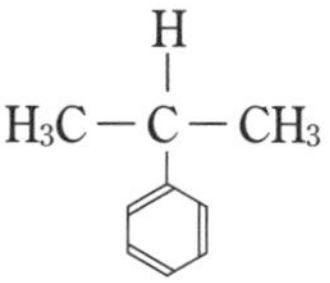

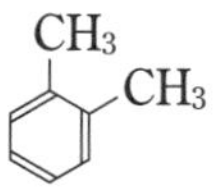

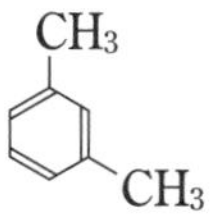

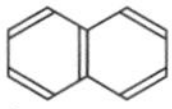

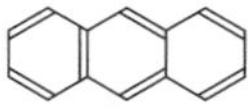

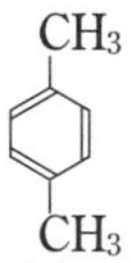

CH_3OH　メタノール(メチルアルコール)　　C_2H_5OH　エタノール(エチルアルコール)

(2) **アルコール** (p.19, 20参照)	C_3H_7OH プロパノール （プロピルアルコール）	C_4H_9OH ブタノール （ブチルアルコール）

$$\left\{\begin{array}{l} CH_3CH_2CH_2OH \\ \textbf{1-プロパノール} \\ \text{（プロピルアルコール）} \\ \dfrac{CH_3}{CH_3}\!\!\diagdown\!\!\diagup CHOH \\ \textbf{2-プロパノール} \\ \text{（イソプロピルアルコール）} \end{array}\right.$$

$$\left\{\begin{array}{l} CH_3CH_2CH_2CH_2OH \\ \textbf{1-ブタノール} \\ CH_3CH_2\diagdown \\ \qquad\quad CHOH \\ CH_3\diagup \\ \textbf{2-ブタノール} \\ (CH_3)_2CHCH_2OH \\ \textbf{2-メチル-1-プロパノール} \\ (CH_3)_3COH \\ \textbf{2-メチル-2-プロパノール} \end{array}\right.$$

CH_2OH （ベンゼン環）
ベンジル
アルコール

CH_2OH
$|$
CH_2OH
エチレン
グリコール
$\left(\begin{smallmatrix}1,2-\\\text{エタンジオール}\end{smallmatrix}\right)$

CH_2OH
$|$
$CHOH$
$|$
CH_2OH
グリセリン
$\left(\begin{smallmatrix}1,2,3-\\\text{プロパントリオール}\end{smallmatrix}\right)$

シクロヘキサノール

(3) **アルデヒド**＊	$HCHO$ ホルム アルデヒド	CH_3CHO アセト アルデヒド	C_2H_5CHO プロピオン アルデヒド	CHO（ベンゼン環） ベンズアルデヒド

(4) **ケ　ト　ン**＊	CH_3COCH_3 アセトン	$CH_3COC_2H_5$ エチルメチル ケトン	$COCH_3$（ベンゼン環） アセトフェノン （メチルフェニルケトン）	（シクロヘキサノン構造） シクロヘキサノン

（＊アルデヒド，ケトンを**カルボニル化合物**という）

$HCOOH$ ギ酸	CH_3COOH 酢酸	C_2H_5COOH プロピオン酸	C_3H_7COOH 酪酸
$C_{11}H_{23}COOH$ ラウリン酸	$C_{15}H_{31}COOH$ パルミチン酸	$C_{17}H_{35}COOH$ ステアリン酸	$C_{17}H_{33}COOH$ オレイン酸
$C_{17}H_{31}COOH$ リノール酸	$C_{17}H_{29}COOH$ リノレン酸		

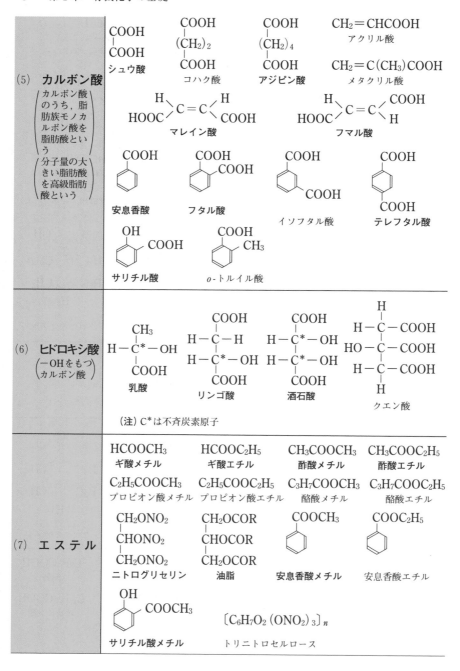

| (8) | エーテル | CH₃OCH₃ ジメチルエーテル | CH₃OC₂H₅ エチルメチルエーテル | C₂H₅OC₂H₅ ジエチルエーテル | アニソール（メチルフェニルエーテル） OCH₃ |

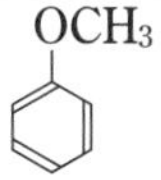

(8) エーテル

CH_3OCH_3 ジメチルエーテル　$CH_3OC_2H_5$ エチルメチルエーテル　$C_2H_5OC_2H_5$ ジエチルエーテル　アニソール（メチルフェニルエーテル）

(9) スルホン酸

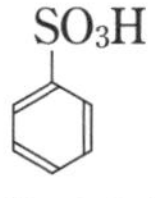

ベンゼンスルホン酸（SO_3H）　エチレンオキシド（CH_2-CH_2, O）

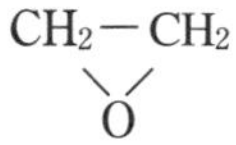

(10) アミン

CH_3NH_2 メチルアミン　$C_2H_5NH_2$ エチルアミン　$H_2N(CH_2)_6NH_2$ ヘキサメチレンジアミン　アニリン　1-ナフチルアミン

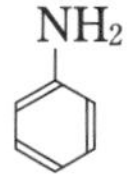

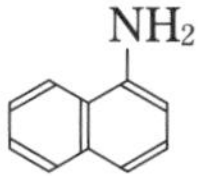

(11) アセチル化合物

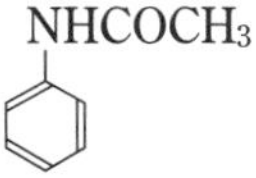

アセトアニリド　酢酸フェニル　アセチルサリチル酸（アスピリン）

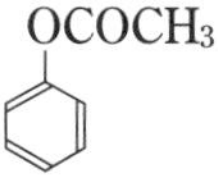

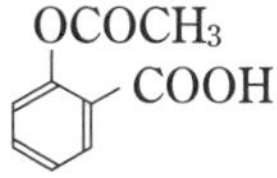

(12) ニトロ化合物（$-NO_2$がC原子に直接結合している化合物）

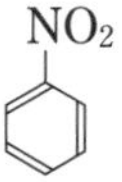

ニトロベンゼン　TNT（2,4,6-トリニトロトルエン）　ピクリン酸（2,4,6-トリニトロフェノール）　p-ニトロフェノール

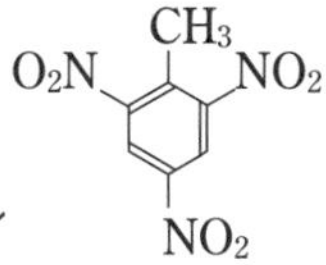

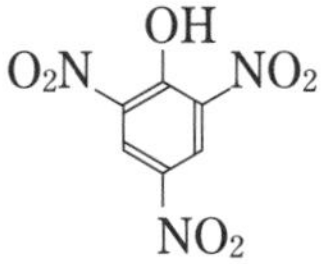

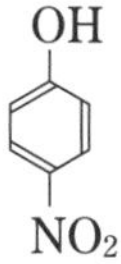

(13) フェノール類（$-OH$がベンゼン環やナフタレン環に直接結合している化合物）

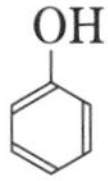

フェノール　カテコール　レゾルシノール　ヒドロキノン　o-クレゾール　m-クレゾール　p-クレゾール　サリチル酸　1-ナフトール　2-ナフトール

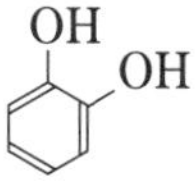

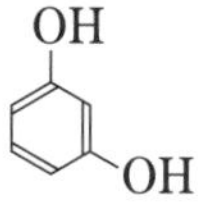

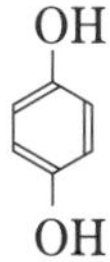

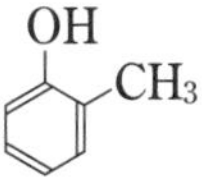

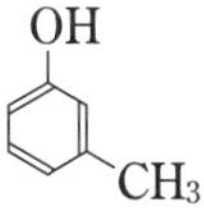

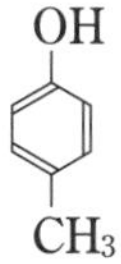

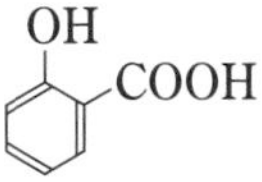

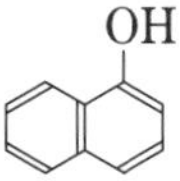

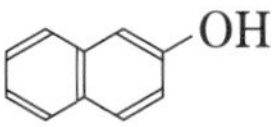

(14) ビ ニ ル 化 合 物	$CH_2=CHCl$ 塩化ビニル $\quad$ $CH_2=CHOCOCH_3$ 酢酸ビニル $\quad$ $CH_2=CHOH$ ビニルアルコール $\quad$ $CH=CH_2$（フェニル） $CH_2=CHCN$ アクリロニトリル $\quad$ $CH_2=CHCH_3$ プロペン （プロピレン） $\quad$ スチレン
(15) アゾ化合物	p-フェニルアゾフェノール （p-ヒドロキシアゾベンゼン）$\qquad$ 1-フェニルアゾ-2-ナフトール
(16) ジアゾニウム塩	$N^+\equiv NCl^-$ 塩化ベンゼンジアゾニウム
(17) 塩	$NH_3^+Cl^-$ アニリン塩酸塩 $\quad$ O^-Na^+ ナトリウムフェノキシド $\quad$ OH COO^-Na^+ サリチル酸ナトリウム
(18) ジ エ ン 化 合 物	$\underset{\text{H}}{\text{H}-\text{C}}=\underset{\text{H}}{\text{C}}-\underset{\text{H}}{\text{C}}=\text{C}-\text{H}$ ブタジエン（1,3-ブタジエン） $\qquad$ $\underset{\text{H}}{\text{H}-\text{C}}=\underset{\text{Cl}}{\text{C}}-\underset{\text{H}}{\text{C}}=\text{C}-\text{H}$ クロロプレン $\underset{\text{H}}{\text{H}-\text{C}}=\underset{\text{CH}_3}{\text{C}}-\underset{\text{H}}{\text{C}}=\text{C}-\text{H}$ イソプレン
(19) 糖 類 (p.27参照)	単糖 $C_6H_{12}O_6$ グルコース，フルクトース，ガラクトース 二糖 $C_{12}H_{22}O_{11}$ マルトース，ラクトース，スクロース，セロビオース 多糖 $(C_6H_{10}O_5)_n$ デンプン，セルロース
(20) アミノ酸 (p.30参照)	$\underset{\text{NH}_2}{\overset{\text{H}}{\text{H}-\text{C}}-\text{COOH}}$ グリシン $\quad$ $\underset{\text{NH}_2}{\overset{\text{H}}{\text{CH}_3-\text{C}^*}-\text{COOH}}$ アラニン $\quad$ $\begin{array}{c}\text{COOH}\\ \text{H}-\text{C}-\text{H}\\ \text{H}-\text{C}-\text{H}\\ \text{H}-\text{C}^*-\text{NH}_2\\ \text{COOH}\end{array}$ グルタミン酸

(21) 酸無水物 （カルボン酸 無水物）	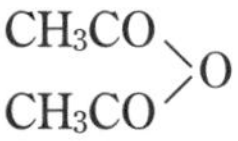 CH_3CO＼O CH_3CO／ 無水酢酸 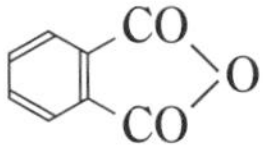	CO＼O CO／ 無水フタル酸 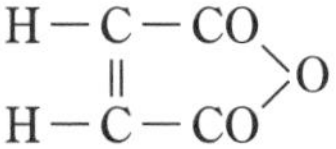	$H-C-CO$＼O $\ \ \|\|$ $H-C-CO$／ 無水マレイン酸

(22) ハロゲン化合物

CH_2BrCH_2Br **1,2-ジブロモエタン** （二臭化エチレン）	CH_3Cl **クロロメタン** （塩化メチル）	C_2H_5Cl **クロロエタン** （塩化エチル）	C_2H_5Br ブロモエタン （臭化エチル）
C_2H_5I ヨードエタン （ヨウ化エチル）	$CHCl_3$ トリクロロメタン （クロロホルム）	CHI_3 ヨードホルム	CH_3COCl 塩化アセチル

$CH_2=CClCH=CH_2$　**クロロプレン**　　　　$C_6H_6Cl_6$　ヘキサクロロシクロヘキサン（BHC）

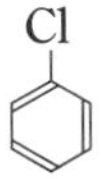

Cl
クロロベンゼン　　Br ブロモベンゼン　　CH_2Cl 塩化ベンジル

(23) その他

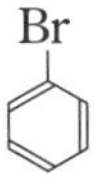

C_2H_5ONa　**ナトリウムエトキシド**　　$C_2H_5OSO_3H$　硫酸水素エチル　　CH_3CONH_2　アセトアミド

CH_3CN　アセトニトリル　　$CO(NH_2)_2$　**尿素**

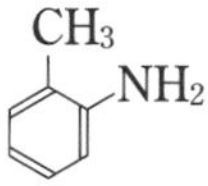

$H_2NOC(CH_2)_4CONH_2$　アジポアミド　　$NC(CH_2)_4CN$　アジポニトリル

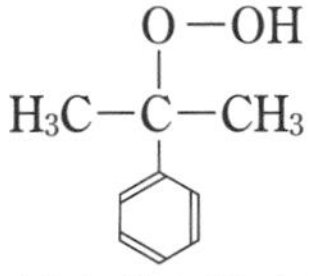

CH_3
NH_2
o-トルイジン

$O-OH$
$H_3C-C-CH_3$
クメンヒドロペルオキシド

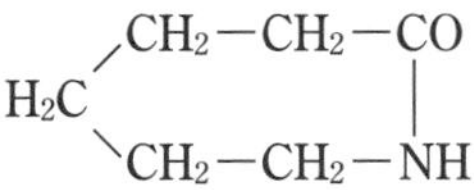

CH_2-CH_2-CO
H_2C
CH_2-CH_2-NH
カプロラクタム

NH_2
C
N　N
C　C
H_2N　N　NH_2
メラミン

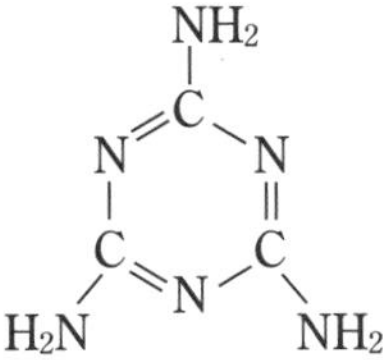

§5. 元　素　分　析

　一定量の有機化合物を完全燃焼し，発生するCO_2からCの質量，H_2OからHの質量を求める．NはN_2の体積などから求める．

$$\begin{cases} C \longrightarrow CO_2 \text{（ソーダ石灰に吸収）} & CO_2 \text{の質量} \times \dfrac{12}{44} = C \text{の質量} \\[2mm] H \longrightarrow H_2O \text{（}CaCl_2\text{に吸収）} & H_2O \text{の質量} \times \dfrac{2}{18} = H \text{の質量} \\[2mm] N \longrightarrow \begin{cases} N_2 \quad \text{（体積測定）} \\ NH_3 \text{（酸に吸収）} \end{cases} \\[4mm] O \longrightarrow [\text{（試料の質量）} - \text{（他元素の質量の和）}] \end{cases}$$

○ **原子数の比**

$$C:H:N:O = \frac{C\text{の質量}}{12} : \frac{H\text{の質量}}{1} : \frac{N\text{の質量}}{14} : \frac{O\text{の質量}}{16}$$

$$\left(= \frac{C\%}{12} : \frac{H\%}{1} : \frac{N\%}{14} : \frac{O\%}{16} \right)$$

例　　　　$= \quad 8 \quad : \quad 9 \quad : \quad 1 \quad : \quad 1$

○ **組成式** （実験式）　　C_8H_9NO

○ **分子式**　　$\underset{135}{(\underline{C_8H_9NO})_n} = \underset{(135)}{\text{分子量}} \qquad n = 1 \qquad C_8H_9NO$

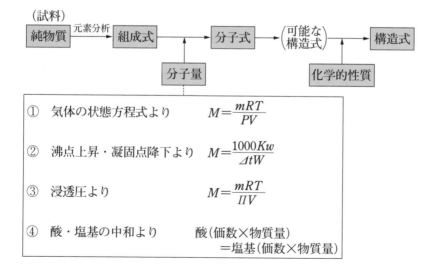

① 気体の状態方程式より　　$M = \dfrac{mRT}{PV}$

② 沸点上昇・凝固点降下より　$M = \dfrac{1000Kw}{\varDelta tW}$

③ 浸透圧より　　　　　　　$M = \dfrac{mRT}{\varPi V}$

④ 酸・塩基の中和より　　　酸(価数×物質量)
　　　　　　　　　　　　　＝塩基(価数×物質量)

§6.　異　性　体

構造異性体	① 炭素原子の並び方（直鎖，枝分かれとその位置） 例　C_4H_{10}　　　$C-C-C-C$　　　$C-C-C$ 　　　　　　　　　　　　　　　　　　　　　$\underset{\textstyle C}{\vert}$ ② 二重結合の有無（鎖状，環状）とその位置（**シス-トランス異性体に注意**） 例　C_5H_{10} アルケン $\left\{\begin{array}{l}C=C-C-C-C \quad\quad C-C=C-C-C \\ \quad\quad\quad\quad\quad\quad\quad\quad\text{（シス-トランス異性体あり）} \\ C=C-C-C \quad C-C=C-C \quad C-C-C=C \\ \quad\quad\quad\vert \quad\quad\quad\quad\quad\quad\vert \quad\quad\quad\quad\quad\vert \\ \quad\quad\quad C \quad\quad\quad\quad\quad\quad C \quad\quad\quad\quad\quad C\end{array}\right.$ シクロアルカン $\left\{\begin{array}{l}\quad C \quad\quad\quad\quad\quad\quad C \quad\quad\quad\quad C \\ \quad\vert \quad\quad\quad\quad\quad\quad\triangle \quad\quad\quad\quad\triangle \\ C-C-C-C \quad C-C-C-C \quad C-C-C \\ \quad\quad\quad\quad\quad\quad\quad\quad\quad\quad\quad\quad\quad\quad\vert \\ \quad\quad\quad\quad\quad\quad\quad\quad\quad\quad\quad\quad\quad\quad C \\ \\ C-C \quad\quad\quad C \\ \vert \quad\vert \quad\quad\quad \\ C-C-C \quad \\ \end{array}\right.$ ③ 置換基（官能基，C原子と結合しているH以外の原子）の位置 例　$\begin{cases} C_3H_7OH \quad\quad C-C-C-OH \quad C-C-C \\ \quad\quad\quad\quad\quad\quad\quad\quad\quad\quad\quad\quad\quad\quad\quad\quad \vert \\ \quad\quad\quad\quad\quad\quad\quad\quad\quad\quad\quad\quad\quad\quad\quad\quad OH \\ \\ C_6H_4(CH_3)_2 \end{cases}$
シス-トランス異性体 （幾何異性体）	二重結合の回転が自由にできないために生じる異性体 例　　　シ ス 形　　　　　　　　トランス形 $\underset{\text{HOOC}}{\overset{\text{H}}{>}}C=C\underset{\text{COOH}}{\overset{\text{H}}{<}}$　　　$\underset{\text{HOOC}}{\overset{\text{H}}{>}}C=C\underset{\text{H}}{\overset{\text{COOH}}{<}}$ 　　　マレイン酸　　　　　　　　フマル酸

| 鏡像異性体
（光学異性体） | 互いに実体と鏡像の関係にある異性体
不斉炭素原子をもつ．鏡像異性体の数……2^n個（n；不斉炭素原子数）

【例】　乳酸
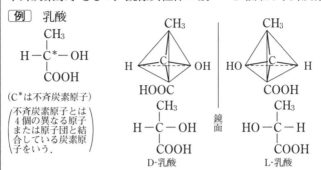
（C*は不斉炭素原子）
（不斉炭素原子とは
4個の異なる原子
または原子団と結
合している炭素原
子をいう．） |

鏡像異性体の関係

　(注)　ジフェニル $\left(\bigcirc\!\!-\!\!\bigcirc\right)$ やアレン（$H_2C=C=CH_2$）の誘導体には，不斉炭素原子はないが光学活性体がある．

〈分子式から物質を推測する〉

ⓐ　酸素1個
- $C_nH_{2n+2}O$ …**アルコール，エーテル**[*1]
（一価アルコール）
- $C_nH_{2n}O$………**アルデヒド，ケトン**[*2]，（二重結合を1個もつアルコールやエーテル，環状構造をもつアルコールやエーテル）など

ⓑ　酸素2個………………**カルボン酸，エステル**[*3]，二価アルコールなど
（モノカルボン酸）

ⓒ　C_nH_{2n} ………………………**アルケン，シクロアルカン**[*4]

ⓓ　芳香族化合物…………ベンゼンの一置換体（C_6H_5-）と二置換体（$C_6H_4\langle$）

[*1]
- アルコール……金属NaでH_2発生．エーテルに比べて沸点が高い（水素結合に起因）．
- エーテル………金属NaでH_2発生しない．沸点が低い．

[*2]
- アルデヒド……還元性あり（フェーリング反応，銀鏡反応陽性）
- ケトン…………還元性なし（フェーリング反応，銀鏡反応陰性）

[*3]
- カルボン酸……酸性，$NaHCO_3$水溶液に溶けてCO_2発生．
- エステル………中性，$NaHCO_3$水溶液に溶けない．

[*4]
- アルケン………臭素水溶液に通すとその赤褐色を消す．
- シクロアルカン…臭素水溶液に通してもその赤褐色を消さない．

§7.　アルカン（メタン系炭化水素）の性質

置換反応	化学的にきわめて安定．高温でハロゲンと置換反応． $CH_4 \xrightarrow{Cl_2} CH_3Cl \xrightarrow{Cl_2} CH_2Cl_2 \xrightarrow{Cl_2} CHCl_3 \xrightarrow{Cl_2} CCl_4$ メタン　クロロメタン　ジクロロメタン　トリクロロメタン　テトラクロロメタン 　　　（塩化メチル）（塩化メチレン）（クロロホルム）（四塩化炭素） **（注）** この置換反応はラジカル反応で説明される． 　　[例]　$CH_4 + Cl_2 \longrightarrow CH_3Cl + HCl$ 　　① $Cl_2 \xrightarrow{光} 2Cl\cdot$ 　　② $CH_4 + Cl\cdot \longrightarrow CH_3\cdot + HCl$ 　　③ $CH_3\cdot + Cl_2 \longrightarrow CH_3Cl + Cl\cdot$ 　　（メチルラジカルという）

§8.　アルケン（エチレン系炭化水素）の性質

付 加 反 応	$CH_2=CH_2 \xrightarrow{H_2} CH_3CH_3$ エチレン　　　エタン $CH_2=CH_2 \xrightarrow{Br_2} CH_2BrCH_2Br$ エチレン　　　1,2-ジブロモエタン **（注）** この付加反応はイオン反応で説明される． 　　[例]　$CH_2=CH_2 + Cl_2 \longrightarrow CH_2ClCH_2Cl$ 　① $CH_2\!=\!CH_2 \longrightarrow \overset{\oplus}{CH_2}-\overset{\ominus}{CH_2}$　　　　（エチレンの分極） （π電子の移動） 　② $\overset{\oplus}{CH_2}-\overset{\ominus}{CH_2} + Cl^+ \vdots Cl^- \longrightarrow CH_2-CH_2$（Cl₂の分割と反応） 　　　　　　　　　　　　　　　　　　　　　$|$ 　　　　　　　　　　　　　　　　　　　　　Cl 　③ $\overset{\oplus}{CH_2}-CH_2 + Cl^- \longrightarrow CH_2-CH_2$　（Cl⁻の結合） 　　　$|$　　　　　　　　　　　　$|$　　$|$ 　　　Cl　　　　　　　　　　　Cl　Cl 〈マルコフニコフ則〉 　　アルケンにハロゲン化水素が付加するとき，HはH原子を多くもつほうのC原子に，ハロゲンはH原子の少ないC原子のほうにつきやすい（この法則は，水，硫酸などの付加にも適用）．

例

$$H-C=C-C-H \xrightarrow{HCl} H-C-C-C-H$$

（with H atoms shown on each carbon, product showing **H Cl** on middle carbons）

(注)　この反応は次のように説明される.

$$CH_2=CHCH_3 \xrightarrow{分極} \overset{\ominus}{CH_2}\overset{\oplus}{CHCH_3} \xrightarrow{H^+} \overset{\oplus}{CH_2}\underset{H}{CHCH_3} \xrightarrow{Cl^-} CH_2\underset{H}{\underset{Cl}{CHCH_3}}$$

(a)　　　　　(b)（主生成物）

$$CH_2=CHCH_3 \xrightarrow{分極} \overset{\oplus}{CH_2}\overset{\ominus}{CHCH_3} \xrightarrow{H^+} CH_2\underset{H}{CHCH_3} \xrightarrow{Cl^-} CH_2\underset{Cl}{\underset{H}{CHCH_3}}$$

(c)　　　　　(d)（副生成物）

(a)は電子を供給して$\overset{\oplus}{C}$を中和，安定化させるC–Hの数が6個で，(c)の2個よりも多いから，(a)のほうができやすい．その結果，(b)が主生成物，(d)が副生成物となる.

KMnO₄による酸化

KMnO₄で酸化すると，炭素間の二重結合が切れてアルデヒドあるいはケトンを生じる．アルデヒドは，さらに酸化されてカルボン酸になる.

$$\underset{R^2}{\overset{R^1}{>}}C=C\underset{R^4}{\overset{R^3}{<}} \longrightarrow \underset{R^2}{\overset{R^1}{>}}C=O \ + \ O=C\underset{R^4}{\overset{R^3}{<}}$$

（R^1, R^2, R^3, R^4 …… アルキル基またはH）

(注)　
$$\underset{R^2-}{\overset{R^1}{|}}C=C\overset{R^3}{\underset{-R^4}{|}} \xrightarrow{H_2O+O} R^2-\underset{OH}{\overset{R^1}{\underset{|}{\overset{|}{C}}}}-\underset{OH}{\overset{R^3}{\underset{|}{\overset{|}{C}}}}-R^4$$

$$\xrightarrow{O} R^2-\underset{O}{\overset{R^1}{\overset{|}{C}}} \ + \ \underset{O}{\overset{R^3}{\overset{|}{C}}}-R^4 \ + \ H_2O$$

O₃で酸化すると，炭素間の二重結合が切れてアルデヒドあるいはケトンを生じる.

$$\underset{R^2}{\overset{R^1}{>}}C=C\underset{R^4}{\overset{R^3}{<}} \longrightarrow \underset{R^2}{\overset{R^1}{>}}C=O \ + \ O=C\underset{R^4}{\overset{R^3}{<}}$$

O₃ 酸化	(注) $R^2-\underset{\underset{R^1}{\vert}}{C}=\underset{\underset{R^4}{\vert}}{C}-R^4 \xrightarrow{O_3} R^2-\underset{\underset{O}{\vert}}{\overset{\overset{R^1}{\vert}}{C}}\cdots O\cdots \underset{\underset{O}{\vert}}{\overset{\overset{R^3}{\vert}}{C}}-R^4$

$$R^2-\underset{\underset{O}{\Vert}}{\overset{\overset{R^1}{\vert}}{C}}\cdots O \cdots \overset{\overset{R^3}{\vert}}{\underset{\underset{O}{\vert}}{C}}-R^4 \quad （オゾニド）$$

$$\xrightarrow{H_2O} R^2-\underset{\underset{O}{\Vert}}{\overset{\overset{R^1}{\vert}}{C}} + \underset{\underset{O}{\Vert}}{\overset{\overset{R^3}{\vert}}{C}}-R^4 + H_2O_2$$

§9. アセチレンの性質

付加反応	$CH \equiv CH \xrightarrow{H_2} CH_2 = CH_2 \xrightarrow{H_2} CH_3CH_3$ アセチレン　　　　　エチレン　　　　　　エタン $CH \equiv CH \xrightarrow{Br_2} CHBr = CHBr \xrightarrow{Br_2} CHBr_2CHBr_2$ アセチレン　　　1, 2-ジブロモエチレン　　1, 1, 2, 2-テトラブロモエタン $CH \equiv CH \xrightarrow{H_2O} [CH_2 = CH - OH] \longrightarrow CH_3CHO$ アセチレン（Hg塩）　　　　　　　　　　　　　　　アセトアルデヒド 　　　　　　　　　　　ビニルアルコール　　　　　　**ケト型**（安定） 　　　　　　　　　　　**エノール型**（不安定） (注)　ビニルアルコールのように，二重結合をもつC原子にOHが結合している化合物は不安定で，OHにあるH原子がO原子からC原子へ移り，同時に二重結合が移動して，安定なアセトアルデヒドに異性化する． $CH \equiv CH \xrightarrow{HCl} CH_2 = CHCl$ アセチレン（Hg塩）　塩化ビニル $CH \equiv CH \xrightarrow[\text{(Hg塩)}]{CH_3COOH} CH_2 = CHOCOCH_3$ アセチレン　　　　　　　　　酢酸ビニル $CH \equiv CH \xrightarrow{HCN} CH_2 = CHCN$ アセチレン（Cu塩）アクリロニトリル
	$2CH \equiv CH \xrightarrow{触媒} CH \equiv CCH = CH_2$ アセチレン　　　　　ビニルアセチレン $3CH \equiv CH \xrightarrow{触媒} C_6H_6$ アセチレン　　　　　ベンゼン (注1)　ビニルアセチレンにHCl, H₂を付加すると， 　　　　クロロプレン　$CH_2 = CClCH = CH_2$ 　　　　ブタジエン　　　$CH_2 = CHCH = CH_2$

（注2）　付加重合する物質

① ビニル化合物

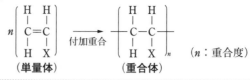

X=H	エチレン	⟶	ポリエチレン
X=CH₃	プロペン	⟶	ポリプロピレン
X=C₆H₅	スチレン	⟶	ポリスチレン
X=Cl	塩化ビニル	⟶	ポリ塩化ビニル
X=OCOCH₃	酢酸ビニル	⟶	ポリ酢酸ビニル
X=CN	アクリロニトリル		
		⟶	ポリアクリロニトリル

② ビニリデン化合物

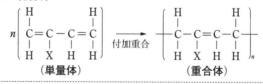

| X₁=CH₃ | メタクリル酸 | ⟶ | ポリメタクリル酸 | （メタクリル |
| X₂=COOCH₃ | メチル | | メチル | 　　樹脂） |

③ ジエン化合物

X=H	ブタジエン	⟶	ポリブタジエン
X=Cl	クロロプレン	⟶	ポリクロロプレン
X=CH₃	イソプレン	⟶	ポリイソプレン

（注） 単量体はモノマー，重合体はポリマーともいう．

重合反応

（注2）　付加重合する物質

① ビニル化合物

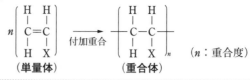

（単量体）　　　　　　（重合体）　　　（n：重合度）

X=H	エチレン	⟶	ポリエチレン
X=CH_3	プロペン	⟶	ポリプロピレン
X=C_6H_5	スチレン	⟶	ポリスチレン
X=Cl	塩化ビニル	⟶	ポリ塩化ビニル
X=$OCOCH_3$	酢酸ビニル	⟶	ポリ酢酸ビニル
X=CN	アクリロニトリル		
		⟶	ポリアクリロニトリル

② ビニリデン化合物

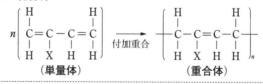

（単量体）　　　　　　（重合体）

X_1=CH_3	メタクリル酸	⟶	ポリメタクリル酸
X_2=$COOCH_3$	メチル		メチル（メタクリル樹脂）

③ ジエン化合物

（単量体）　　　　　　（重合体）

X=H	ブタジエン	⟶	ポリブタジエン
X=Cl	クロロプレン	⟶	ポリクロロプレン
X=CH_3	イソプレン	⟶	ポリイソプレン

（注）　単量体はモノマー，重合体はポリマーともいう．

重合反応

§ 10.　アルコールの性質

アルコキシドの生成

例　$2C_2H_5OH + 2Na \longrightarrow 2C_2H_5ONa + H_2$

　　　　　　　　　　　　　ナトリウムエトキシド

脱　水

例　$C_2H_5OH \xrightarrow[\text{濃硫酸}]{160\sim170℃} C_2H_4 + H_2O$ （**分子内脱水**）

　　　　　　　　　　　　　エチレン

$2C_2H_5OH \xrightarrow[\text{濃硫酸}]{130℃} C_2H_5OC_2H_5 + H_2O$ （**分子間脱水**）

　　　　　　　　　　　　　ジエチルエーテル　（縮合）

〈ザイツェフ則〉

アルコールの脱水反応では，隣接するOHとHとの間で脱水が起こるが，HはH原子の少ないC原子のほうからとれやすい．

例

エステルの生成

カルボン酸，無機オキソ酸	＋	OHをもつ化合物（アルコール，フェノール類）	⇄ エステル化（濃硫酸）／加水分解*	エステル（芳香性，水に不溶）	＋	水

*アルカリによる加水分解をけん化という．

例

$CH_3-C(=O)-O-H + H-O-C_2H_5 \xrightarrow[\text{加熱}]{\text{濃硫酸}} CH_3-C(=O)-O-C_2H_5 + H_2O$

酢酸　　エタノール　　酢酸エチル

$RCH_2OH \xrightleftharpoons[\text{還元}]{\text{酸化*}(-2H)} RCHO \xrightarrow{\text{酸化}(+O)} RCOOH$

第一級アルコール　　アルデヒド　　カルボン酸

例

CH_3OH メタノール	⇄ $HCHO$ ホルムアルデヒド	→ $HCOOH$ ギ酸
CH_3CH_2OH エタノール	⇄ CH_3CHO アセトアルデヒド	→ CH_3COOH 酢酸
$CH_3CH_2CH_2OH$ 1-プロパノール（プロピルアルコール）	⇄ CH_3CH_2CHO プロピオンアルデヒド	→ CH_3CH_2COOH プロピオン酸

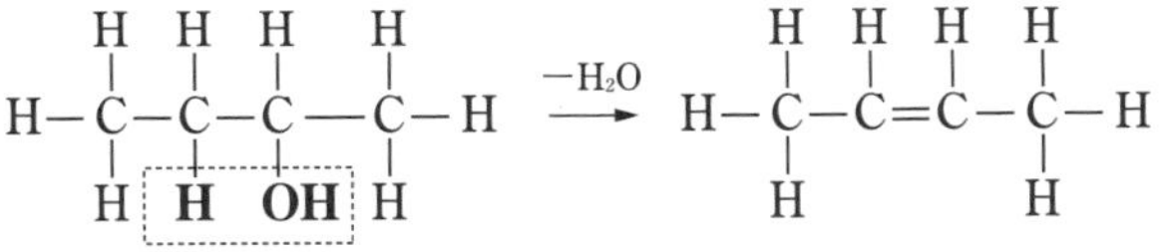

酸   化

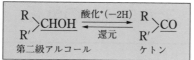

*第一級アルコールと第二級アルコールの酸化では，硫酸酸性の二クロム酸カリウム溶液が酸化剤として使われている．

例

2-プロパノール
（イソプロピルアルコール）　　　　アセトン

$$\begin{matrix} R \\ R' \\ R'' \end{matrix} \!\!\!>\!\!\!- COH$$

第三級アルコール

（酸化されにくい）

（注1）　アルコールの酸化

　　　アルコールの場合，C原子（O原子と結合している）についているH原子があると酸化される．このH原子を2個もつ第一級アルコールでは，まず1個が酸化されてOHとなり，脱水してアルデヒドとなる．ついで，残りのH原子が酸化されてカルボン酸となる．カルボン酸には，このH原子がないので酸化されにくい．

$$R-\underset{\underset{H}{|}}{\overset{\overset{H}{|}}{C}}-OH \xrightarrow{\text{O}} \left[R-\underset{\underset{H}{|}}{\overset{\overset{OH}{|}}{C}}-O\boxed{H} \right] \xrightarrow{-H_2O} R-\underset{\underset{H}{|}}{C}=O \xrightarrow{\text{O}} R-\underset{\underset{OH}{|}}{C}=O$$

第一級アルコール　　　　　　　　　　　　　　　アルデヒド　　　　カルボン酸

　　　第二級アルコールでは，C原子（O原子と結合している）についているH原子が酸化されてOHとなり，脱水してケトンとなる．ケトンには，このH原子がないので酸化はこれ以上すすまない．

$$R-\underset{\underset{R'}{|}}{\overset{\overset{H}{|}}{C}}-OH \xrightarrow{\text{O}} \left[R-\underset{\underset{R'}{|}}{\overset{\overset{OH}{|}}{C}}-O\boxed{H} \right] \xrightarrow{-H_2O} R-\underset{\underset{R'}{|}}{C}=O$$

第二級アルコール　　　　　　　　　　　R'　　　　　　　ケトン

　　　第三級アルコールは，C原子（O原子と結合している）についているH原子がないから酸化されにくい．

（注2）　還元性物質 $\left(\begin{matrix} \text{フェーリング反応，銀鏡反応陽性物質} \\ \text{-CHOをもつ} \end{matrix} \right)$

　①ギ酸，②アルデヒド，③単糖類，④二糖類（スクロースは除く）

（注3）　ヨードホルム反応陽性物質（CH_3CO-, $CH_3CH(OH)-$をもつ）

　　　エタノール，アセトアルデヒド，2-プロパノール，アセトンなど．

§11. アセチレンを中心にした反応系統図

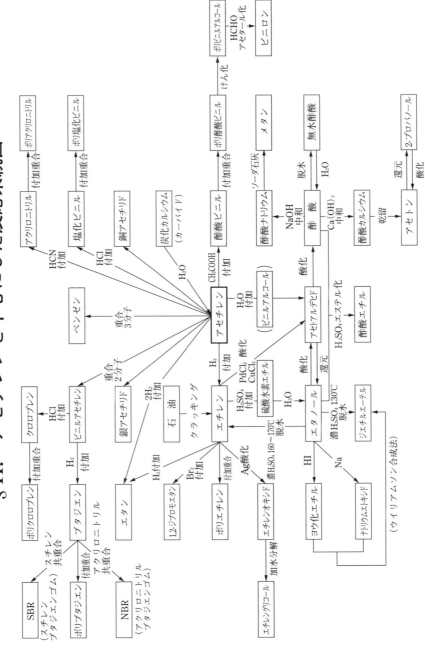

§12.　芳香族化合物

（1）　主な芳香族化合物の合成

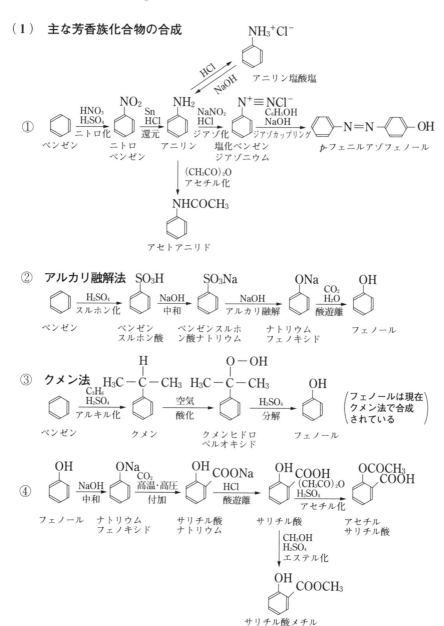

（2）　ベンゼン環の側鎖（炭化水素基など）の酸化

$$\left(\begin{array}{l}\text{KMnO}_4\text{で酸化するときは下記のように炭素数に関係なく}\\ -\text{COOHとなる.}\end{array}\right)$$

①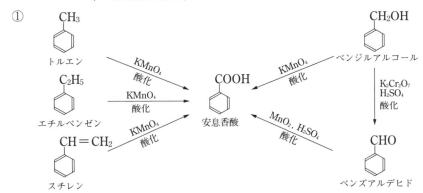

②

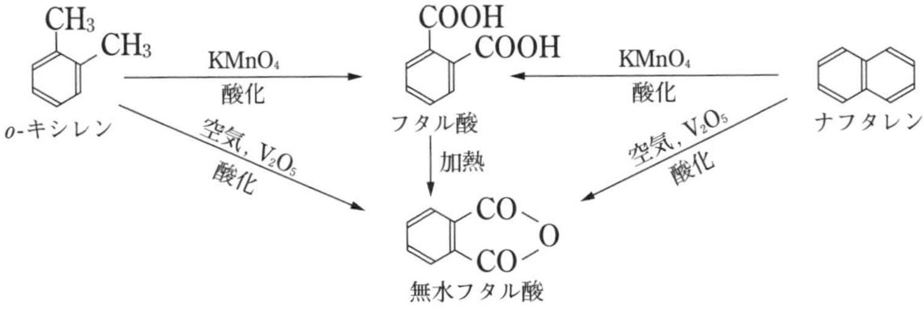

③

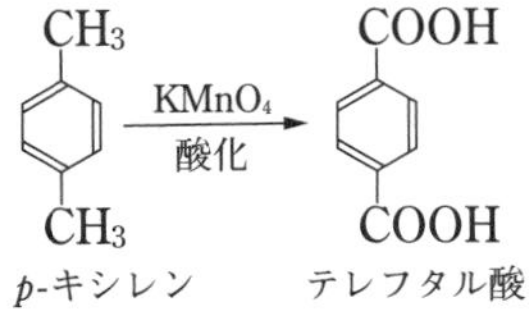

（注）　フタル酸は，加熱すると脱水して無水フタル酸になるが，テレフタル酸は，加熱しても脱水しない（テレフタル酸は2個の−COOHが離れているため）.

§13.　ベンゼンを中心にした反応系統図

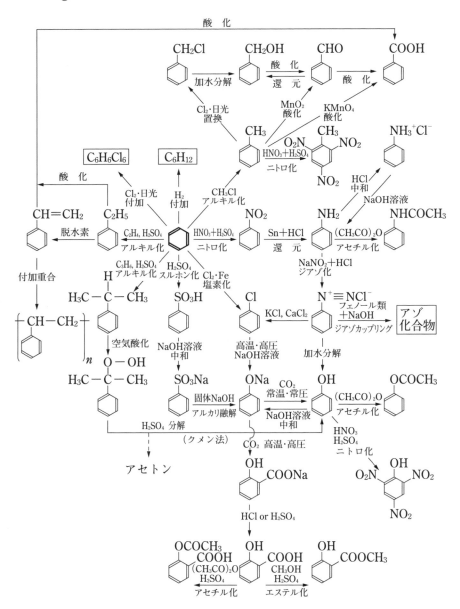

§14.　芳香族置換反応の配向性

オルト・パラ配向性	メ　タ　配　向　性
電子供与性基	電子吸引性基

$$-OH, \ -NH_2, \ -Cl$$
$$-Br, \ -I, \ -CH_3$$

　上記の原子または原子団がすでにベンゼン環にあるときは，これらはベンゼン環に非共有電子対を与える性質があるから，オルト・パラの位置のπ電子密度がメタの位置よりも高くなり，次にはいる置換基はオルト・パラの位置にはいることになる．

例

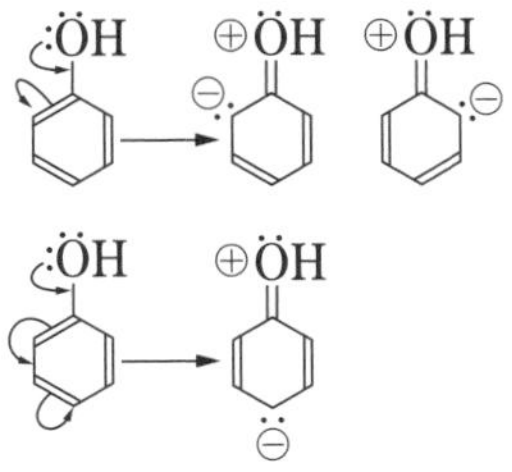

$$-NO_2, \ -SO_3H$$
$$-COOH, \ -CHO$$

　上記の原子団がすでにベンゼン環にあるときは，これらの原子団は，ベンゼン環からπ電子を引き寄せる性質があるから，メタの位置のπ電子密度が高くなり，次にはいる置換基はメタの位置にはいる．

例

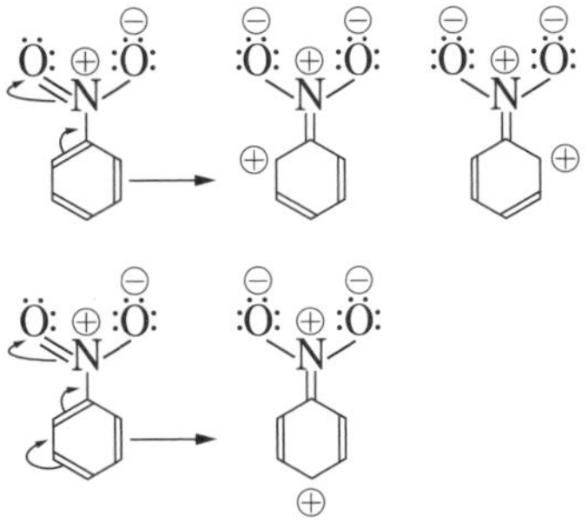

　ニトロ化では，$HNO_3 + 2H_2SO_4 \longrightarrow NO_2^+ + H_3O^+ + 2HSO_4^-$によって生じた$NO_2^+$（ニトロニウムイオン）が，スルホン化では$2H_2SO_4 \longrightarrow SO_3H^+ + H_2O + HSO_4^-$で生じた$SO_3H^+$（スルホニウムイオン）が，また，塩素化では$Cl_2 + FeCl_3 \longrightarrow Cl^+ + FeCl_4^-$で生じた$Cl^+$（クロロニウムイオン）がそれぞれ負の電気を求めて反応する．

例

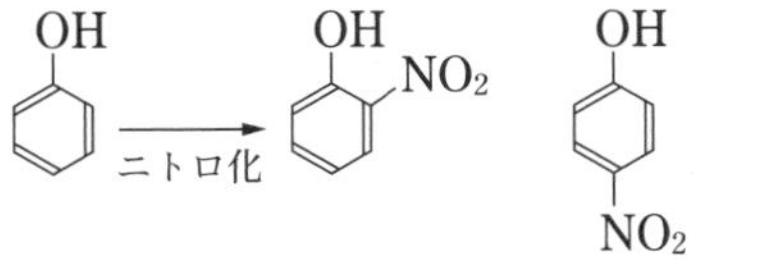

フェノール　　o-ニトロフェノール　p-ニトロフェノール

例

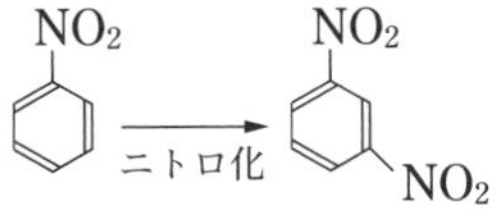

ニトロベンゼン　　　m-ジニトロベンゼン

§15. 油　　　脂

分　　類	脂肪油(油)：常温で液体 脂肪　　　：常温で固体	乾燥性による分類 乾性油：不飽和脂肪酸が多い. 半乾性油 不乾性油：飽和脂肪酸が多い.
油脂の生成	CH₂OH | CHOH ＋ 3 $\boxed{\text{RCOOH}}$ $\xrightarrow[\text{エステル化}]{}$ | CH₂OH グリセリン	CH₂OCOR | CHOCOR ＋3H₂O | CH₂OCOR 油脂(エステル) C₁₅H₃₁COOH　パルミチン酸 C₁₇H₃₅COOH　ステアリン酸 C₁₇H₃₃COOH　(二重結合1個)　オレイン酸 C₁₇H₃₁COOH　(二重結合2個)　リノール酸 C₁₇H₂₉COOH　(二重結合3個)　リノレン酸
け　ん　化	CH₂OCOR | CHOCOR ＋ 3NaOH $\xrightarrow[\text{けん化}]{}$ | CH₂OCOR **C₃H₅(OCOR)₃**	CH₂OH | CHOH ＋ 3RCOONa | 　　　　　　セッケン CH₂OH (セッケンと合成洗剤は P.148参照) **C₃H₅(OH)₃**
け ん 化 価	油脂1gをけん化するのに要するKOHのmg数 (けん化価大……油脂の分子量小 (構成脂肪酸の分子量小) (けん化価小……油脂の分子量大 (構成脂肪酸の分子量大)	
ヨ ウ 素 価	油脂100gに付加するI₂のg数　(けん化価とヨウ素価の計算は 　　　　　　　　　　　　　　P.144参照) (ヨウ素価大……不飽和度大 (ヨウ素価小……不飽和度小 　$\boxed{\text{魚　　油}}$ $\xrightarrow[\text{付加}]{\text{水素(Ni)}}$ $\boxed{\text{硬 化 油}}$ (セッケン, マーガリン 　　　　　　　　　　　　　　　　　　　　　　などの原料) (不飽和度大)	

§16. 糖類（炭水化物）

単 糖 $C_6H_{12}O_6$ （還元性をもつ糖を還元糖）	グルコース（ブドウ糖） フルクトース（果　糖） ガラクトース	① 還元性 ② アルコール発酵によってエタノール生成（ガラクトースはアルコール発酵しない） $C_6H_{12}O_6 \xrightarrow{\text{チマーゼ}} 2C_2H_5OH + 2CO_2$
二 糖 $C_{12}H_{22}O_{11}$	スクロース（ショ　糖） マルトース（麦芽糖） ラクトース（乳　糖） セロビオース	① マルトース，ラクトース，セロビオースは還元性（スクロースは還元性なし） ② 加水分解されて単糖2個を生じる. スクロース $\xrightarrow[\text{（転化）}]{\substack{\text{インベルターゼ}\\(\text{スクラーゼ})}}$ グルコース ＋ フルクトース（転化糖） マルトース $\xrightarrow{\text{マルターゼ}}$ グルコース ＋ グルコース ラクトース $\xrightarrow{\text{ラクターゼ}}$ グルコース ＋ ガラクトース
多 糖 $(C_6H_{10}O_5)_n$ （nを重合度という）	デンプン（グリコーゲン（動物デンプン）は動物体内でグルコースから合成される）	① アミロースとアミロペクチンの2種類 ② 水にはあまり溶けないが，熱湯に溶ける（コロイド溶液）. ③ 加水分解されて最後に多数のα-グルコースを生じる. デンプン $\xrightarrow{\text{アミラーゼ}}$ デキストリン $\xrightarrow{\text{アミラーゼ}}$ マルトース $\xrightarrow{\text{マルターゼ}}$ α-グルコース 希酸(加熱) ④ ヨウ素デンプン反応（青～青紫色）
	セルロース $[C_6H_7O_2(OH)_3]_n$	① 水には溶けないが，シュバイツァー試薬（水酸化銅(II)のアンモニア溶液）に溶ける. ② 加水分解されて最後に多数のβ-グルコースを生じる. セルロース $\xrightarrow{\text{セルラーゼ}}$ セロビオース $\xrightarrow{\text{セロビアーゼ}}$ β-グルコース 希酸(加熱) ③ ニトロセルロース，アセチルセルロース，銅アンモニアレーヨン（キュプラ），ビスコースレーヨンなどの原料

（注1）　グルコース，ガラクトース，フルクトースの構造

　水溶液中で，次のような平衡状態となっている．[　　]内は還元性を示す部分．

① グルコース

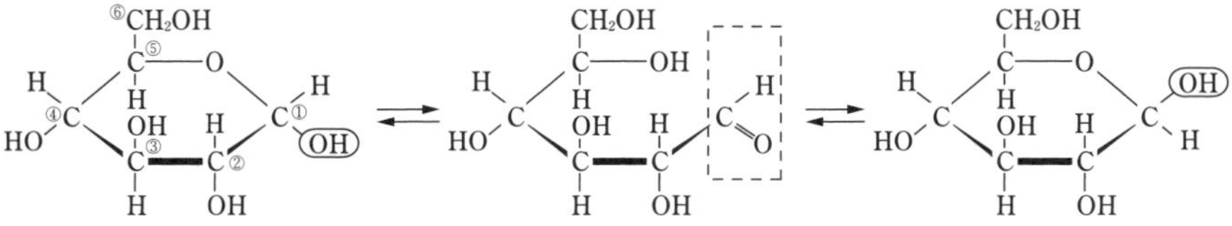

α-グルコース　　　　　　　鎖式構造　　　　　　　β-グルコース

② ガラクトース

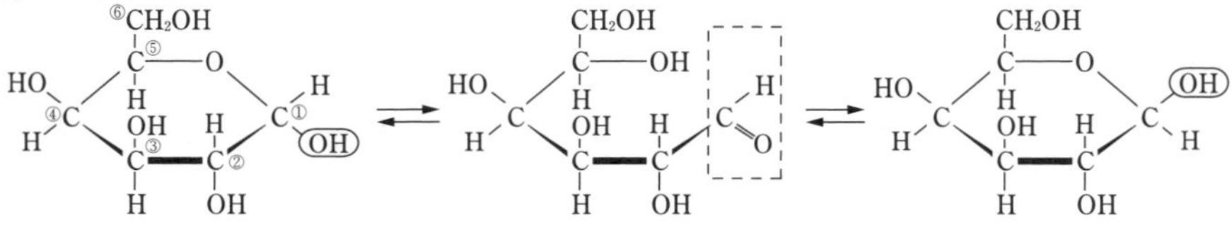

α-ガラクトース　　　　　　鎖式構造　　　　　　　β-ガラクトース

③ フルクトース

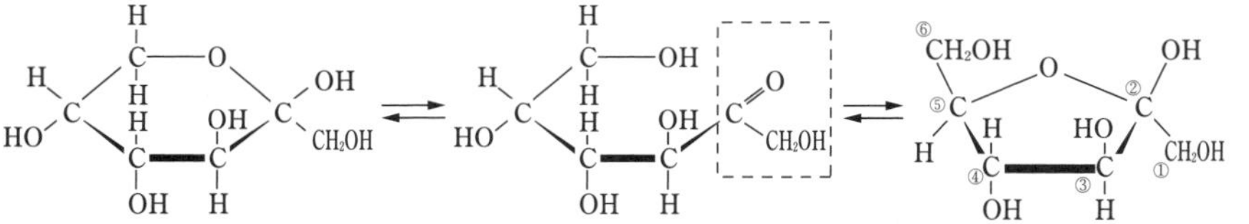

六員環式構造　　　　　　　鎖式構造　　　　　　　五員環式構造
　　　　　　　　　　　　　　　　　　　　　　　　β-フルクトース

（注2）　スクロース，マルトース，セロビオースの構造

スクロース……α-グルコースの1位のOH基と，β-フルクトースの2位の
　　　　　　　　OH基から水がとれた構造（そのため還元性を示さない）

マルトース……α-グルコースの1位のOH基と，α-グルコースの4位の
　　　　　　　　OH基から水がとれた構造

セロビオース……β-グルコースの1位のOH基と，β-グルコースの4位の
　　　　　　　　OH基から水がとれた構造

① スクロース　　　　　　　　　② マルトース

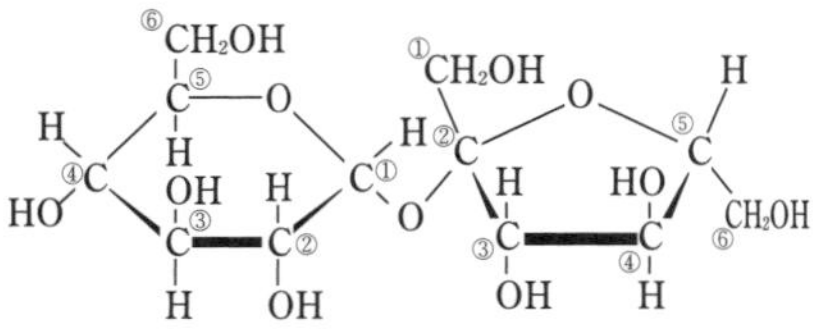

α-グルコース　β-フルクトース　　　α-グルコース　α-グルコース

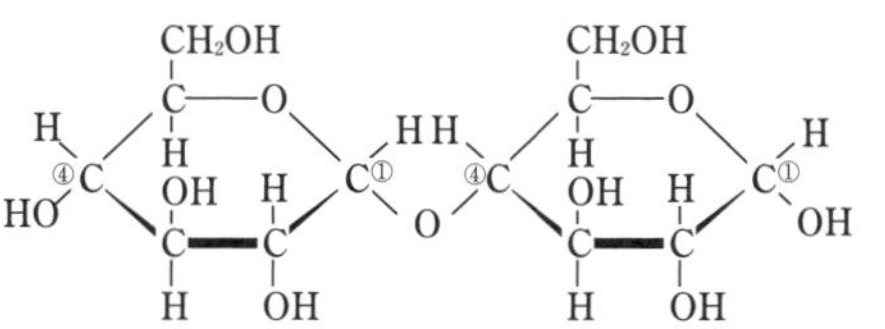

③　セロビオース

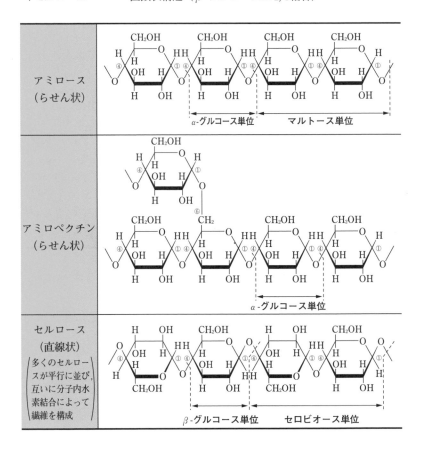

β-グルコース　　　　β-グルコース

> 2個の糖のOH基から，
> 水がとれて生じたエー
> テル結合を**グリコシド
> 結合**という．

（注3）　アミロース，アミロペクチン，セルロースの構造

アミロース　　　……直鎖状構造（α-グルコースの1,4結合）
アミロペクチン……直鎖状と枝分かれ構造（α-グルコースの1,4結合と1,6結合）
セルロース　　　……直鎖状構造（β-グルコースの1,4結合）

アミロース （らせん状）	α-グルコース単位　　マルトース単位
アミロペクチン （らせん状）	α-グルコース単位
セルロース （直線状） 多くのセルロースが平行に並び，互いに分子内水素結合によって繊維を構成	β-グルコース単位　　セロビオース単位

§17.　アミノ酸，タンパク質・酵素，核酸

アミノ酸 (α-アミノ酸)	

一般式

$$R-\overset{\displaystyle H}{\underset{\displaystyle NH_2}{C}}-COOH$$

R ……（側鎖）$\begin{cases} H & グリシン \\ CH_3 & アラニン \\ HOOC-CH_2-CH_2 & グルタミン酸 \\ HOCH_2 & セリン \end{cases}$

アミノ酸 $\begin{cases} 中性アミノ酸 & ……グリシン，アラニン，セリン \\ 酸性アミノ酸 & ……グルタミン酸，アスパラギン酸 \\ 塩基性アミノ酸 & ……リシン \end{cases}$

(注) グリシン以外は，不斉炭素原子をもち，一対の鏡像異性体がある．

① 両性物質

② アミノ酸は酸性溶液および塩基性溶液では次のようになる．

$$R-\overset{\displaystyle H}{\underset{\displaystyle NH_3^+}{C}}-COOH \underset{H^+}{\overset{OH^-}{\rightleftharpoons}} R-\overset{\displaystyle H}{\underset{\displaystyle NH_3^+}{C}}-COO^- \underset{H^+}{\overset{OH^-}{\rightleftharpoons}} R-\overset{\displaystyle H}{\underset{\displaystyle NH_2}{C}}-COO^-$$

陽イオン（酸性溶液）　　双性イオン（中性溶液）　　陰イオン（塩基性溶液）

③ **等電点**……平衡混合物の電荷の総和がゼロになるpH

④ ニンヒドリン反応（青紫色）（タンパク質も呈色する）

(注) $\begin{cases} 硫黄をもつアミノ酸……メチオニン，システイン \\ ベンゼン環をもつアミノ酸……チロシン，フェニルアラニン \end{cases}$

$$\underset{NH_2}{CH_2}-CH_2-CH_2-CH_2-\overset{*}{\underset{NH_2}{CH}}-COOH \quad リシン$$

$$CH_3-S-CH_2-CH_2-\overset{*}{\underset{NH_2}{CH}}-COOH \quad メチオニン$$

$$H-S-CH_2-\overset{*}{\underset{NH_2}{CH}}-COOH \quad システイン$$

$$HO-\langle\!\!\!\bigcirc\!\!\!\rangle-CH_2-\overset{*}{\underset{NH_2}{CH}}-COOH \quad チロシン$$

$$\langle\!\!\!\bigcirc\!\!\!\rangle-CH_2-\overset{*}{\underset{NH_2}{CH}}-COOH \quad フェニルアラニン$$

	多数の α-アミノ酸が縮合重合して生じた高分子化合物	

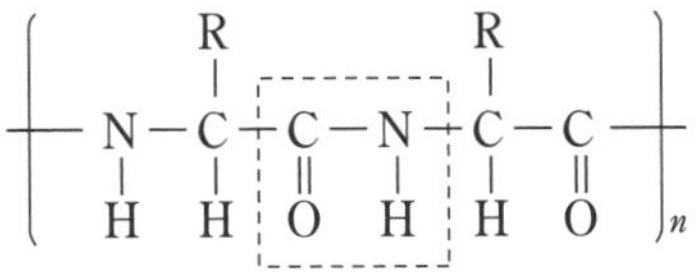

$$\left[\begin{array}{ccccc} & R & R & & \\ -N-C-C & -N-C-C- & \\ & H & H & O & H & H & O \end{array} \right]_n$$

ペプチド結合

(タンパク質を構成するポリペプチド鎖の多くは, 分子内水素結合によって, らせん構造 (α-ヘリックス構造) や波形構造 (β-シート構造) をとっている.)

タンパク質 {
　単純タンパク質…… (アルブミン, グロブリン, ケラチン, フィブロイン)
　複合タンパク質…… (核タンパク質, 色素タンパク質, 糖タンパク質)
}

タンパク質 (ポリペプチド)

① **コロイド溶液**…可溶性タンパク質は水に溶けて親水コロイドになる.

② **変性**…強酸, 強塩基, 熱などの作用により凝固し, もとの状態に戻らない. このような変化を変性という.

③ **呈色反応・沈殿反応**

ビウレット反応	NaOH溶液を加え, 希 $CuSO_4$ 溶液を加えると赤紫色になる. (Cu^{2+} がタンパク質と錯イオンをつくるため)	ペプチド結合を2個以上もつタンパク質にみられる.
キサントプロテイン反応	濃 HNO_3 を加えて熱すると黄色になる. 冷やしてから NH_3 水を加えて塩基性にすると, 橙黄色になる. (ベンゼン環がニトロ化されたため)	ベンゼン環をもつタンパク質にみられる.
硫黄反応	濃 NaOH 溶液と $Pb(CH_3COO)_2$ 溶液を加えて熱すると, PbS の黒色沈殿を生ずる.	硫黄を含むタンパク質にみられる.

酵　　素

生体内の複雑な反応を促進させる働きをもつタンパク質

① 酵素の特性
{
　特定の基質にのみ作用 (基質特異性)
　最適温度 (多くは35〜40℃) で作用
　最適pH (多くは5〜8) で作用 (例外: ペプシンは約2)
}

② 酵素の分類
{
　アルコール発酵酵素群 (チマーゼ)
　糖類加水分解酵素 (アミラーゼ, マルターゼ, ラクターゼ, インベルターゼ, セルラーゼ, セロビアーゼ)
　脂肪加水分解酵素 (リパーゼ)
　タンパク質加水分解酵素 (ペプシン, トリプシン, ペプチダーゼ)
}

③　酵素作用

酵素（E）＋基質（S）⇄ 酵素－基質複合体（E·S）

⟶ 酵素（E）＋生成物（P）

1. 核酸

多数のヌクレオチドの縮合重合体（ポリヌクレオチド）

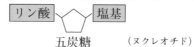

五炭糖　　　（ヌクレオチド）

核酸にはDNA（デオキシリボ核酸）とRNA（リボ核酸）がある.

	デオキシリボ核酸（DNA）	リボ核酸（RNA）
五炭糖（ペントース）	デオキシリボース $C_5H_{10}O_4$	リボース $C_5H_{10}O_5$
塩　基	アデニン（A） グアニン（G） シトシン（C） **チミン（T）**	アデニン（A） グアニン（G） シトシン（C） **ウラシル（U）**
構　造	二重らせん構造 （AとT, GとCとの間で水素結合）	1本鎖構造
働　き	遺伝情報の伝達	タンパク質の合成

左欄：**核　酸**

2. ATP（アデノシン三リン酸）

リボースとアデニンが結合したアデノシンにリン酸3分子が結合したヌクレオチド.

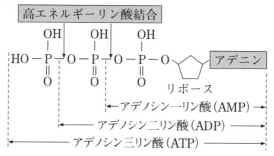

ATPの高エネルギーリン酸結合が加水分解されたときに放出されるエネルギーが生命を維持するあらゆる反応に利用される.

$$ATP + H_2O \longrightarrow ADP + H_3PO_4 \quad \Delta H = -30kJ$$

§18.　合成高分子化合物

（1）　主な合成繊維

ビニロン （吸湿性）	$\left[\text{CH}_2-\text{CH}-\text{CH}_2-\text{CH}\atop\quad\quad\quad\text{O}-\text{CH}_2-\text{O}\right]_n$	ポリ酢酸ビニルをけん化して得られるポリビニルアルコールを，アセタール化したもの
ポリアクリロニトリル （ポリアクリル系）	$\left[\text{CH}_2-\text{CH}\atop\quad\quad\text{CN}\right]_n$	アクリロニトリルの付加重合体
ナイロン66 （ポリアミド系）	$\text{HO}\left[\text{OC}-(\text{CH}_2)_4-\text{CO}-\text{NH}-(\text{CH}_2)_6-\text{NH}\right]_n\text{H}$ （合成反応式はp.37）　（合成樹脂としても使われる）	アジピン酸とヘキサメチレンジアミンの縮合重合体
ナイロン6 （ポリアミド系）	$\text{H}\left[\text{HN}-(\text{CH}_2)_5-\text{CO}\right]_n\text{OH}$ （合成反応式はp.192）　（合成樹脂としても使われる）	カプロラクタムに少量の水を加えて加熱し，開環重合したもの
ポリエチレンテレフタラート （ポリエステル系）	$\text{HO}\left[\text{OC}-\bigcirc-\text{CO}-\text{O}-(\text{CH}_2)_2-\text{O}\right]_n\text{H}$ （合成反応式はp.37）　（合成樹脂としても使われる）	テレフタル酸とエチレングリコールの縮合重合体

（2）　主な合成樹脂

ポリエチレン （熱可塑性樹脂）	$\left[\text{CH}_2-\text{CH}_2\right]_n$　（合成繊維としても使われる） エチレンの付加重合体	容器，ゴミ袋
ポリ塩化ビニル （塩化ビニル樹脂） （熱可塑性樹脂）	$\left[\text{CH}_2-\text{CH}\atop\quad\quad\text{Cl}\right]_n$ 塩化ビニルの付加重合体	シート，電線被覆
ポリスチレン （スチロール樹脂） （熱可塑性樹脂）	$\left[\text{CH}_2-\text{CH}\atop\quad\quad\bigcirc\right]_n$ スチレンの付加重合体	高周波電気絶縁材料 断熱材

メタクリル樹脂 （アクリル樹脂） （熱可塑性樹脂）	$\left[\begin{array}{c} -CH_2-C(CH_3)- \\ \quad\quad\quad\| \\ \quad\quad COOCH_3 \end{array}\right]_n$ メタクリル酸メチルの付加重合体	（有機ガラスとも） （よばれる） プラスチックスレンズ
イオン交換樹脂 （機能性樹脂）	陽イオン交換樹脂 $R\text{-}SO_3H$ 陰イオン交換樹脂 $R\text{-}CH_2\text{-}N^+(CH_3)_3OH^-$	イオン交換樹脂 （例題47参照）
フェノール樹脂 （ベークライト） （熱硬化性樹脂）	フェノールとホルムアルデヒドの付加縮合体	電気絶縁材料， 塗料
尿素樹脂 （ユリア樹脂） （熱硬化性樹脂）	尿素とホルムアルデヒドの付加縮合体 $(CO(NH_2)_2$ 尿素）	食器，雑貨類
メラミン樹脂 （熱硬化性樹脂）	メラミンとホルムアルデヒドの付加縮合体 $\begin{array}{c} H_2N \\ \quad\quad C-N \\ N \quad\quad\quad C-NH_2 \text{ メラミン} \\ \quad C=N \\ H_2N \end{array}$	家具，塗料
シリコーン樹脂 （ケイ素樹脂） （機能性樹脂）	$\left[\begin{array}{c} CH_3 \\ \quad\| \\ -Si-O- \\ \quad\| \\ CH_3 \end{array}\right]_n$ ジクロロジメチルシランの加水生成物の 縮合重合体	耐熱塗料， 電気絶縁材料
フッ素樹脂 （テフロン）	テトラフルオロエチレン　$CF_2=CF_2$ や クロロトリフルオロエチレン $CClF=CF_2$ の付加重合体	電気絶縁材料

（注） 機能性樹脂……特別な機能をもつ樹脂

（3）**主な合成ゴム**

ブタジエンゴム （BR）	$-\left[CH_2-CH=CH-CH_2\right]_n$ ブタジエンの付加重合体	タイヤ
スチレンブタジエンゴム（SBR）	$-\left[CH_2-CH=CH-CH_2\right]_m\left[\begin{array}{c} CH_2-CH- \\ \quad\quad\quad\bigcirc \end{array}\right]_n$ スチレンとブタジエンの共重合体	タイヤ
アクリロニトリルブタジエンゴム（NBR）	$-\left[CH_2-CH=CH-CH_2\right]_m\left[\begin{array}{c} CH_2-CH- \\ \quad\quad\| \\ \quad\quad CN \end{array}\right]_n$ アクリロニトリルとブタジエンの共重合体	耐油ホース

クロロプレンゴ ム（CR）	$\left[\begin{array}{c} CH_2-C=CH-CH_2 \\ \mid \\ Cl \end{array}\right]_n$ クロロプレンの付加重合体	コンベアーベルト
イソプレンゴム （IR）	$\left[\begin{array}{c} CH_2-C=CH-CH_2 \\ \mid \\ CH_3 \end{array}\right]_n$ イソプレンの付加重合体	タイヤ

（注）　**天然ゴム**……ラテックス（ゴムの木の樹皮から得られる乳濁液）を酢酸で凝固させて
　　　得られるもので，その弾性に耐久性をつけるために，少量の硫黄を加えている．この
　　　操作を**加硫**という．天然ゴムを熱分解するとイソプレンが得られる．

§19.　医　薬　品

解熱・鎮痛剤	アセチルサリチル酸 （アスピリン）	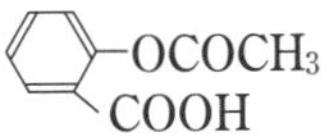 ⬡−OCOCH$_3$ 　　COOH	解熱・鎮痛剤 抗炎症剤
	フェナセチン	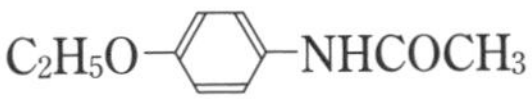 C_2H_5O-⬡$-NHCOCH_3$	解熱剤
サルファ剤	スルファニルアミド （スルファミン）	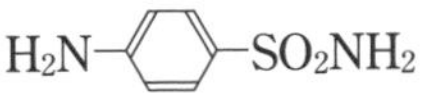 H_2N-⬡$-SO_2NH_2$	抗生物質が普及す るまでの細菌性の 病気の治療薬
抗生物質 （多くはかび 類から抽出）	ペニシリン，ストレプトマイシン， クロラムフェニコール，クロルテトラサイ クリン，カナマイシン		広範囲の細菌性の 病気の特効薬
その他の 医薬品	サリチル酸メチル	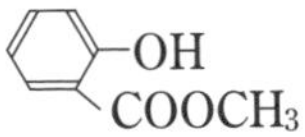 ⬡−OH 　　COOCH$_3$	消炎外用薬
	ニトログリセリン	CH_2ONO_2 $\mid$ $CHONO_2$ $\mid$ CH_2ONO_2	抗狭心症剤
	エタノール	C_2H_5OH	消毒剤
	ジエチルエーテル	$C_2H_5OC_2H_5$	麻酔剤

§20.　反応の種類

反応の種類	例
置　　換	○アルカンの置換　$CH_4 + Cl_2 \longrightarrow CH_3Cl + HCl$ ○塩　素　化　$C_6H_6 + Cl_2 \longrightarrow C_6H_5Cl + HCl$ ○ニ　ト　ロ　化　$C_6H_6 + HNO_3 \longrightarrow C_6H_5NO_2 + H_2O$ ○スルホン化　$C_6H_6 + H_2SO_4 \longrightarrow C_6H_5SO_3H + H_2O$ ○アルキル化　$C_6H_6 + CH_3Cl \longrightarrow C_6H_5CH_3 + HCl$ ○アルコキシドの生成 　　　　$2C_2H_5OH + 2Na \longrightarrow 2C_2H_5ONa + H_2$
付　　加	○アルケンの付加　$CH_2 = CH_2 + Br_2 \longrightarrow CH_2BrCH_2Br$ ○アルキンの付加　$CH \equiv CH + HCl \longrightarrow CH_2 = CHCl$ ○芳香族炭化水素の付加　$C_6H_6 + 3Cl_2 \longrightarrow C_6H_6Cl_6$
縮　　合 （脱水反応）	○エステル化　$CH_3COOH + C_2H_5OH \longrightarrow CH_3COOC_2H_5 + H_2O$ ○アセチル化 　　　$C_6H_5NH_2 + (CH_3CO)_2O \longrightarrow C_6H_5NHCOCH_3 + CH_3COOH$ ○エーテルの生成　$2C_2H_5OH \longrightarrow C_2H_5OC_2H_5 + H_2O$
酸　　化	○炭化水素の燃焼　$CH_4 + 2O_2 \longrightarrow CO_2 + 2H_2O$ ○第一級アルコールの酸化 　　　$2CH_3CH_2OH + O_2 \longrightarrow 2CH_3CHO + 2H_2O$ ○第二級アルコールの酸化 　　　$2\genfrac{}{}{0pt}{}{CH_3}{CH_3}{>}CHOH + O_2 \longrightarrow 2\genfrac{}{}{0pt}{}{CH_3}{CH_3}{>}CO + 2H_2O$ ○アルデヒドの酸化　$2CH_3CHO + O_2 \longrightarrow 2CH_3COOH$ ○芳香族炭化水素の側鎖の酸化 　　　$2C_6H_5CH_3 + 3O_2 \longrightarrow 2C_6H_5COOH + 2H_2O$
還　　元	○不飽和炭化水素の水素付加　$CH_2 = CH_2 + H_2 \longrightarrow C_2H_6$ ○アルデヒドの還元　$CH_3CHO + H_2 \longrightarrow CH_3CH_2OH$ ○ケトンの還元　$\genfrac{}{}{0pt}{}{CH_3}{CH_3}{>}CO + H_2 \longrightarrow \genfrac{}{}{0pt}{}{CH_3}{CH_3}{>}CHOH$ ○ニトロ化合物の還元　$C_6H_5NO_2 + 6(H) \longrightarrow C_6H_5NH_2 + 2H_2O$

加水分解	○けん化 　　$CH_3COOC_2H_5 + NaOH \longrightarrow CH_3COONa + C_2H_5OH$ ○転化（スクロースの加水分解） 　　$C_{12}H_{22}O_{11} + H_2O \longrightarrow C_6H_{12}O_6 + C_6H_{12}O_6$ ○糖の加水分解　$(C_6H_{10}O_5)_n + nH_2O \longrightarrow nC_6H_{12}O_6$
中　　和	$C_6H_5NH_2 + HCl \longrightarrow C_6H_5NH_3{}^+Cl^-$ $C_6H_5OH + NaOH \longrightarrow C_6H_5ONa + H_2O$
発　　酵	○アルコール発酵　$C_6H_{12}O_6 \longrightarrow 2C_2H_5OH + 2CO_2$
ジアゾ化	$C_6H_5NH_2 + NaNO_2 + 2HCl$ 　　　　$\longrightarrow C_6H_5N^+\equiv NCl^- + NaCl + 2H_2O$
ジアゾカップリング	$C_6H_5N^+\equiv NCl^- + C_6H_5OH + NaOH$ 　　　　$\longrightarrow C_6H_5N = NC_6H_4OH + NaCl + H_2O$
付加重合	○ポリエチレンの合成　$nCH_2=CH_2 \longrightarrow {\left[\!\!\!-CH_2-CH_2-\right]\!\!\!}_n$
共　重　合	○NBRの合成 　　$nCH_2 = CH - CH = CH_2 + nCH_2 = CHCN$ 　　$\longrightarrow {\left[\!\!\!-CH_2-CH=CH-CH_2-CH_2-CH(CN)-\right]\!\!\!}_n$
縮合重合	○ナイロン 66 の合成 　　$nHOOC(CH_2)_4COOH + nH_2N(CH_2)_6NH_2$ 　　$\longrightarrow HO{\left[\!\!\!-OC-(CH_2)_4-CO-NH-(CH_2)_6-NH-\right]\!\!\!}_n H$ 　　　　　　　　　　　　　　　　$+ (2n-1)H_2O$ ○ポリエチレンテレフタラートの合成 　　$nHOOC - \langle\bigcirc\rangle - COOH + nHO(CH_2)_2OH$ 　　$\longrightarrow HO{\left[\!\!\!-OC-\langle\bigcirc\rangle-CO-O-(CH_2)_2-O-\right]\!\!\!}_n H$ 　　　　　　　　　　　　　　　　$+ (2n-1)H_2O$

（注）　付加重合：付加反応によって，多数の分子が結合すること．
　　　　共　重　合：2種類以上の単量体が，付加重合すること．
　　　　縮合重合：縮合反応によって，多数の分子が結合すること．
　　　　開環重合：環状構造の単量体が，開環し重合すること．
　　　　付加縮合：付加反応と縮合反応をくり返して重合すること．

§21.　有機化合物の検出

検出される物質	検出反応	試　薬	沈殿の色，呈色
不飽和化合物	（付加反応）	Br_2	赤褐色を消す
アセチレン	（置換反応） （置換反応）	$AgNO_3$, NH_3水 （アンモニア性硝酸銀溶液） Cu_2Cl_2, NH_3水	白色沈殿（Ag_2C_2） 赤褐色沈殿 （Cu_2C_2）
エタノール，アセトアルデヒド，2-プロパノール，アセトン $\binom{CH_3CO-}{CH_3-CH(OH)-}$*1	ヨードホルム反応*3	I_2, $NaOH$（またはKOH）	黄色沈殿（CHI_3）（特臭）
還元性物質（$-CHO$）*2	フェーリング反応*4 銀鏡反応*5	フェーリング液 $AgNO_3$, NH_3水 （アンモニア性硝酸銀溶液）	赤色沈殿（Cu_2O） 銀鏡（Ag）
フェノール類	塩化鉄（Ⅲ）反応	$FeCl_3$	青紫〜赤紫色
アニリン		さらし粉	赤紫色
デンプン	ヨウ素デンプン反応	I_2 （ヨウ素ヨウ化カリウム溶液）	青〜青紫色 （グリコーゲンは赤褐色）
アミノ酸	ニンヒドリン反応	ニンヒドリン液	赤紫〜青紫色
タンパク質	ビウレット反応 キサントプロテイン反応	$NaOH$, $CuSO_4$, 濃HNO_3	赤紫色 黄色（塩基性にすると橙黄色）

(注)
- カルボン酸……$NaHCO_3$液やNa_2CO_3液に溶解し，CO_2を発生
- アルコール……NaでH_2発生（カルボン酸，フェノール類もNaでH_2発生）
- エステル……水に不溶，多くは芳香性
- ニトロ化合物……淡黄色

* 1　酢酸や酢酸エステルは，ヨードホルム反応は陰性（CH_3CO-, $CH_3CH(OH)-$にHまたはRがついているとき陽性）

* 2　ギ酸，ベンズアルデヒドは，銀鏡反応は陽性であるが，フェーリング反応は陰性

* 3　例　$C_2H_5OH + 4I_2 + 6NaOH \longrightarrow CHI_3 + HCOONa + 5NaI + 5H_2O$

* 4　例　$2Cu^{2+} + 5OH^- + RCHO \longrightarrow Cu_2O + 3H_2O + RCOO^-$

* 5　例　$2[Ag(NH_3)_2]^+ + 3OH^- + RCHO \longrightarrow 2Ag + 4NH_3 + 2H_2O + RCOO^-$

§22. 混合物の分離

有機化合物は，次の性質を利用して分離する.

酸　性　物　質	**フェノール類，カルボン酸，スルホン酸** ○ 塩基性溶液に溶ける. ○ 酸の強弱 $\boxed{HCl, H_2SO_4 > スルホン酸 > カルボン酸 > 炭酸水 > フェノール類}$ $\begin{cases} カルボン酸……NaHCO_3液, Na_2CO_3液に溶けてCO_2を発生 \\ フェノール類…NaHCO_3液に溶けない.（Na_2CO_3液には溶ける） \end{cases}$
塩　基　性　物　質	**アミン**　○ 酸に溶ける. ○ 塩基の強弱　$\boxed{NaOH > NH_3 > アニリン}$
酸素を含む低級の 有　機　化　合　物	**炭素数4以下のアルコール，アルデヒド，ケトン，脂肪酸，アミノ酸**　○ 水に溶ける.（注）単糖類，二糖類，塩も水溶性
多くの有機化合物	○ ジエチルエーテル（エーテル）に溶ける. （注）アミノ酸，糖類，塩は，ジエチルエーテルには溶けない.

(注1)　有機化合物を水・エーテルに対する溶解性によって分けると，大体次のようになる.

水には溶けるが，エーテルには溶けない有機化合物	アミノ酸，単糖類，二糖類，塩
水，エーテルのいずれにも溶ける有機化合物	炭素数4以下のアルコール，アルデヒド，ケトン，脂肪酸
水には溶けないが，エーテルには溶ける有機化合物	上記の物質を除く有機化合物

(注2)　**HClおよびNaOH水溶液の実験操作における働きは，次のように理解する.**

① HClを $\begin{cases} 使って抽出する………塩基性物質の溶解 \\ 加えて酸性にする……弱酸の遊離 \\ 加えて加熱する………加水分解 \end{cases}$

② NaOH水溶液を $\begin{cases} 使って抽出する…………酸性物質の溶解 \\ 加えて塩基性にする…弱塩基の遊離 \\ 加えて加熱する…………けん化 \end{cases}$

§23.　有機化学における主な化学反応式

（ボールド体の化学反応式はとくに重要な反応式）

　反応式の説明については省略する．各反応の条件などについては，P.21の「アセチレンを中心にした反応系統図」，およびP.24の「ベンゼンを中心にした反応系統図」を含めて，それぞれの記述個所を参照する．

（1）　脂肪族炭化水素

① $CH_3COONa + NaOH \longrightarrow CH_4 + Na_2CO_3$

② $\mathbf{CH_4 + Cl_2 \longrightarrow CH_3Cl + HCl}$

③ $CH_4 + 2Cl_2 \longrightarrow CH_2Cl_2 + 2HCl$

④ $CH_4 + 3Cl_2 \longrightarrow CHCl_3 + 3HCl$

⑤ $CH_4 + 4Cl_2 \longrightarrow CCl_4 + 4HCl$

⑥ $\mathbf{CH_2 = CH_2 + H_2 \longrightarrow CH_3CH_3}$

⑦ $\mathbf{CH_2 = CH_2 + Br_2 \longrightarrow CH_2BrCH_2Br}$

⑧ $CH_2 = CH_2 + H_2SO_4 \longrightarrow CH_3CH_2OSO_3H$

⑨ $CH_3CH_2OSO_3H + H_2O \longrightarrow CH_3CH_2OH + H_2SO_4$

⑩ $2CH_2 = CH_2 + O_2 \longrightarrow 2CH_3CHO$

⑪ $\mathbf{CaC_2 + 2H_2O \longrightarrow CH \equiv CH + Ca(OH)_2}$

⑫ $2CH_4 \longrightarrow CH \equiv CH + 3H_2$

⑬ $\mathbf{CH \equiv CH + H_2O \longrightarrow CH_3CHO}$

⑭ $\mathbf{CH \equiv CH + HCl \longrightarrow CH_2 = CHCl}$

⑮ $CH \equiv CH + HCN \longrightarrow CH_2 = CHCN$

⑯ $\mathbf{CH \equiv CH + CH_3COOH \longrightarrow CH_2 = CHOCOCH_3}$

⑰ $3CH \equiv CH \longrightarrow C_6H_6$

⑱ $2CH \equiv CH \longrightarrow CH \equiv CCH = CH_2$

⑲ $CH \equiv CCH = CH_2 + HCl \longrightarrow CH_2 = CClCH = CH_2$

⑳ $CH \equiv CCH = CH_2 + H_2 \longrightarrow CH_2 = CHCH = CH_2$

（2）　アルコール，アルデヒド，ケトン，カルボン酸

㉑ $CO + 2H_2 \longrightarrow CH_3OH$

㉒ $\mathbf{C_6H_{12}O_6 \longrightarrow 2C_2H_5OH + 2CO_2}$

㉓ $\mathbf{C_2H_5OH \longrightarrow CH_2 = CH_2 + H_2O}$

㉔　$C_3H_7OH \longrightarrow CH_2=CHCH_3 + H_2O$

㉕　$2C_2H_5OH \longrightarrow C_2H_5OC_2H_5 + H_2O$

㉖　$2CH_3OH + O_2 \longrightarrow 2HCHO + 2H_2O$

㉗　$2HCHO + O_2 \longrightarrow 2HCOOH$

㉘　$HCOOH \longrightarrow CO + H_2O$

㉙　$2C_2H_5OH + O_2 \longrightarrow 2CH_3CHO + 2H_2O$

$\quad (3C_2H_5OH + 4H_2SO_4 + K_2Cr_2O_7$
$\qquad\qquad \longrightarrow 3CH_3CHO + K_2SO_4 + Cr_2(SO_4)_3 + 7H_2O)$

㉚　$2CH_3CHO + O_2 \longrightarrow 2CH_3COOH$

$\quad (3CH_3CHO + 4H_2SO_4 + K_2Cr_2O_7$
$\qquad\qquad \longrightarrow 3CH_3COOH + K_2SO_4 + Cr_2(SO_4)_3 + 4H_2O)$

㉛　$2CH_3COOH \longrightarrow (CH_3CO)_2O + H_2O$

㉜　$2CH_3COOH + Ca(OH)_2 \longrightarrow (CH_3COO)_2Ca + 2H_2O$

㉝　$(CH_3COO)_2Ca \longrightarrow CH_3COCH_3 + CaCO_3$

㉞　$2(CH_3)_2CHOH + O_2 \longrightarrow 2CH_3COCH_3 + 2H_2O$

㉟　$2C_2H_5OH + 2Na \longrightarrow 2C_2H_5ONa + H_2$

㊱　$C_2H_5OH + HI \longrightarrow C_2H_5I + H_2O$

㊲　$C_2H_5OH + HCl \longrightarrow C_2H_5Cl + H_2O$

㊳　$C_2H_5ONa + C_2H_5I \longrightarrow C_2H_5OC_2H_5 + NaI$

（3）　エステル，油脂

㊴　$CH_3COOH + C_2H_5OH \longrightarrow CH_3COOC_2H_5 + H_2O$

㊵　$CH_3COOC_2H_5 + NaOH \longrightarrow CH_3COONa + C_2H_5OH$

㊶
$$\begin{array}{c} CH_2OH \\ | \\ CHOH \\ | \\ CH_2OH \end{array} + 3HNO_3 \longrightarrow \begin{array}{c} CH_2ONO_2 \\ | \\ CHONO_2 \\ | \\ CH_2ONO_2 \end{array} + 3H_2O$$

㊷
$$\begin{array}{c} CH_2OH \\ | \\ CHOH \\ | \\ CH_2OH \end{array} + 3RCOOH \longrightarrow \begin{array}{c} CH_2OCOR \\ | \\ CHOCOR \\ | \\ CH_2OCOR \end{array} + 3H_2O$$

㊸
$$\begin{array}{c} CH_2OCOR \\ | \\ CHOCOR \\ | \\ CH_2OCOR \end{array} + 3NaOH \longrightarrow \begin{array}{c} CH_2OH \\ | \\ CHOH \\ | \\ CH_2OH \end{array} + 3RCOONa$$

（4） 糖類（炭水化物）

㊹　$C_{12}H_{22}O_{11} + H_2O \longrightarrow C_6H_{12}O_6 + C_6H_{12}O_6$

㊺　$(C_6H_{10}O_5)_n + nH_2O \longrightarrow nC_6H_{12}O_6$

㊻　$2(C_6H_{10}O_5)_n + nH_2O \longrightarrow nC_{12}H_{22}O_{11}$

（5） 芳香族化合物

㊼　⟨benzene⟩ $+ HNO_3 \longrightarrow$ ⟨benzene-NO_2⟩ $+ H_2O$

㊽　⟨benzene-NO_2⟩ $+ 6 (H) \longrightarrow$ ⟨benzene-NH_2⟩ $+ 2H_2O$

　　$(2C_6H_5NO_2 + 3Sn + 12HCl \longrightarrow 2C_6H_5NH_2 + 3SnCl_4 + 4H_2O)$

㊾　⟨benzene-NH_2⟩ $+ (CH_3CO)_2O \longrightarrow$ ⟨benzene-$NHCOCH_3$⟩ $+ CH_3COOH$

㊿　⟨benzene-$NHCOCH_3$⟩ $+ H_2O \longrightarrow$ ⟨benzene-NH_2⟩ $+ CH_3COOH$

(51)　⟨benzene-NH_2⟩ $+ HCl \longrightarrow$ ⟨benzene-$NH_3{}^+Cl^-$⟩

(52)　⟨benzene-$NH_3{}^+Cl^-$⟩ $+ NaOH \longrightarrow$ ⟨benzene-NH_2⟩ $+ NaCl + H_2O$

(53)　⟨benzene-NH_2⟩ $+ NaNO_2 + 2HCl \longrightarrow$ ⟨benzene-$N^+\equiv NCl^-$⟩ $+ NaCl + 2H_2O$

(54)　⟨benzene-$N^+\equiv NCl^-$⟩ $+ H_2O \longrightarrow$ ⟨benzene-OH⟩ $+ N_2 + HCl$

(55)　⟨benzene-$N^+\equiv NCl^-$⟩ $+$ ⟨benzene-OH⟩ $+ NaOH$

　　　　$\longrightarrow$ ⟨benzene-$N=N$-benzene-OH⟩ $+ NaCl + H_2O$

⑤⑥ $C_6H_5-N^+\equiv NCl^- +$ (HO-ナフチル) $+ NaOH \longrightarrow$ $C_6H_5-N=N-$ (HO-ナフチル) $+ NaCl + H_2O$

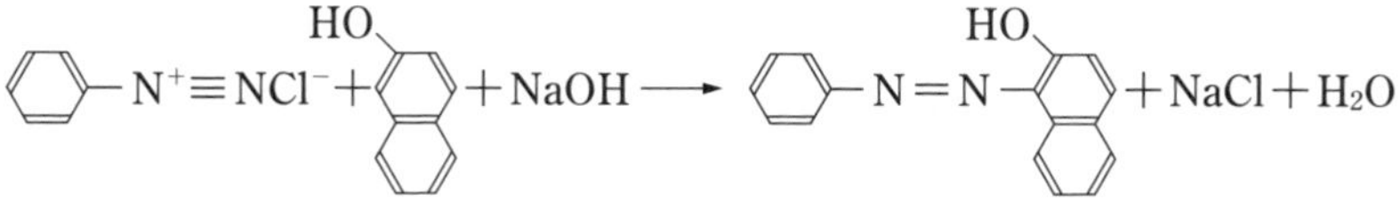

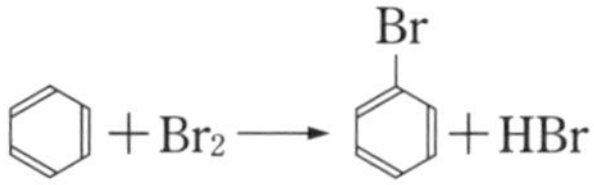

⑤⑦ (ベンゼン) $+ Br_2 \longrightarrow$ (Br-ベンゼン) $+ HBr$

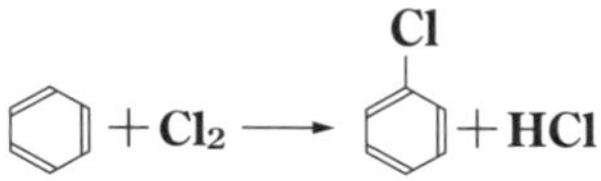

⑤⑧ (ベンゼン) $+ Cl_2 \longrightarrow$ (Cl-ベンゼン) $+ HCl$

⑤⑨ (Cl-ベンゼン) $+ 2NaOH \longrightarrow$ (ONa-ベンゼン) $+ NaCl + H_2O$

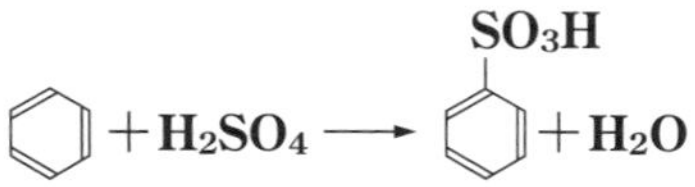

⑥⓪ (ベンゼン) $+ H_2SO_4 \longrightarrow$ (SO₃H-ベンゼン) $+ H_2O$

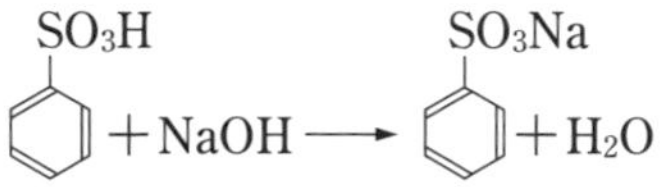

⑥① (SO₃H-ベンゼン) $+ NaOH \longrightarrow$ (SO₃Na-ベンゼン) $+ H_2O$

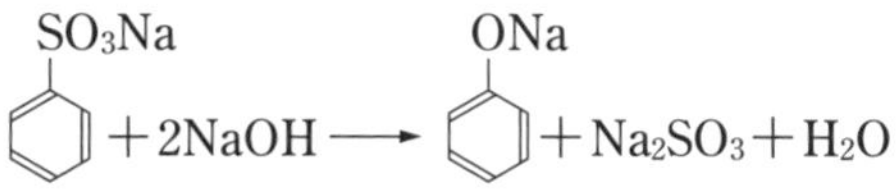

⑥② (SO₃Na-ベンゼン) $+ 2NaOH \longrightarrow$ (ONa-ベンゼン) $+ Na_2SO_3 + H_2O$

⑥③ (ONa-ベンゼン) $+ H_2O + CO_2 \longrightarrow$ (OH-ベンゼン) $+ NaHCO_3$

⑥④ (ONa-ベンゼン) $+ CO_2 \longrightarrow$ (OH-, COONa-ベンゼン)

⑥⑤ (OH-, COONa-ベンゼン) $+ HCl \longrightarrow$ (OH-, COOH-ベンゼン) $+ NaCl$

⑥⑥ (OH-, COOH-ベンゼン) $+ CH_3OH \longrightarrow$ (OH-, COOCH₃-ベンゼン) $+ H_2O$

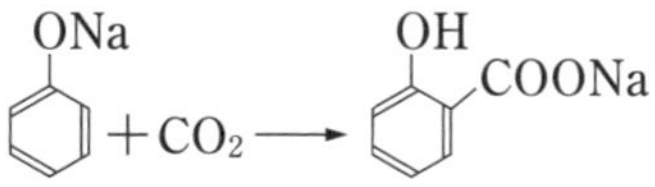

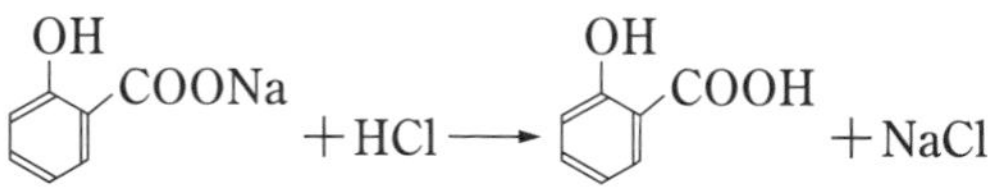

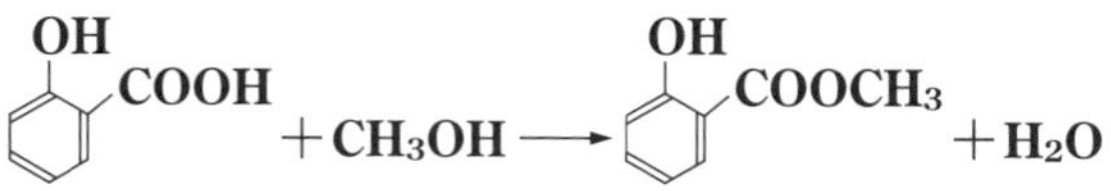

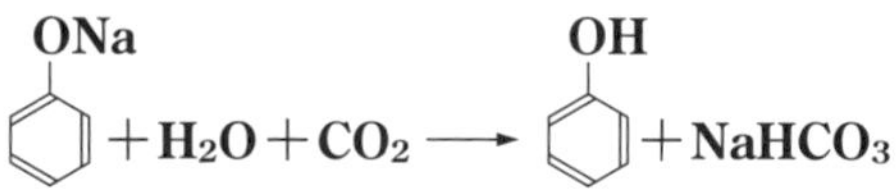

⑥⑦ $\underset{\text{(OH)(COOH)benzene}}{\text{OH,COOH}}$ + $(CH_3CO)_2O \longrightarrow \underset{\text{OCOCH}_3, \text{COOH benzene}}{} + CH_3COOH$

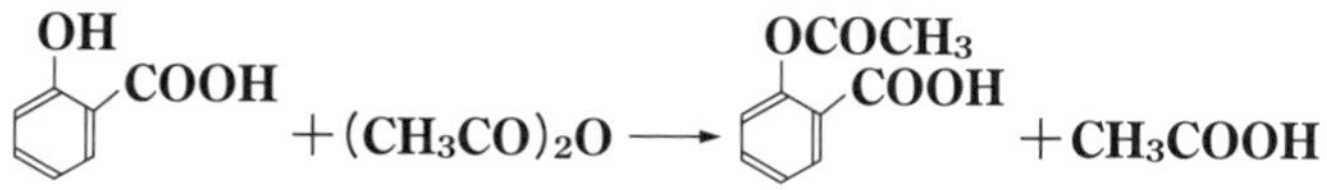

⑥⑧ [benzene] + $CH_2=CH_2 \longrightarrow$ [benzene-C_2H_5]

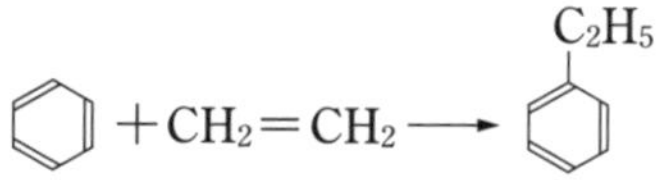

⑥⑨ [benzene] + $CH_2=CHCH_3 \longrightarrow$ [benzene-$CH(CH_3)CH_3$]

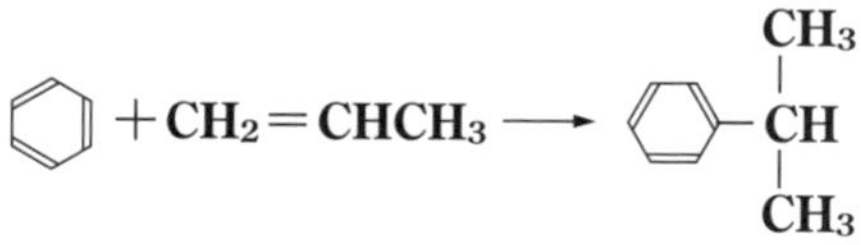

⑦⓪ [benzene-$CH(CH_3)CH_3$] + $O_2 \longrightarrow$ [benzene-$C(CH_3)_2-O-OH$]

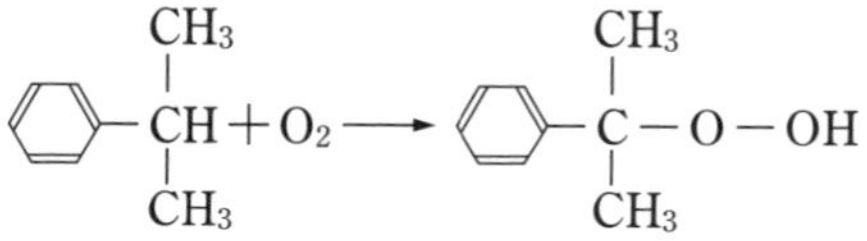

⑦① [benzene-$C(CH_3)_2-O-OH$] $\longrightarrow$ [benzene]$-OH + CH_3COCH_3$

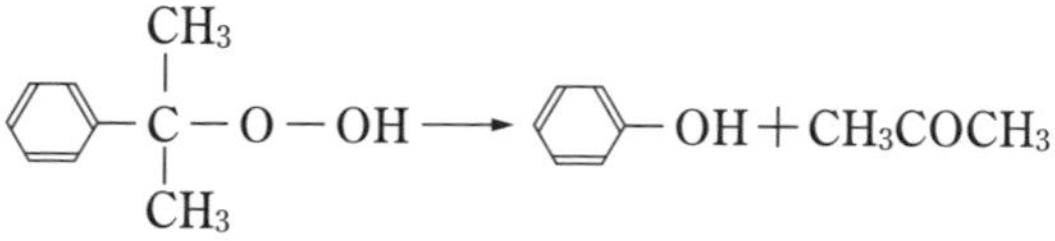

⑦② 2[benzene-OH] + $2Na \longrightarrow 2$[benzene-ONa] + H_2

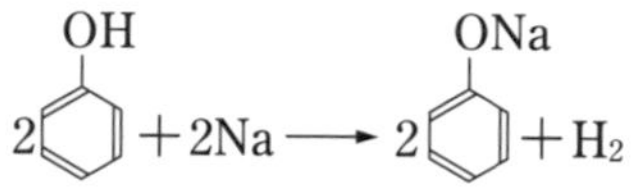

⑦③ [benzene-OH] + $(CH_3CO)_2O \longrightarrow$ [benzene-$OCOCH_3$] + CH_3COOH

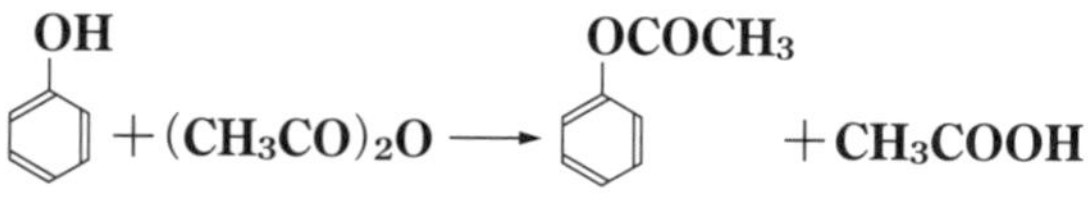

⑦④ [benzene-OH] + $3HNO_3 \longrightarrow$ [O_2N, OH, NO_2, NO_2-benzene] + $3H_2O$

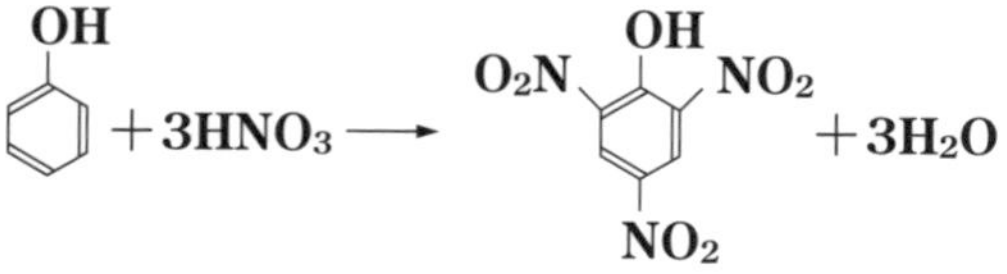

⑦⑤ [benzene] + $CH_3Cl \longrightarrow$ [benzene-CH_3] + HCl

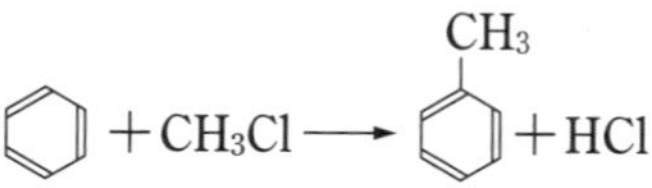

⑦⑥ 2[benzene-CH_3] + $3O_2 \longrightarrow 2$[benzene-$COOH$] + $2H_2O$

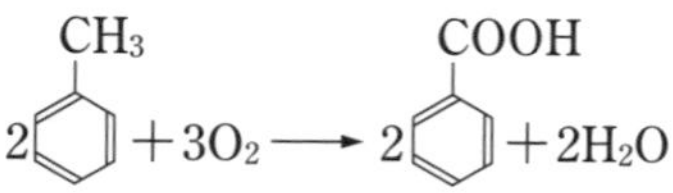

⑦⑦ $\begin{array}{c}CH_3\\ \bigcirc\end{array}$ + 3HNO_3 $\longrightarrow$ $O_2N\begin{array}{c}CH_3\\ \bigcirc\\ NO_2\end{array}NO_2$ + 3H_2O

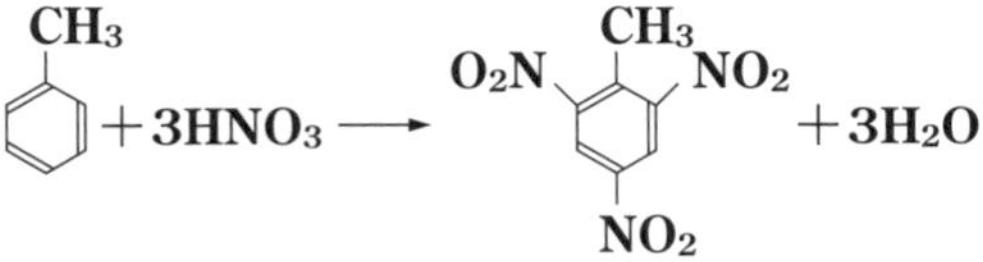

⑦⑧ $\begin{array}{c}\bigcirc\begin{array}{c}CH_3\\ CH_3\end{array}\end{array}$ + 3O_2 $\longrightarrow$ $\bigcirc\begin{array}{c}COOH\\ COOH\end{array}$ + 2H_2O

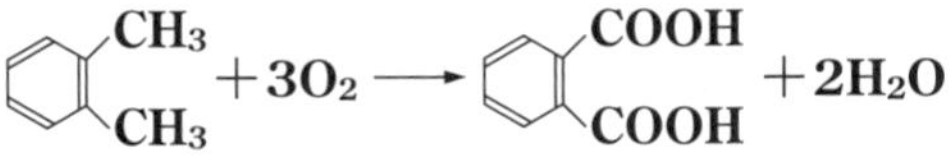

⑦⑨ $\begin{array}{c}CH_3\\ \bigcirc\\ CH_3\end{array}$ + 3O_2 $\longrightarrow$ $\begin{array}{c}COOH\\ \bigcirc\\ COOH\end{array}$ + 2H_2O

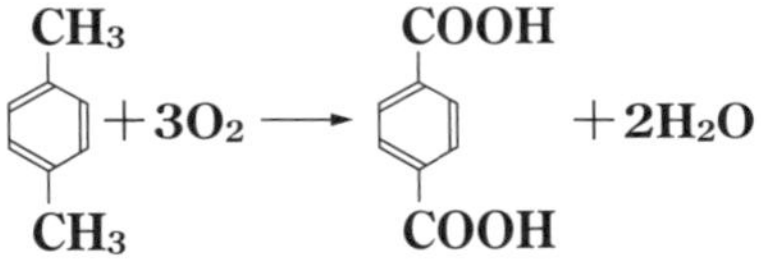

⑧⓪ $\bigcirc\begin{array}{c}COOH\\ COOH\end{array}$ $\longrightarrow$ $\bigcirc\begin{array}{c}CO\\ CO\end{array}O$ + H_2O

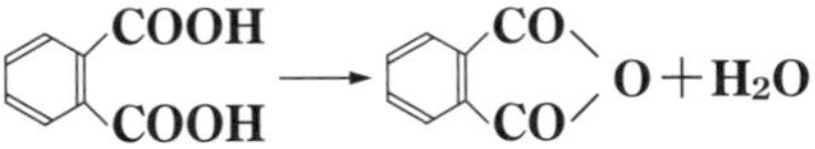

⑧① 2 $\bigcirc\bigcirc$ + 9O_2 $\longrightarrow$ 2 $\bigcirc\begin{array}{c}CO\\ CO\end{array}O$ + 4CO_2 + 4H_2O

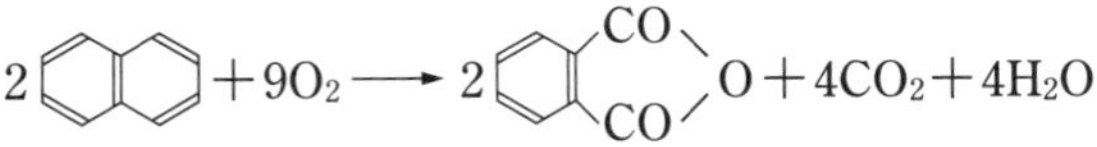

⑧② $\begin{array}{c}CH_2Cl\\ \bigcirc\end{array}$ + NaOH $\longrightarrow$ $\begin{array}{c}CH_2OH\\ \bigcirc\end{array}$ + NaCl

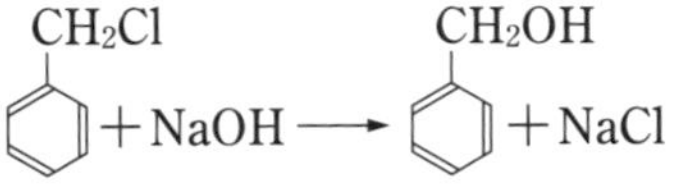

⑧③ 2 $\begin{array}{c}CH_2OH\\ \bigcirc\end{array}$ + O_2 $\longrightarrow$ 2 $\begin{array}{c}CHO\\ \bigcirc\end{array}$ + 2H_2O

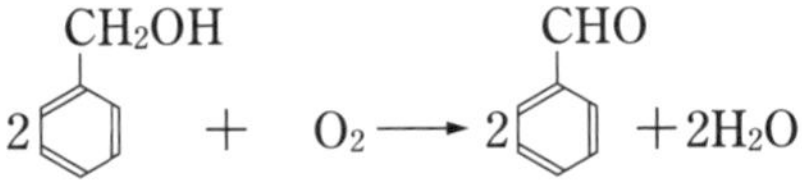

⑧④ 2 $\begin{array}{c}CHO\\ \bigcirc\end{array}$ + O_2 $\longrightarrow$ 2 $\begin{array}{c}COOH\\ \bigcirc\end{array}$

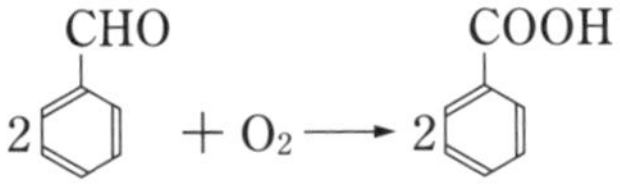

第 2 章

有機化学演習

§1.　有機化合物の分類・構造，異性体

例題1　有機化合物の名称

次の表の縦の欄の炭化水素基と，横の欄の官能基との組合せでできる化合物について，適切な名称を1つずつ書け．

	−H	−Cl	−OH	−CHO	−COOH	−NH₂	−NO₂	−COCH₃
CH₃−	(1)	(2)	(3)	(4)	(5)	(6)	(7)	(8)
CH₃CH₂−	(9)	(10)	(11)	(12)	(13)	(14)	(15)	(16)
⬡−	(17)	(18)	(19)	(20)	(21)	(22)	(23)	(24)
⬡−CH₂−	(25)	(26)	(27)	—	—	—	—	—
⬡⬡−	(28)	—	(29)	—	—	(30)	—	—

▶ポイント　有機化学の問題では，有機化合物の名称を知り，化学式(構造式，示性式，分子式)が書けると解答できる問題が割合に多い．有機化合物の多くは，官能基によって分類されているから，p.2～4に記述してある官能基を確実に覚え，その特性を知ると構造式や示性式が書けるようになる．

　大学入試に必要と思われる主な有機化合物と化学式をp.6～11にまとめて記載した．これらのうち，まず化合物名が**太字**で書いてある化合物から覚えていくとよい．

解説　この問題は，化学式から化合物名を書かせるもので，いずれも重要な化合物であるからよく記憶しておくとよい．

答
(1)　**メタン**　　　(2)　**クロロメタン（塩化メチル）**　　　(3)　**メタノール**
(4)　**アセトアルデヒド**　　　(5)　**酢酸**　　(6)　**メチルアミン**　　　(7)　**ニトロメタン**
(8)　**アセトン**　　　(9)　**エタン**　　(10)　**クロロエタン（塩化エチル）**
(11)　**エタノール**　　　(12)　**プロピオンアルデヒド**　　(13)　**プロピオン酸**
(14)　**エチルアミン**　　　(15)　**ニトロエタン**　　(16)　**エチルメチルケトン**
(17)　**ベンゼン**　　　(18)　**クロロベンゼン**　　(19)　**フェノール**
(20)　**ベンズアルデヒド**　　(21)　**安息香酸**　　(22)　**アニリン**
(23)　**ニトロベンゼン**　　(24)　**メチルフェニルケトン**　　(25)　**トルエン**
(26)　**塩化ベンジル**　　(27)　**ベンジルアルコール**　　(28)　**ナフタレン**
(29)　**1-ナフトール**　　(30)　**1-ナフチルアミン**

例題2 有機化合物の分類

A，BおよびC欄には，それぞれ化合物名，官能基（原子団），または一般式，および化合物の分類名を不規則に列挙してある．最も関連が深いと思われるものを符号で示せ．

A　(1)　アニリン　　(2)　アセトン　　(3)　安息香酸　　(4)　クレゾール
　　(5)　プロパン　　(6)　ホルムアルデヒド　　　　　(7)　メタノール
　　(8)　酢酸メチル　(9)　グリセリン　(10)　ベンゼン　(11)　ピクリン酸
　　(12)　エチレン　(13)　トルエン　(14)　クロロホルム　(15)　アセチレン

B　(a)　$-CH(NH_2)COOH$　　(b)　$-OH$　　(c)　$-NO_2$　(d)　$-COOH$
　　(e)　$-NH_2$　(f)　$-Cl$　(g)　$-C\equiv C-$　(h)　$-O-$　(i)　C_6H_5-
　　(j)　C_nH_{2n+2}　(k)　$-SO_3H$　(l)　$-CHO$　(m)　$-CO-$
　　(n)　$-COOR$　(o)　C_nH_{2n}

C　(ア)　フェノール類　　(イ)　カルボン酸　　(ウ)　アミン　　(エ)　ケトン
　　(オ)　アルデヒド　　(カ)　不飽和炭化水素　　(キ)　ニトロ化合物
　　(ク)　アルコール　　(ケ)　飽和炭化水素　　(コ)　エステル
　　(サ)　芳香族炭化水素　(シ)　ハロゲン化合物　(ス)　エーテル
　　(セ)　スルホン酸　　(ソ)　アミノ酸

　　　ただし，n は整数，Rはアルキル基を示す．

〔弘前大〕

ポイント　**例題1** では化学式から有機化合物名を書かせたが，この問題は有機化合物名から官能基（原子団），または一般式，化合物の分類名をそれぞれ選び出させるものであるから，示性式や分子式を書き，官能基などを見て解答すればよい．

解説　A欄の化合物の示性式または分子式は次のとおりである．

(1)　$C_6H_5NH_2$　　(2)　CH_3COCH_3　(3)　C_6H_5COOH　(4)　$C_6H_4(OH)CH_3$
(5)　C_3H_8　　(6)　$HCHO$　　(7)　CH_3OH　　(8)　CH_3COOCH_3
(9)　$C_3H_5(OH)_3$　(10)　C_6H_6　(11)　$C_6H_2(OH)(NO_2)_3$　(12)　C_2H_4
(13)　$C_6H_5CH_3$　(14)　$CHCl_3$　(15)　C_2H_2

　これらの示性式や分子式を参考にしてどんな官能基があるのか，あるいはどんな一般式で表されるのか，さらに，どういう種類の化合物に属するのかを考えて解答する．

答

A	1	2	3	4	5	6	7	8	9	10	11	12	13	14	15
B	e i	m	d i	b	j	l	b	n	b	i	b c	o	i	f	g
C	ウ	エ	イ	ア	ケ	オ	ク	コ	ク	サ	ア キ	カ	サ	シ	カ

◀例題3▶ 異 性 体

〔1〕　次の文を読んで, 問1～問5に答えよ.

　同じ分子式をもちながら異なる性質を示す化合物を互いに異性体という. 構造異性体の例としてブタンと ▢A▢, あるいはエタノールと ▢B▢ がある. 立体異性体のうちシス-トランス異性体（幾何異性体）の例としてはシス-2-ブテンとトランス-2-ブテンがあり, 鏡像異性体（光学異性体）の例としては乳酸がある.

問1　▢A▢ および ▢B▢ に相当する化合物の名称と構造式を書け.
問2　シス-2-ブテンとトランス-2-ブテンの立体構造式を書け.
問3　シス-2-ブテンとトランス-2-ブテンへの水素の付加反応を構造式で示せ.
問4　問3の反応の生成物は同一であるか, それとも異なるか. 理由を含めて30字以内で示せ.
問5　乳酸の2種類の立体構造式を書き, なぜこれらが異性体なのか理由を30字以内で述べよ.

〔群馬大・改〕

〔2〕　次の構造異性体の数を記せ.
　(1)　分子式 $C_4H_{10}O$ で表される化合物
　(2)　分子式 $C_5H_{12}O$ で表されるアルコール
　(3)　分子式 $C_5H_{10}O$ で表されるカルボニル化合物
　(4)　分子式 $C_4H_8O_2$ で表されるエステル
　(5)　分子式 $C_5H_{10}O_2$ で表されるエステル
　(6)　分子式 C_8H_{10} で表される芳香族炭化水素
　(7)　分子式 C_7H_8O で表される芳香族化合物
　(8)　分子式 $C_8H_{10}O$ で表される芳香族アルコール

▶ポイント　異性体の問題はp.13, 14の記述をよく理解してから行うとよい. 構造異性体は, 分子の構造式が異なる異性体. シス-トランス異性体は, 2個の炭素原子間の二重結合が自由に回転できないために生じる異性体. 鏡像異性体は, 4個の異なる原子や原子団と結合している炭素原子すなわち不斉炭素原子をもつ異性体で, 分子を鏡に写すと実体と鏡像の関係にある. 〔2〕の(1)～(8)の構造異性体はよく出題されるから必ず書けるようにしておく.

〔1〕 答　問1　A. イソブタン　　　$CH_3-CH-CH_3$
　　　　　　　　　　　　　　　　　　　　　　　 $|$
　　　　　　　　　　　　　　　　　　　　　　　CH_3

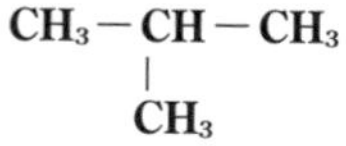

　　　　　B. ジメチルエーテル　　　CH_3-O-CH_3

問2　シス-2-ブテン　　　　　　　　トランス-2-ブテン

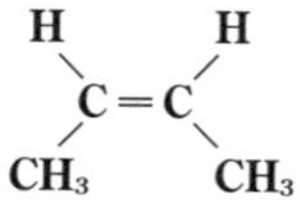

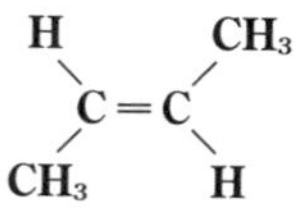

問3 シス-2-ブテン

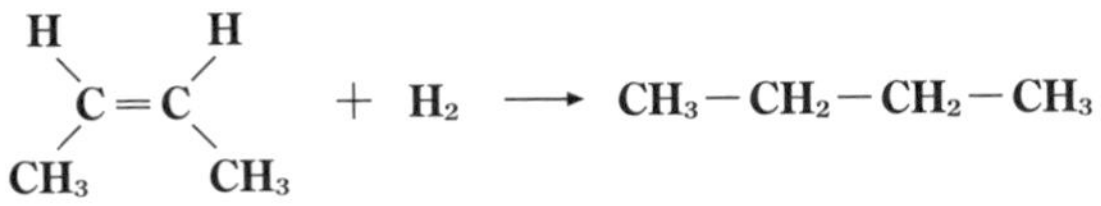

$$CH_3, H \ C=C \ H, CH_3 \quad + \quad H_2 \quad \longrightarrow \quad CH_3-CH_2-CH_2-CH_3$$

トランス-2-ブテン

$$H, CH_3 \ C=C \ CH_3, H \quad + \quad H_2 \quad \longrightarrow \quad CH_3-CH_2-CH_2-CH_3$$

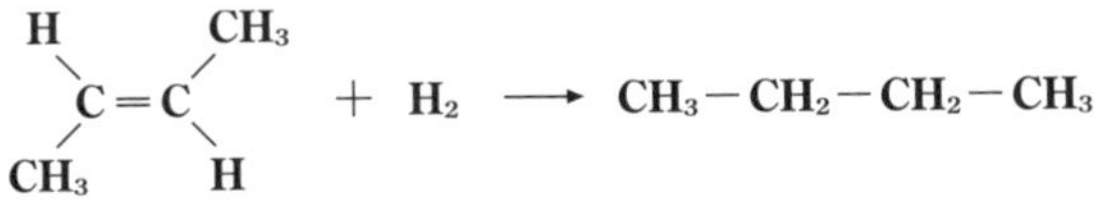

問4　二重結合に水素が付加した生成物は，直鎖状で同じものである.

問5

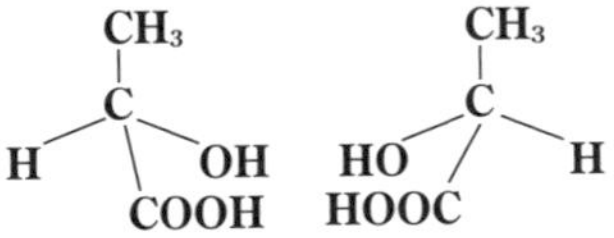

(理由)
実体と鏡像の立体構造がちがうので，平面
偏光に対する性質が異なる.

〔2〕**解説** (1) $C_4H_{10}O$. 一般式 $C_nH_{2n+2}O$ に適合するからアルコールとエーテルが考えられる. アルコールでは，炭素の直鎖と枝分かれの2組の骨格をつくり，この2組のそれぞれの炭素に－OHをつける. エーテルではエーテル結合－O－の左右にアルキル基を入れる. その際，アルキル基が C_3H_7－のときは直鎖のほかに枝分かれの炭素の骨格がある. 構造式をHを省略して書くと，

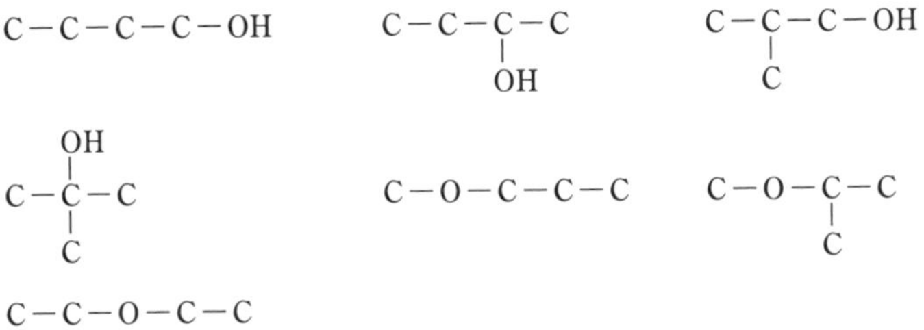

C－C－C－C－OH

C－C－C－C
　　　　｜
　　　　OH

C－C－C－OH
　　｜
　　C

OH
｜
C－C－C
　　｜
　　C

C－O－C－C－C

C－O－C－C
　　　　｜
　　　　C

C－C－O－C－C

(2) $C_5H_{12}O$ (アルコール). (1)の場合と同じようにして，炭素の骨格を直鎖，枝分かれについてつくると3組できる. この3組のそれぞれの炭素に－OHをつける. 炭素の骨格のみで記すと，

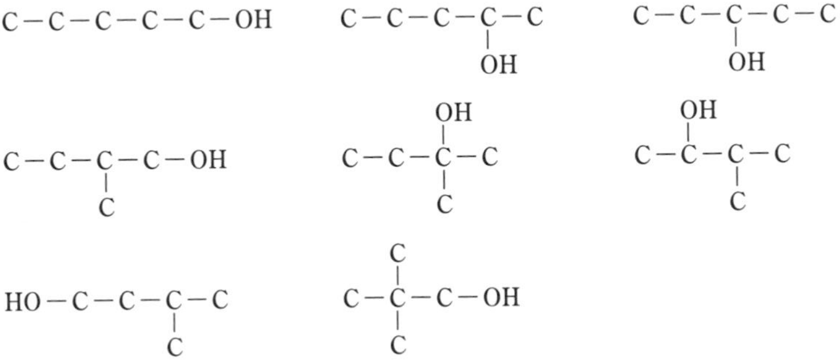

C－C－C－C－C－OH

C－C－C－C－C
　　　　　｜
　　　　　OH

C－C－C－C－C
　　　　｜
　　　　OH

C－C－C－C－OH
　　｜
　　C

OH
｜
C－C－C－C
　　　｜
　　　C

OH
｜
C－C－C－C
　｜
　C

HO－C－C－C－C
　　　　｜
　　　　C

C
｜
C－C－C－OH
｜
C

(3) **C₅H₁₀O**（カルボニル化合物）. カルボニル化合物はアルデヒドとケトン. アルデヒドでは，4個の炭素で直鎖と枝分かれの2組の骨格をつくり，この2組のそれぞれの炭素に－CHOをつける. ケトンではケトン基－CO－の左右にアルキル基を入れる. このときもアルキル基がC₃H₇－のときは直鎖のほかに枝分かれの炭素の骨格がある. 炭素の骨格のみで記すと，

```
                                              C
                                              |
C−C−C−C−CHO      C−C−C−C          C−C−C−CHO
                     |                     |
                    CHO                    C

CHO
|
C−C−C              C−C−C−C          C−C−C−C
  |                    ‖                ‖ |
  C                    O                O C

C−C−C−C
    ‖
    O
```

(4) **C₄H₈O₂**（エステル）. エステルの一般式のRCOOR′に適合する化合物は，
　　HCOOC₃H₇　　CH₃COOC₂H₅　　C₂H₅COOCH₃
　　アルキル基がC₃H₇－のものには炭素の骨組が2組ある. 炭素の骨格のみで記すと，

```
H−C−O−C−C−C       H−C−O−C−C
  ‖                 ‖     |
  O                 O     C


C−C−O−C−C          C−C−C−O−C
  ‖                   ‖
  O                   O
```

(5) **C₅H₁₀O₂**（エステル）. エステルの一般式のRCOOR′に適合する化合物は，
　　HCOOC₄H₉　　CH₃COOC₃H₇　　C₂H₅COOC₂H₅　　C₃H₇COOCH₃
　　アルキル基がC₃H₇－のものには炭素の骨組みが2組，C₄H₉－のものには4組ある. 炭素の骨格のみを記すと，

```
H−C−O−C−C−C−C     H−C−O−C−C−C       H−C−O−C−C−C
  ‖                 ‖     |           ‖       |
  O                 O     C           O       C

                    C
                    |
H−C−O−C−C          C−C−O−C−C          C−C−O−C−C−C
  ‖     |            ‖                  ‖
  O     C            O                  O

C−C−C−O−C−C        C−C−C−C−O−C        C−C−C−O−C
  ‖                     ‖                |  ‖
  O                     O                C  O
```

(6) **C₈H₁₀**（芳香族炭化水素）. ベンゼンの一置換体（C₆H₅－）と二置換体（C₆H₄＜）について考えるとよい. 二置換体にはオルト，メタ，パラの異性体がある.

(7) **C₇H₈O** (芳香族化合物). (6)と同様にベンゼンの一置換体と二置換体について考える. 二置換体にはオルト, メタ, パラの異性体がある. O が 1 個のときは芳香族化合物でもエーテル結合 (−O−) や−OH を考えるとよい.

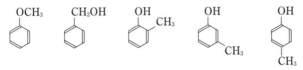

(8) **C₈H₁₀O** (芳香族アルコール). この場合もベンゼンの一置換体と二置換体について考える. 二置換体にはオルト, メタ, パラの異性体がある. −OH をベンゼン環に直接つけないようにして異性体を考える (−OH が直接ベンゼン環につくとフェノール類になる).

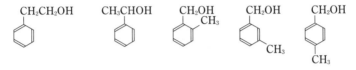

答　(1) **7個**　　(2) **8個**　　(3) **7個**　　(4) **4個**
　　　 (5) **9個**　　(6) **4個**　　(7) **5個**　　(8) **5個**

練 習 問 題

1　下記の芳香族化合物(a)～(j)は，1～10のいずれの基（官能基）がベンゼン環に結合したものであるか．例にならって基の個数だけ必要な数字を並べて答えよ.

1　$-CH_3$　　　2　$-CH_2-CH_3$　　　3　$-CH=CH_2$　　　4　$-CHO$　　　5　$-Cl$

6　$-COOH$　　7　$-NH_2$　　　　8　$-NO_2$　　　　9　$-OH$　　10　$-SO_3H$

例　トリニトロトルエン

答　1，8，8，8

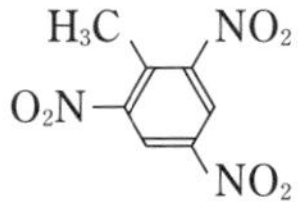

(a)　安息香酸　　(b)　キシレン　　(c)　クレゾール　　(d)　サリチル酸　　(e)　スチレン

(f)　パラジクロロベンゼン　　(g)　ピクリン酸　　(h)　フタル酸

(i)　ベンズアルデヒド　　(j)　ベンゼンスルホン酸

〔法政大〕

2　次のIに示した各組の5つの化合物のうちの4つは，IIに示した共通点の1つをもっている．それぞれの組のその共通点を記号で，また，共通点をもたない化合物については，その化合物名と構造式（または示性式）を例にならって答えよ.

例　エタン，プロピレン，ブタン，ペンタン，ヘキサン

答　a　プロピレン　　$CH_2=CH-CH_3$

I　①　ベンゼン，シクロヘキサン，トルエン，ナフタレン，アントラセン

　　②　スチレン，アクリロニトリル，塩化ビニル，アジピン酸，メタクリル酸メチル

　　③　アラニン，ステアリン酸，安息香酸，シュウ酸，ピクリン酸

　　④　2-プロパノール，o-クレゾール，p-キシレン，エチレングリコール，グリセリン

　　⑤　酢酸エチル，酢酸ブチル，サリチル酸メチル，アセチルサリチル酸，酢酸ビニル

　　⑥　グリシン，アラニン，グルタミン酸，チロシン，フェニルアラニン

II　a　アルカンである.

　　b　ヒドロキシ基をもっている.

　　c　メチル基をもっている.

　　d　アミノ酸である.

　　e　二価の酸である.

　　f　芳香族炭化水素である.

　　g　エステルである.

　　h　付加重合により重合体を生成する.

　　i　鏡像異性体（光学異性体）が存在する.

　　j　アセチル基をもっている.

　　k　カルボキシ基をもっている.

〔静岡大・改〕

3　アルケンに関する次の問1～問9に答えよ．ただし，構造式はCH，CH_2，CH_3の短縮型を用い，炭素間の結合およびシス-トランス（幾何異性体）に関係する結合を省略してはならない．

問1　炭素数をnとしてアルケンの一般式を示せ．

問2　構造異性体をもつ最小のアルケンの炭素数nを示し，その構造異性体の構造式および名称をすべて記せ．ただし，この場合の構造異性体は不飽和結合の位置のちがう異性体を含み，シス-トランス異性体は含まれないものとする．

問3　シス-トランス異性体をもつ最小のアルケンの炭素数nを示し，そのシス-トランス異性体のすべての構造式およびシス-トランス異性体名を含む名称を記せ．

問4　炭素原子がすべて同一の平面上に存在する最大のアルケンの炭素数nを示し，その構造式を記せ．

問5　問2の構造異性体をもつ最小のアルケンのうち，臭素化したあとの生成物が不斉炭素原子をもつアルケンの構造式をすべて記せ．

問6　アルケンのうち，リン酸を触媒として水を反応させたときに生成する物質が，異性体をもつ可能性のある最小のアルケンの名称を示し，その生成物の異性体の構造式をすべて記せ．

問7　アルケンと同じ一般式で不飽和結合をもたない物質群の一般名を示し，その物質群のうち，炭素数6の物質の構造式と名称を記せ．

問8　あるアルケン175mgを27℃，0.5×10^5Paで気体にしたところ，123mLの体積を占めた．このアルケンの分子式を求めよ．ただし，気体定数を8.3×10^3Pa・L/(mol・K)，原子量はH＝1，C＝12とする．

〔札幌医科大・改〕

4　メタン分子の4つのC－H結合がすべて同等であるとすれば，その立体構造として次の3つが考えられる．下図とその説明を参考にして下記の問に答えよ．

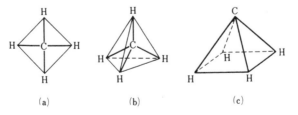

(a)　(b)　(c)

(a)　正方形の中心に炭素原子が位置し，その各頂点に水素原子が存在する．

(b)　正四面体の中心に炭素原子が位置し，その各頂点に水素原子が存在する．

(c)　四角錐の頂点に炭素原子が位置し，底面の正方形の各頂点に水素原子が存在する．

(1)　メタンの塩素置換体には，一置換体(A)，二置換体(B)，三置換体(C)，および四置換体(D)の4種類が存在することが知られている．

(ｱ)　置換体A，B，C，Dの化合物名を記せ．

(ｲ)　置換体A, B, C, Dの分子がそれぞれ(a), (b), (c)型の構造をとるとき, 区別できる原子配置のしかたは何通りあるか, それらの数を記せ.

(ｳ)　置換体A, B, C, Dのいずれも異性体は知られていない. この事実から, メタン分子の立体構造が(b)であることを説明するのに最も適当な置換体はいずれか. A, B, C, Dの記号を記せ.

(2)　メタン分子の水素原子を置換して炭素原子に4つの互いに異なる原子または基が結合してできた組成の化合物がいろいろ知られている. 炭素原子に結合する原子または基をW, X, Y, Zで示し, これらの化合物をC_{WXYZ}で表すことにする.

(ｱ)　C_{WXYZ}分子が(a), (b), (c)型の構造をとるとき, 原子または基の区別できる配置のしかたが最も多いのは(c)型である. (a)型と(b)型では, 区別できる配置のしかたは何通りあるか. それぞれの数を記せ.

(ｲ)　C_{WXYZ}の異性体が何種類存在するかをいろいろ知られている化合物について調べ, メタン分子の立体構造が(b)であることを説明したい. 個々のC_{WXYZ}の異性体の数についてどのようなことがいえればよいか. 簡単に記述せよ.

(ｳ)　C_{WXYZ}に異性体が存在するとすれば, それらの最も顕著な相違はどのような物理的性質に現れるか. その性質を記せ. なお, C_{WXYZ}に異性体が存在しなければ×印を記せ.

(ｴ)　C_{WXYZ}分子の構造に特徴的な炭素原子を何とよぶか. その名称を記せ.

(ｵ)　W, X, Y, Zがそれぞれ, H, CH₃, OH, COOHであるとき, 異性体が存在すればそれらを区別して, C_{WXYZ}の化合物名を記せ.

〔宮崎大〕

練習問題の解説と解答

1 (a) **6**　(b) **1, 1**　(c) **1, 9**
(d) **6, 9**　(e) **3**　(f) **5, 5**
(g) **8, 8, 8, 9**　(h) **6, 6**
(i) **4**　(j) **10**

2

	f	シクロヘキサン
①		H_2C（六員環：CH$_2$が6個）
②	h	**アジピン酸** $HOOC(CH_2)_4COOH$
③	k	**ピクリン酸** O_2N — OH — NO_2, NO_2
④	b	***p*-キシレン** CH_3 — ベンゼン環 — CH_3
⑤	j	**サリチル酸メチル** OH, $COOCH_3$
⑥	i	**グリシン** $CH_2(NH_2)COOH$

① f シクロヘキサン
$$H_2C \overset{H_2}{\underset{H_2}{C}} CH_2 \ ... \ CH_2$$

3　問1　C_nH_{2n}

問2　$n=4$　**1-ブテン**
$$CH_3 - CH_2 - CH = CH_2,$$
2-ブテン
$$CH_3 - CH = CH - CH_3$$

2-メチルプロペン
$$CH_3 - \underset{\underset{CH_3}{|}}{C} = CH_2$$

問3　$n=4$　**シス-2-ブテン**
$$\underset{CH_3}{\overset{H}{\diagdown}} C = C \underset{\diagdown CH_3}{\overset{H}{\diagup}}$$
トランス-2-ブテン
$$\underset{CH_3}{\overset{H}{\diagdown}} C = C \underset{\diagdown H}{\overset{CH_3}{\diagup}}$$

問4　$n=6$
$$\underset{CH_3}{\overset{CH_3}{\diagdown}} C = C \underset{\diagdown CH_3}{\overset{CH_3}{\diagup}}$$

問5　1-ブテン, 2-ブテン, 2-メチルプロペンの臭素付加生成物で, 不斉炭素原子(C^*)をもつものは, 1-ブテンからの$CH_3 - CH_2 - \overset{*}{C}HBr - CH_2Br$と2-ブテンからの$CH_3 - \overset{*}{C}HBr - \overset{*}{C}HBr - CH_3$
$$CH_3 - CH_2 - CH = CH_2,$$
$$CH_3 - CH = CH - CH_3$$

問6　$n=3$のアルケンである**プロペン** $CH_3 - CH = CH_2$に水を反応させると, $CH_3 - CH(OH) - CH_3$（2-プロパノール）と$CH_3 - CH_2 - CH_2OH$（1-プロパノール）が生成

問7　一般名：**シクロアルカン**. $n=6$のシクロアルカンである**シクロヘキサン**
$$H_2C \overset{CH_2 - CH_2}{\underset{CH_2 - CH_2}{\diagup \diagdown}} CH_2$$

問8　求めるアルケンの炭素数をn個とすると, 分子量は$12n + 2n = 14n$
$$PV = \frac{m}{M}RT \ より$$
$$0.5 \times 10^5 \times \frac{123}{1000}$$
$$= \frac{0.175}{14n} \times 8.3 \times 10^3 \times (273 + 27)$$
$$\therefore \ n \fallingdotseq 5（個）\quad C_5H_{10}$$

4 (1) (ア) 分子式はA：CH_3Cl，
　　　　B：CH_2Cl_2，C：$CHCl_3$，
　　　　D：CCl_4
　　　A：クロロメタン
　　　　（塩化メチル）
　　　B：ジクロロメタン
　　　　（塩化メチレン）
　　　C：トリクロロメタン
　　　　（クロロホルム）
　　　D：テトラクロロメタン
　　　　（四塩化炭素）

(イ)

	A	B	C	D
(a)	1	2	1	1
(b)	1	1	1	1
(c)	1	2	1	1

(ウ) **B**（Bの場合だけ，(a)，(c)に異性体を生じる可能性がある）

(2) (ア) (a)型は**3通り**

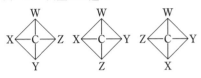

(b)型は**2通り**

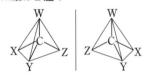

(イ) 異性体の数は2種類しか知られていない。
(ウ) 鏡像異性体は旋光性などの光学的性質が異なる。
(エ) 不斉炭素原子
(オ) **D－乳酸，L－乳酸**

§2. 脂肪族化合物Ⅰ（炭化水素）

例題4　アルカンの反応

　石炭，石油などの地下資源にめぐまれないわが国は，これらを諸外国から大量に輸入しており，その消費量も年ごとに増加している．とくにLNGの略称でよばれる液化天然ガスは，最近都市ガスや化学薬品の原料として広く利用されている．LNGの主成分は，アルカンのなかでも最も簡単な組成をもつ沸点－162℃の物質で，その気化熱を利用する冷凍食品産業もさかんである．アルカンについて下記の問に答えよ．ただし，原子量はH＝1，C＝12とする．

問1　アルカンの一般式を示し，そのうち室温，大気圧のもとで気体の性質をもつすべての物質の炭素数（n）と，対応する物質名を書け．

問2　$n＝1$の物質の立体構造を図示せよ．

問3　アルカンが完全燃焼したときの変化を，化学反応式で書け．

問4　LNGの成分が$n＝1$の物質であると仮定して，密度を0.47（g/cm³），気化熱を8.20kJ/molとして，LNG 1kLの気化熱を概算せよ．

問5　アルカンは，不飽和炭化水素に比べて，化学的により安定な物質である．しかし，塩素の存在下に光を照射すると，速やかに反応してハロゲン化合物を与える．

　$n＝2$の場合に生成するハロゲン化合物3種類を，ハロゲン原子の数の少ないものから順に構造式で書け．

〔関西学院大・改〕

▶ポイント　アルカン（メタン系炭化水素）は，化学的にきわめて安定な化合物であるが，ハロゲンとは置換反応を起こし，いろいろなハロゲン化物をつくる．

解説　答　問1　アルカンの一般式はC_nH_{2n+2}，アルカンは，炭素数（n）が4までは常温・常圧で気体である．

　　$n＝1$，**メタン**　　　　$n＝2$，**エタン**　　　　$n＝3$，**プロパン**
　　$n＝4$，**ブタン**

問2　正四面体の中心にC原子があり，C原子は109.5°の結合角で4個のH原子と結合している．

問3　完全燃焼するとCO_2とH_2Oになる．

$$C_nH_{2n+2}+\left(\frac{3n+1}{2}\right)O_2 \longrightarrow nCO_2+(n+1)H_2O$$

問4　LNGの成分をすべてメタンCH_4とすると，その1kLの質量は，

$$1×10^6 \,(cm^3)×0.47(g/cm^3)＝4.7×10^5(g)$$

で，物質量は$4.7×10^5/16$（mol）．気化熱は8.20kJ/molであるから，LNG 1kLの気化熱は，

$$\frac{4.7 \times 10^{5}}{16} (mol) \times 8.20 (kJ/mol) = 2.41 \times 10^{5} (kJ) \fallingdotseq \mathbf{2.4 \times 10^{5} (kJ)}$$

問5 $n = 2$のアルカンはエタンC_2H_6. 生成するハロゲン原子数の少ない, すなわちハロゲン原子の1個または2個の置換生成物3種類は,

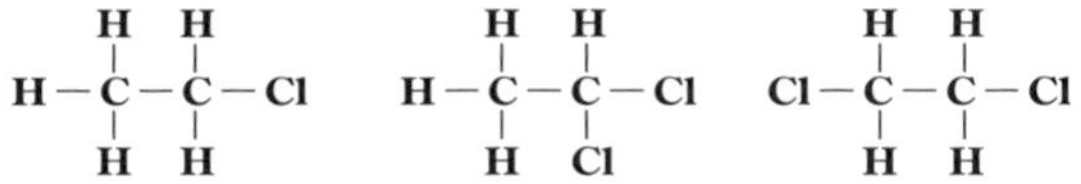

━━━ 例題 5 アルケンの反応 ━━━

　CH_2の組成式を有する炭化水素に関する(1)〜(3)の文章を読み以下の問に答えよ.

(1)　炭化水素C_2H_4は沸点78℃の化合物Aから以下の反応で得られる. しかし, 反応温度が異なるとAから沸点34〜35℃の化合物Bが得られる.

$$C_2H_4 \xleftarrow{\;H_2SO_4\;} 化合物A \xrightarrow{\;H_2SO_4\;} 化合物B$$

問1　化合物Bの構造式を記せ.

問2　化合物Aに関する(ア)〜(オ)の文のうち, 正しいものをすべて選び, その記号を記せ. ただし, 正しいものが1つもない場合には「なし」と記せ.

　(ア)　塩化鉄(Ⅲ)水溶液を加えると青紫色を呈する.　　(イ)　縮合重合を起こす.

　(ウ)　芳香族化合物である.　　(エ)　銀鏡反応を起こす.

　(オ)　ヨードホルム反応を起こす.

(2)　分子式C_4H_8のアルケンCは以下の式のように臭化水素と反応して, 不斉炭素原子をもつ化合物Dを与える.

$$化合物C + HBr \longrightarrow 化合物D$$

問3　化合物Dの構造式を記せ.

問4　化合物Cに関する(カ)〜(コ)の文のうち, 正しいものをすべて選び, その記号を記せ. ただし, 正しいものが1つもない場合には「なし」と記せ.

　(カ)　臭素水を脱色する.　　(キ)　脂肪族炭化水素である.

　(ク)　三重結合をもっている.　　(ケ)　不斉炭素原子をもっている.

　(コ)　重合により生ゴムになる.

(3)　化合物E, F, G, HはそれぞれC_5H_{10}の異性体であり, 化合物EとFは互いにシス-トランス異性体（幾何異性体）である. 化合物EとGは, 以下に示すように白金またはニッケル触媒を用いて水素と反応させると同一の化合物Iを与える. 他方, 化合物Hは類似の条件下では水素と反応しない.

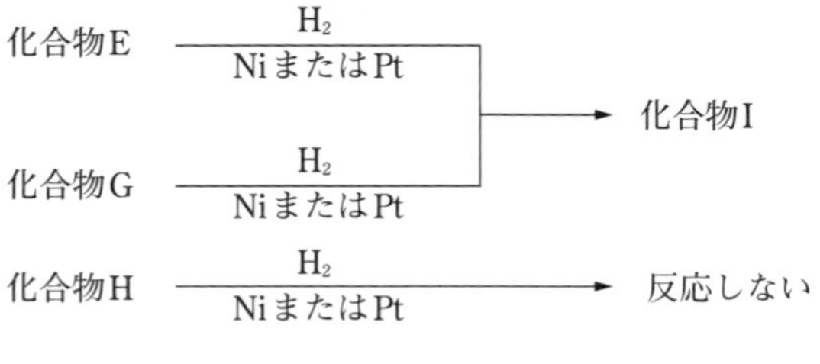

問5　化合物Gの構造式を記せ.

問6　化合物Hの構造式を記せ.

問7　化合物Iに関する(サ)～(ソ)の文のうち，正しいものをすべて選び，その記号を記せ．ただし，正しいものが1つもない場合には「なし」と記せ.

(サ)　還元性を示す.　　　　　(シ)　メタンの同族体である.

(ス)　ヘキサンの異性体である.　(セ)　不飽和化合物である.

(ソ)　塩素との混合物に光をあてると置換反応を起こす.

〔北海道大〕

▶ポイント　一般式C_nH_{2n}で表される炭化水素には，アルケンとシクロアルカンとがある．アルケンでは，構造異性体，シス-トランス異性体に注意する．アルケンは，分子中に二重結合が1個あるから付加反応(p.15のマルコフニコフ則を参照)がある．また，$KMnO_4$酸化やO_3酸化によって二重結合の位置を決めることができる.

解説　答　(1) 化合物Aはエタノール．濃硫酸を加えて約130℃で加熱するとジエチルエーテル，約160℃で加熱するとエチレンが得られる.

$$2C_2H_5OH \xrightarrow{H_2SO_4,\ 130℃} C_2H_5OC_2H_5 + H_2O$$
$$\text{(A)} \qquad\qquad\qquad \text{(B)}$$

$$C_2H_5OH \xrightarrow{H_2SO_4,\ 160\sim170℃} C_2H_4 + H_2O$$

エタノールは，$CH_3CH(OH)-$の構造をもつのでヨードホルム反応がある.

問1　$CH_3-CH_2-O-CH_2-CH_3$　　問2　(オ)

(2) C_4H_8(ブテン)には次の3種類の構造異性体がある．炭素骨格構造で示す.

C=C-C-C　　C-C=C-C　　C=C-C
(1-ブテン)　　(2-ブテン)　　　　|
　　　　　　　　　　　　　　　　C　(2-メチルプロペン)

$$C=C-C-C + HBr \xrightarrow{マルコフニコフ則} C-\overset{*}{C}-C-C$$
$$C-C=C-C + HBr \longrightarrow \underset{Br}{|} \quad \text{(D)}$$

$$C=C-C + HBr \xrightarrow{マルコフニコフ則} C-\underset{|}{\overset{Br}{C}}-C$$
$$\underset{C}{|} \qquad\qquad\qquad \underset{C}{|}$$

1-ブテン，2-ブテンはいずれも化合物Cに該当し，二重結合をもつから，臭素水(赤褐色)を脱色する.

問3　$CH_3-\overset{H}{\underset{Br}{C}}-CH_2-CH_3$　　問4　(カ)(キ)

(3) C_5H_{10}には次の10種類の構造異性体(アルケン5種類，シクロアルカン5種類)がある．炭素骨格構造で示す.

○ アルケン

C＝C－C－C－C　　　　C－C＝C－C－C　　　　C＝C－C－C 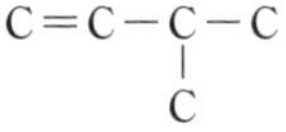
　　　　　　　　　　　　　（シス-トランス異性体あり）　　　　　　　　｜
　　　　　　　　　　　　　　　（E）（F）　　　　　　　　　　　　　C

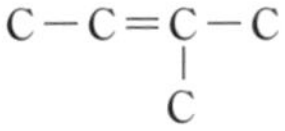

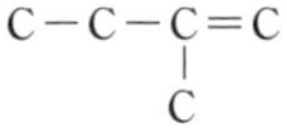

　　　　　　　　　　　　　　　　　　○ シクロアルカン

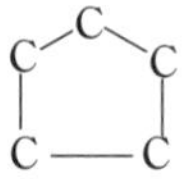

C－C＝C－C　　C－C－C＝C　　　　　　　　　　　　　　　　　　を含めて
　　｜　　　　　　　　｜　　　　　　　　　　　　　　　　　　　　5種類
　　C　　　　　　　　C　　　　　　　　　　　　　　　　　　　　（P.13 参照）
　　　　　　　　　　　　　　　　　　　　（シクロペンタン）

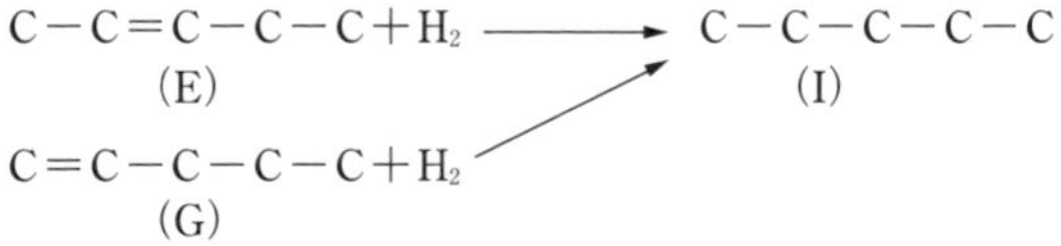

C－C＝C－C－C＋H₂ ──────→ C－C－C－C－C
　　（E）　　　　　　　　　　　　　　　（I）

C＝C－C－C－C＋H₂
　　（G）

化合物Hは，H₂と反応しないから，シクロアルカンである．化合物Iは，アルカン C_5H_{12} であるから，メタンの同族体であり，光によって塩素と置換反応を起こす．

問5　　$CH_2＝CH－CH_2－CH_2－CH_3$　　問6　例えば

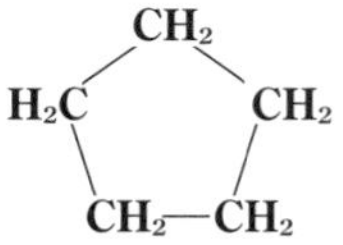

問7　（シ），（ソ）

<hr/>

例題6　アルケンのKMnO₄酸化

　ニッケルを触媒にしてあるアルケン（Aとする）0.14gに水素を作用させると，0℃，$1.0×10^5Pa$（1atm）に換算して32mLの水素と反応してアルカンになった．

　一般に $\begin{matrix}R\\R'\end{matrix}$C＝CHR″（R，R′，R″はアルキル基）型のアルケンを硫酸酸性過マンガン酸カリウム水溶液とともに加熱する（KMnO₄酸化）とRCOR′とR″COOHが生成する．AをKMnO₄酸化したところ，アセトンと他のケトンを生じた．

　次の問に答えよ．ただし，原子量はC＝12，H＝1とし，アルケンのシス-トランス異性体（幾何異性体）については考えなくてもよい．

1　Aの分子式を書け．
2　Aの構造式を書け．
3　Aの異性体で，KMnO₄酸化したとき酢酸とケトンを生じるアルケンをすべてあげ，それらの構造式を書け．
4　Aの異性体で，KMnO₄酸化したときケトンが生成せず，ギ酸および酢酸を除く2種類のカルボン酸を与えるようなアルケンをすべてあげ，それらの構造式を書け．

〔慶應義塾大・改〕

▶**ポイント**〉　アルケンは，KMnO$_4$酸化によってカルボニル化合物（アルデヒド，ケトン）を生じるが，カルボニル化合物がアルデヒドであるときは，アルデヒドはさらに酸化されてカルボン酸となる．O$_3$酸化ではカルボニル化合物だけを生じる．これらの方法は，アルケンの二重結合の位置の決定に利用される．p.16, 17の該当個所をよく理解してから問題を解くとよい．

解説　**答**　1　アルケン1molには水素が1mol付加するから，アルケンの分子量Mは，

$$\frac{0.14}{M}=\frac{32}{22400} \qquad M=98$$

分子式は，C$_n$H$_{2n}$＝98　　12n＋2n＝98　　　∴n＝7　　　　　分子式 **C$_7$H$_{14}$**

2

$$\underset{R'}{\overset{R}{\diagdown}}C=C\underset{R''}{\overset{H}{\diagup}} \xrightarrow[\text{酸化}]{KMnO_4} \underset{R'}{\overset{R}{\diagdown}}C=O \ + \ O=C\underset{R''}{\overset{H}{\diagup}}$$

（一般式）

$$\downarrow$$

$$O=C\underset{R''}{\overset{O-H}{\diagup}}$$

からわかるように，アルケンはKMnO$_4$酸化によって二重結合が切れて2個のカルボニル化合物を生じる．この際，生成したケトンは酸化されないが，アルデヒドはさらに酸化されてカルボン酸になる．

　いま，AをKMnO$_4$酸化したところアセトンと他のケトンを生じたことから，このAの構造式は，上の一般式のRとR′のところにメチル基を入れ，次にR″とHのところにC数が合計3になるように，アルキル基すなわちメチル基とエチル基を入れるとよい．

$$\underset{\underset{CH_3}{|}}{CH_3-C}=\underset{\underset{CH_3}{|}}{C}-CH_2-CH_3$$

3　Aの異性体で，KMnO$_4$酸化したとき，酢酸とケトンを生じるアルケンは，上の一般式のR″のところにメチル基を入れ，次にRとR′のところにC数が合計4になるようにいろいろなアルキル基（メチル基，エチル基，プロピル基，イソプロピル基）を入れて考えるとよい．

$$\underset{\underset{CH_3}{|}}{CH_3-CH_2-CH_2-C}=CH-CH_3 \qquad \underset{\underset{CH_3}{|}}{CH_3-CH}-\underset{\underset{CH_3}{|}}{C}=CH-CH_3$$

$$\underset{\underset{CH_3-CH_2}{|}}{CH_3-CH_2-C}=CH-CH_3$$

4　Aの異性体で，KMnO$_4$酸化したとき，ギ酸および酢酸を除く2種類のカルボン酸を生じるアルケンは，上の一般式のRのところに水素を入れ，次にR′とR″のところにC数が合計5になるようにメチル基以外のいろいろなアルキル基（エチル基，プロピル基，イソプロピル基）を入れて考えるとよい．

$$CH_3-CH_2-CH=CH-CH_2-CH_2-CH_3 \qquad \underset{\underset{CH_3}{|}}{CH_3-CH_2-CH}=CH-CH-CH_3$$

例題 7　アセチレンとその誘導体

　アセチレンおよびそれから導かれるいろいろな化合物についての次の文章(i)～(v)を読み，それぞれの問に答えよ．

(i)　アセチレンは，炭化カルシウム（カルシウムカーバイド）に水を加えると発生する．

　　問1　この反応の化学反応式を書け．

(ii)　アセチレン1molに2molの水素を付加させるとAが得られる．Aはア□□□系炭化水素に属し，この系列の炭化水素の一般式はイ□□□である．

　　問2　アに適当な語句を入れよ．

　　問3　イに適当な式を入れよ．

(iii)　アセチレンに水銀(II)塩を触媒として水を付加させるとBが得られる．Bをフェーリング液で処理するとウ沈殿が生じる．また，Bを還元するとCが得られる．Cにヨウ素のヨウ化カリウム溶液と水酸化ナトリウム水溶液を加えて温めるとエ結晶が析出する．

　　問4　ウ沈殿とエ結晶の色と化学式を記せ．

(iv)　適当な触媒を用いて，アセチレンに塩化水素，酢酸を付加させると，それぞれオ□□□，カ□□□が生じる．これらは合成樹脂や合成繊維の原料として用いられる．

　　問5　オ，カに適当な化合物名を入れよ．

(v)　アセチレンを約500℃に加熱した鉄管に通すとDが生成する．Dはキ□□□化合物の基本となる炭化水素である．ク_D に鉄粉を加えて臭素を作用させると，臭素の赤褐色が消失する．

　　問6　キに適当な語句を入れよ．

　　問7　ク____の反応の化学反応式を書け．

　　問8　前の全文中にあるA，B，C，Dのうち，水によく溶ける化合物2つを選んで記号で答えよ．

〔愛媛大〕

ポイント　アセチレンは，脂肪族化合物の中心となる物質である．p.21の「アセチレンを中心にした反応系統図」とp.17，18の記述をよく読んで解答する．

解説　(i)　アセチレンの製法である．

(ii)　アセチレンには三重結合が1個存在するから，アセチレン1分子には水素2分子が付加する．その結果，生成するAはエタンである．エタンは一般式C_nH_{2n+2}で表される飽和炭化水素（アルカン，メタン系炭化水素）である．

$$CH \equiv CH + 2H_2 \longrightarrow CH_3CH_3$$
エタン
(A)

(iii) この反応は次のとおり.

$$CH\equiv CH \xrightarrow[\text{(Hg塩)}]{H_2O} [CH_2=CHOH] \longrightarrow CH_3CHO \xrightarrow{\text{還元}} C_2H_5OH$$

アセチレン　　　　ビニルアルコール　　アセトア　　　　エタノール
　　　　　　　　　　（不安定）　　　ルデヒド　　　　（C）
　　　　　　　　　　　　　　　　　　　（B）

アセトアルデヒドは，フェーリング液中のCu^{2+}を還元して赤色の酸化銅（Ⅰ）Cu_2Oを生じる. エタノールは，ヨードホルム反応で黄色のヨードホルムCHI_3を沈殿する.

(iv) アセチレンに適当な触媒を使って塩化水素，酢酸を付加するとビニル化合物ができる.

$$CH\equiv CH \xrightarrow[\text{(Hg塩)}]{HCl} \underset{\text{塩化ビニル}}{CH_2=CHCl}$$

$$CH\equiv CH \xrightarrow[\text{(Hg塩)}]{CH_3COOH} \underset{\text{酢酸ビニル}}{CH_2=CHOCOCH_3}$$

(v) アセチレンを約500℃に熱した鉄管に通すと，3分子が重合してベンゼン（D）が生成する. ベンゼンは，芳香族化合物で鉄粉を加えて臭素を作用させると置換反応によってブロモベンゼンが生成し，Br_2の赤褐色が消える.

$$3CH\equiv CH \longrightarrow \underset{\substack{\text{ベンゼン}\\\text{(D)}}}{C_6H_6}$$

$$C_6H_6 + Br_2 \longrightarrow \underset{\text{ブロモベンゼン}}{C_6H_5Br} + HBr$$

答　問1　$CaC_2 + 2H_2O \longrightarrow C_2H_2 + Ca(OH)_2$

問2　**メタン**　　　　　　　　　　　　問3　C_nH_{2n+2}

問4　ウ. **赤**, Cu_2O, エ. **黄**, CHI_3　　　問5　オ. **塩化ビニル**, カ. **酢酸ビニル**

問6　**芳香族**　　　　　　　　　　　　問7　$C_6H_6 + Br_2 \longrightarrow C_6H_5Br + HBr$

問8　**B**, **C**（炭化水素は水に溶けにくい）

例題 8　アセチレンの誘導体

次の反応経路図の問1〜4に答えよ. ただし，【　】内は合成物の用途を意味し，原子量は$H=1$, $C=12$, $O=16$とする.

問1　空欄　5　に適当な物質名を記せ. 空欄　5　を除く空欄に該当する化合物の構造式（または示性式）を記せ.

問2　a〜fに最適なものをそれぞれ次の①〜⑤のうちから1つずつ選べ. ただし，同じものを複数回使用してもよい.

①　H_2O　　②　NaOH水溶液　　③　HCHO

④　CH_3COOH　　⑤　$(CH_3CO)_2O$

問3　（ア）〜（ウ）に最適な化学反応名をそれぞれ記せ.

問4　ベンゼン100gが完全に反応した場合，サリチル酸は何g生成するか.

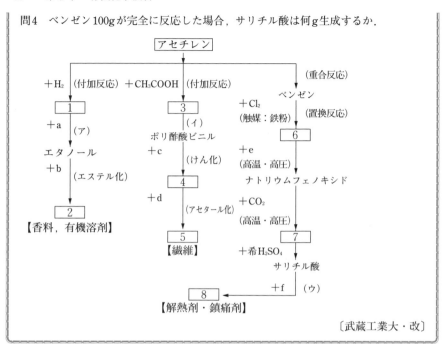

〔武蔵工業大・改〕

▶ポイント〉　アセチレンの誘導体の問題である. 反応試薬の化学式や中間生成物および最終生成物の構造式を問うものである.

解説　反応はそれぞれ次のとおり.

○　$CH \equiv CH \xrightarrow[付加]{+H_2} CH_2 = CH_2 \xrightarrow[付加]{+H_2O} C_2H_5OH \xrightarrow[エステル化]{+CH_3COOH} CH_3COOC_2H_5$
（アセチレン）　　　　（エチレン）　　　　（エタノール）　　　　　（酢酸エチル）

○　$nCH \equiv CH \xrightarrow[付加]{+nCH_3COOH} nCH_2 = CHOCOCH_3 \xrightarrow{付加重合}$ $\begin{Bmatrix} CH_2 - CH \\ \quad | \\ \quad OCOCH_3 \end{Bmatrix}_n$
（アセチレン）　　　　　　（酢酸ビニル）　　　　　　　　　（ポリ酢酸ビニル）

$\xrightarrow[けん化]{+NaOH} \begin{Bmatrix} CH_2 - CH \\ \quad | \\ \quad OH \end{Bmatrix}_n \xrightarrow[アセタール化]{+HCHO}$ ビニロン
（ポリビニルアルコール）

○　$3CH \equiv CH \xrightarrow{重合}$ （ベンゼン）$\xrightarrow[置換]{+Cl_2}$ （クロロベンゼン）$\xrightarrow[（高温高圧）]{+NaOH}$ （ナトリウムフェノキシド）$\xrightarrow[（高温高圧）]{+CO_2}$

（サリチル酸ナトリウム）$\xrightarrow{H_2SO_4}$ （サリチル酸）$\xrightarrow[アセチル化]{(CH_3CO)_2O}$ （アセチルサリチル酸）

[答] 問1　5．ビニロン
1．$CH_2=CH_2$　　2．$CH_3COOC_2H_5$　　3．$CH_2=CHOCOCH_3$
4．$\{CH_2-CH(OH)\}_n$　　6．Cl（ベンゼン環）
7．OH（ベンゼン環）$COONa$　　8．$OCOCH_3$（ベンゼン環）$COOH$

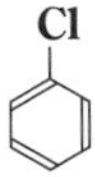

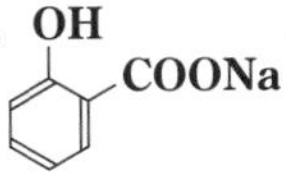

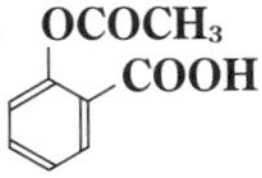

問2　a.①　　b.④（または⑤）　　c.②　　d.③　　e.②　　f.⑤
問3　（ア）付加反応　　（イ）付加重合　　（ウ）アセチル化
問4

（分子量78）　　　（分子量138）

ベンゼン100gは$\dfrac{100}{78}$(mol)，上式よりサリチル酸も$\dfrac{100}{78}$(mol)で，その質量は

$$\dfrac{100}{78}\times 138 ≒ \mathbf{177}(g)$$

練 習 問 題

5 脂肪族炭化水素は，多数の工業製品を製造するための中心的な物質である．下の図は代表的な炭化水素からいろいろな化合物を合成する過程を示している．問1〜6に答えよ．

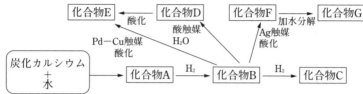

問1　化合物Aは炭化カルシウム(カーバイド)と水との反応によって生成する．1molの化合物Aに1molの水素が付加すると化合物Bが得られ，さらに1molの水素が付加すると化合物Cが得られる．化合物Aが生成する反応式，化合物B，Cの構造式を示せ．

問2　下の文中の空欄　1　，　2　，　4　に最も適切な語句を(ア)〜(カ)から選び，記号で答えよ．また　3　には構造式を示せ．

　　化合物Bと化合物Cを合成し，試験管に捕集したが，ラベルを貼り忘れたため，どの試験管にどの化合物を入れたか，わからなくなった．そこで試験管①，試験管②とラベルを貼り，両試験管に臭素水を加えて振ると，試験管①の臭素水の赤褐色が消えた．しかし，試験管②には目立った変化がみられなかった．このことから，試験管①にはいっていたのは　1　である．

　　　1　と臭素との反応を　2　といい，生成した化合物の構造式は　3　である．

　　この実験においては，試験管②にはいっていた化合物と臭素とは反応しなかったが，光照射や加熱により，試験管②内の化合物も臭素と反応することがわかった．この反応を　4　という．

　　(ア) 化合物B　　(イ) 化合物C　　(ウ) 縮合反応　　(エ) 置換反応
　　(オ) 中和反応　　(カ) 付加反応

問3　化合物Bを酸触媒存在下で水と反応させると化合物Dが得られる．化合物Dの構造式を示せ．

問4　化合物Dの沸点は，同じ程度の分子量をもつエーテルや脂肪族炭化水素と比較するとかなり高い．この理由を50字以内で述べよ．

問5　化合物Dを二クロム酸カリウムの硫酸酸性溶液で酸化させて得られる化合物Eは，アンモニア性硝酸銀溶液と反応して銀鏡をつくる．工業的にはパラジウム-銅触媒の存在下で，化合物Bと酸素を反応させて合成されている．化合物Eの構造式を示せ．

問6　化合物Bを銀触媒で酸化すると化合物Fが得られ，主に製造原料として使用されている．例えば化合物Fを酸で加水分解すると，化合物Gが得られる．化合物Gは自動車の不凍液やポリエステルの原料として用いられる．化合物F，Gの構造式を示せ．

〔鹿児島大〕

6　次の文を読んで，下の問に答えよ．

　あるアルケン(A)に水を付加させたところ2種類の一価アルコール(B)と(C)が生成し，(C)が主成分であった．両化合物の酸素含量は18.2％であった．まず，(B)を二クロム酸カリウムの硫酸酸性水溶液でおだやかに酸化したところ，新しい中性の化合物(D)が得られたが，化合物(C)は同じ条件では変化しなかった．化合物(D)はヨードホルム反応が陽性で，かつ銀鏡反応が陰性であった．

　次に，化合物(C)を硫酸とともに加熱し脱水したところ，アルケン(A)のほかにその異性体(E)が少量得られた．

問1　化合物(B)，(C)の分子式を求めよ．また，その計算の過程も書け．ただし，原子量はH＝1，C＝12，O＝16とする．

問2　化合物(A)，(B)，(C)，(D)，(E)の構造式を書け．

問3　下線の部分の化学反応において，クロムの酸化数の変化と，イオンの色の変化を書け．

問4　化合物(A)の分子式に相当するアルケンの総数〔(A)を含む〕と，それらをすべて水素化して得られるアルカンの総数を書け．

〔千葉大〕

7　ある有機化合物Aに関して次の各問に答えよ．ただし，原子量はH＝1，C＝12，O＝16，Br＝80とする．構造式は次の例にならって書け．

例：$CH_3-\underset{\underset{O}{\|}}{C}-OH$，　$\underset{H}{\overset{CH_3}{\diagdown}}C=C\underset{H}{\overset{H}{\diagup}}$，　$CH_3-\underset{\underset{Br}{|}}{\overset{\overset{H}{|}}{C}}-CH_3$

(1)　112mgのAを完全燃焼させたところ，CO_2 352mg，H_2O 144mgを得た．また，この化合物56mgを気化させたところ，0℃，1.0×10^5Pa(1atm)に換算して22.4mLの体積を占めた．Aの分子式を求めよ．ただし，$R=8.3\times10^3$Pa・L/(mol・K)とする．

(2)　Aを臭素水に通じたところ，臭素水の赤褐色が消えた．1molのAは何gの臭素と反応するか．

(3)　上の実験事実から，Aに相当する構造式は何種類考えられるか．また，それらのうちの1組のシス-トランス異性体（幾何異性体）の構造式を示せ．

(4)　Aを過マンガン酸カリウム*で酸化すると，還元力のあるカルボン酸(a)と，還元力のないカルボン酸(b)が生成した．カルボン酸(a)，(b)および出発物質Aの構造式を示せ．

　　*過マンガン酸カリウムは強力な酸化剤であり，ヒドロキシ基を酸化したり，不飽和な炭素—炭素結合を酸化的に切断するなどの働きをする．

(5)　以上の実験事実から，(2)におけるAと臭素との反応生成物の構造式を示せ．

〔千葉大・改〕

8　次の文を読み，以下の問に答えよ．

　　分子式C₅H₈で表されるアルキンには，3種類の異性体A，B，Cが存在する．(a)A，B，Cを適当な触媒を用いて水素と反応させると，いずれの場合も1molあたり1molの水素が消費され，それぞれ分子式C₅H₁₀で表される化合物D，E，Fを与えた．Eにはシス-トランス異性体（幾何異性体）が存在するが，DおよびFにはシス-トランス異性体が存在しない．(b)D，E，Fをさらに水素と反応させるとそれぞれ分子式C₅H₁₂で示される化合物水素と反応させると，それぞれ分子式C₅H₁₂で示される化合物を与えた．DおよびEは同一の生成物を与えたが，Fは異なる生成物を与えた．また，(c)D，E，Fを臭素と反応させると，それぞれC₅H₁₀Br₂の分子式で示される化合物G，H，Iが得られた．

問1　下線部(a)および(b)の反応で得られた化合物の総称をそれぞれ下から1つ選び，記号で答えよ．

　　(ア)　アルケン　　(イ)　シクロアルケン　　(ウ)　シクロアルキン

　　(エ)　アルキル　　(オ)　アルカン　　(カ)　シクロアルカン　　(キ)　シクロアルキル

問2　化合物A，B，Cの構造式を記せ．

問3　化合物G，H，Iに含まれる不斉炭素原子の数をそれぞれ答えよ．

問4　下線部(a)～(c)の反応は，共通の名称でよばれる．最も適切な名称を下から1つ選び，記号で答えよ．

　　(ア)　置換　　(イ)　酸化　　(ウ)　脱離　　(エ)　付加　　(オ)　還元　　(カ)　重合

　　(キ)　縮合

〔北海道大・改〕

練習問題の解説と解答

5 問1　Aはアセチレン，Bはエチレン，Cはエタン

$$CaC_2 + 2H_2O \longrightarrow C_2H_2 + Ca(OH)_2$$

$B：CH_2=CH_2$　　$C：CH_3-CH_3$

問2　エチレンは，二重結合をもつから，臭素の赤褐色を消す．この反応は付加反応．エタンは，化学的に安定であるが，ハロゲンの存在下で光照射や加熱により速やかに反応する．この反応は置換反応．

1.(ア)　2.(カ)　3. 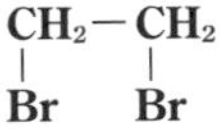 CH_2-CH_2 下に Br　Br
4.(エ)

問3　エチレンは，酸触媒の存在下で水と反応してエタノールが得られる．

$$CH_3-CH_2-OH$$

問4　エタノールが，同じ程度の分子量をもつジメチルエーテルやプロパンと比較して沸点がかなり高いのは，エタノール分子間で水素結合しているから．

エタノール中のヒドロキシ基は極性基で，分子間に水素結合をつくり，強く結びついている．

問5　エタノールを二クロム酸カリウムの硫酸酸性溶液で酸化すると，還元性をもつアセトアルデヒドが得られ，このアセトアルデヒドは，エチレンをPd-Cu触媒存在下で酸化してもできる．　　CH_3-CHO

問6　エチレンを銀触媒下で酸化するとエチレンオキシドが得られる．エチレンオキシドは，開環しやすく，酸で加水分解するとエチレングリコールとなる．

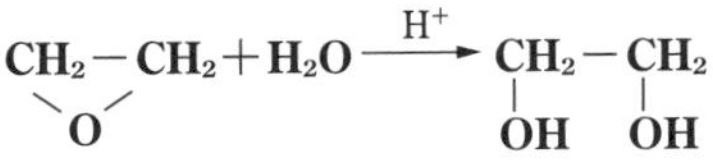

$$CH_2-CH_2+H_2O \xrightarrow{H^+} CH_2-CH_2$$
エチレンオキシド　　エチレングリコール

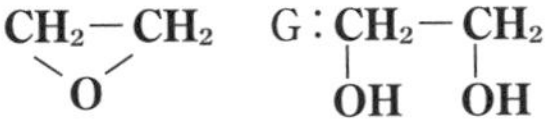

$F：CH_2-CH_2$ (O)　$G：CH_2-CH_2$ (OH OH)

6 問1　(B)，(C)の分子量は
$16.0×100/18.2 ≒ 88$
一価アルコール($C_nH_{2n+1}OH$)であるから，$12n+2n+1+17=88$
∴ $n=5$　　分子式 $C_5H_{12}O$

問2　(B)は$CH_3CH(OH)-$をもつ第二級アルコール，(C)は第三級アルコール．

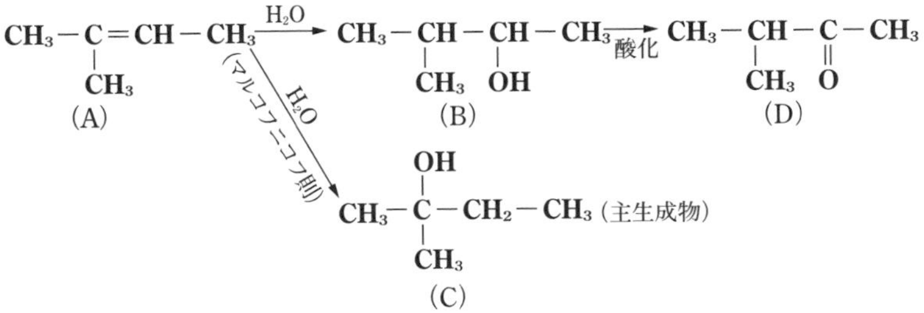

$$CH_3-C=CH-CH_3 \xrightarrow{H_2O} CH_3-CH-CH-CH_3 \xrightarrow{酸化} CH_3-CH-C-CH_3$$
CH₃ (A) / CH₃ OH (B) / CH₃ O (D)

(マルコフニコフ則) H_2O

$$CH_3-C-CH_2-CH_3 （主生成物）$$
OH / CH₃ (C)

$$CH_3-\underset{\underset{CH_3}{|}}{\overset{\overset{OH}{|}}{C}}-CH_2-CH_3 \xrightarrow[\text{(ザイツェフ則)}]{-H_2O} CH_3-\underset{\underset{CH_3}{|}}{C}=CH-CH_3 \text{ (主生成物)}$$

(C)　　　　　　　　　　　　　　　　　(A)

$$\xrightarrow{-H_2O} CH_2=\underset{\underset{CH_3}{|}}{C}-CH_2-CH_3$$

(E)

問3　酸化数；$+6 \longrightarrow +3$,
　　　色；赤橙色 $\longrightarrow$ 緑色

問4　アルケン(A)には次の6種類の異性体がある.

$$C=C-C-C-C$$
$$C-C=C-C-C$$
（シス-トランス異性体2種類）
$$C=C-\underset{\underset{C}{|}}{C}-C$$
$$C-C=\underset{\underset{C}{|}}{C}-C$$
$$C-C-\underset{\underset{C}{|}}{C}=C$$

水素化して得られるアルカンには次の2種類の異性体がある.

$$C-C-C-C-C$$
$$C-C-\underset{\underset{C}{|}}{C}-C$$

アルケン；**6種類**，アルカン；**2種類**

7 (1)　C；$352 \times \dfrac{12}{44} = 96\,(\text{mg})$

　　　H；$144 \times \dfrac{2}{18} = 16\,(\text{mg})$

　　　O；$112-(96+16)=0$

　　　$C:H = \dfrac{96}{12} : \dfrac{16}{1} = 8:16 = 1:2$

　　　　　　　組成式　CH_2（式量14）

　　　分子量は

$$M = \frac{mRT}{PV}$$

$$= \frac{0.056 \times 8.3 \times 10^3 \times 273}{1.0 \times 10^5 \times \dfrac{22.4}{1000}} = 55.9 \fallingdotseq 56$$

$(CH_2)_n = 56$　　　$\therefore n = 4$

　　　　　　　　分子式　C_4H_8

(2)　臭素が付加したからAはアルケン.
1molのAには臭素1mol(160g)が付加.

　　　　　　　　　　　　　　160g

(3)　二重結合をもつ炭素骨格構造で記すと，構造異性体は3種類であるが，②にシス-トランス異性体が存在するから異性体は**4種類**.

①　$C=C-C-C$

②　$C-C=C-C$

　　（シス-トランス異性体あり）

③　$C=\underset{\underset{C}{|}}{C}-C$

$$\underset{CH_3}{\overset{H}{}}C=C\underset{CH_3}{\overset{H}{}} \qquad \underset{CH_3}{\overset{H}{}}C=C\underset{H}{\overset{CH_3}{}}$$

(4)　還元力のあるカルボン酸(a)はギ酸.
アルケンをKMnO₄で酸化すると，炭素間の二重結合が切れてアルデヒドあるいはケトンを生じる. アルデヒドはさらに酸化されてカルボン酸になる.

$$\underset{C_4H_8}{(A)} \xrightarrow{KMnO_4} \underset{H}{\overset{R}{}}C=O + O=C\underset{H}{\overset{H}{}}$$

↓酸化　　　　　　↓酸化

$$\underset{HO}{\overset{R}{}}C=O \qquad O=C\underset{OH}{\overset{H}{}}$$

　　　　　　　　　　　　（ギ酸）

内はRC_2H_3であるから
$R = C_4H_8 - C_2H_3 = C_2H_5$
A, a, bの構造式は

$$CH_3-CH_2 \quad \overset{C=C}{\underset{H}{\big|}} \quad \overset{H}{\underset{H}{\big|}}$$

(**A**)

$$H-\underset{\overset{\|}{O}}{C}-OH$$

(**a**)

$$CH_3-CH_2-\underset{\overset{\|}{O}}{C}-OH$$

(**b**)

(5) $$CH_3-CH_2 \quad \overset{H}{\underset{H}{C=C}} \quad \overset{H}{\underset{H}{\big|}} +Br_2$$

$$\longrightarrow CH_3-CH_2-\underset{\overset{|}{Br}}{C}-\underset{\overset{|}{Br}}{C}-H$$

8 A, B, Cは, アルキンC_5H_8で, 炭素骨格構造で記すと, 次の3種類のいずれかである.

① $C≡C-C-C-C$

② $C-C≡C-C-C$

③ $\underset{\overset{|}{C}}{C≡C-C-C}$

D, E, Fは, アルケンC_5H_{10}で, 次のいずれかである.

④ $C=C-C-C-C$

⑤ $C-C=C-C-C$
　　(シス-トランス異性体あり)

⑥ $\underset{\overset{|}{C}}{C=C-C-C}$

Eはシス-トランス異性体が存在するから⑤, D, E, Fに水素を反応させると, DとEは同一の生成物C_5H_{12}が得られるから, DはEと同じ炭素骨格の④, Fは⑥, ここで, Aは①, Bは②, Cは③と決まる. D, E, Fを臭素と反応させると, 次の反応が起こる.

$$C=C-C-C-C \xrightarrow{Br_2} \underset{\overset{|}{Br}\,\overset{|}{Br}}{C-C^*-C-C-C}$$
(D)　　　　　　　(G)

$$C-C=C-C-C \xrightarrow{Br_2} \underset{\overset{|}{Br}\,\overset{|}{Br}}{C-C^*-C^*-C-C}$$
(E)　　　　　　　(H)

$$\underset{\overset{|}{C}}{C=C-C-C} \xrightarrow{Br_2} \underset{\overset{|}{Br}\,\overset{|}{Br}\,\overset{|}{C}}{C-C^*-C-C}$$
(F)　　　　　　　(I)

問1　(a)(**ア**)　　(b)(**オ**)
問2　A: $HC≡C-CH_2-CH_2-CH_3$
　　　B: $CH_3-C≡C-CH_2-CH_3$
　　　C: $HC≡C-\underset{\overset{|}{CH_3}}{CH}-CH_3$

問3　G.**1**　　H.**2**　　I.**1**
問4　(a), (b), (c)の反応は, いずれも付加反応　　　　　　　(**エ**)

§3.　脂肪族化合物 II （アルコール，アルデヒド，ケトン，カルボン酸，エステル）

例題9　エタノールの製法と性質

エタノールについて次の設問に答えよ．

(1) 次の文は，エタノールの製法，性質などについて述べたものである．空欄の（　）に最も適切な化学式を，また，〔　〕に最も適切な語句を記入せよ．

(i) エタノールの製法には次のようなものがある．

$$C_{12}H_{22}O_{11} \xrightarrow[\text{加水分解}]{\text{酵素}} {}^a(\quad) \xrightarrow{\text{発酵}} C_2H_5OH$$

$$C_2H_4 \xrightarrow{H_2SO_4} {}^b(\quad) \xrightarrow{H_2O} C_2H_5OH$$

(ii) エタノールを濃硫酸とともに熱すると，(A)130℃付近では主としてその2分子から1分子の^{ア}〔　〕を生じ，(B)160℃付近では主としてその1分子から1分子の^{イ}〔　〕を生じる．両者を識別するためには，反応生成物に少量の臭素水を加え，臭素水の赤褐色が消えたほうが^{ウ}〔　〕である．

(iii) (C)エタノールを二クロム酸カリウム−硫酸水溶液とともにおだやかに加温しながら酸化すると，沸点21℃の^{エ}〔　〕を生じる．この物質の検出法は多数あるが，基本的には^{オ}〔　〕基の特性である^{カ}〔　〕性を利用したものである．^{オ}〔　〕基にフェーリング溶液を作用させると，フェーリング溶液中のCu^{2+}は赤色の沈殿$^c(\quad)$となる．また，^{オ}〔　〕基にアンモニア性硝酸銀溶液を作用させると^{キ}〔　〕が析出する．

(iv) エタノールは一般に有機酸と反応して，^{ク}〔　〕を生じる．たとえば，(D)エタノールと酢酸を混合して加温すると，$^d(\quad)$と$^e(\quad)$を生じる．この反応は可逆反応であるので，逆反応をおさえるためには，^{ケ}〔　〕などを加えることが効果的である．

(2) エタノールについて，次の(a)〜(e)の操作を行ったとき起こる変化を，下記の語群(ア)〜(ク)の中から1つ選び記号で答えよ．

(a) 水を加えてみた．

(b) 金属ナトリウムの小片を入れてみた．

(c) フェーリング溶液を加えてみた．

(d) うすい過マンガン酸カリウム水溶液を少量ずつ加えながら温めてみた．

(e) ヨウ素と濃い水酸化ナトリウム水溶液を加えて熱した．

〔語群〕

(ア) 赤色沈殿を生じた．

(イ) 赤紫色が消えた．

(ウ) 特有臭の黄色沈殿を生じた．

(エ) よく溶けて均一な無色透明の液体となった．

(オ) ほとんど溶けず二層に分離した．

(カ) 水素ガスが発生した.

(キ) 酸素ガスが発生した.

(ク) 何も化学変化がみられなかった.

〔成蹊大・改〕

▶ポイント　エタノールとその関連物質についての入試問題はきわめて多い. p.19, 20に記述してある「アルコールの性質」(金属ナトリウムとの反応, 脱水, エステル化, 酸化) を読み, また, p.21の「アセチレンを中心にした反応系統図」を見て解答するとよい.

解説　(1) (i)　二糖 $C_{12}H_{22}O_{11}$ を加水分解すると単糖 $C_6H_{12}O_6$ となる. いま, $C_{12}H_{22}O_{11}$ をマルトースとすれば $C_6H_{12}O_6$ はグルコースである. グルコースに酵素群チマーゼを作用させるとエタノールと二酸化炭素が生成する. この反応をアルコール発酵とよんでいる. このときの反応は次のとおりである.

$$\underset{(a)}{C_6H_{12}O_6} \longrightarrow 2C_2H_5OH + 2CO_2 \qquad \cdots\cdots ①$$

エタノールは, エチレン C_2H_4 から次のようにして合成される.

$$CH_2{=}CH_2 + H_2SO_4 \xrightarrow{\text{付加}} CH_3CH_2OSO_3H \qquad \cdots\cdots ②$$

$$\underset{(b)}{CH_3CH_2OSO_3H} + H_2O \xrightarrow{\text{加水分解}} CH_3CH_2OH + H_2SO_4 \ \cdots\cdots ③$$

ふつう, この反応は, 硫酸が触媒として働き, エチレンに水が付加する反応と考えて次のように書いてもよい.

$$CH_2{=}CH_2 + H_2O \xrightarrow{\text{付加}} CH_3CH_2OH$$

(ii) (A)　$2C_2H_5OH \xrightarrow{H_2SO_4, \ 130\,℃} C_2H_5OC_2H_5 + H_2O$

(B)　$C_2H_5OH \xrightarrow{H_2SO_4, \ 160\sim170\,℃} C_2H_4 + H_2O$

エチレンは, 二重結合をもつから臭素を付加し, その赤褐色を消す.

(iii)　　　$C_2H_5OH \xrightarrow{\text{酸化}} CH_3CHO \xrightarrow{\text{酸化}} CH_3COOH$

アルデヒドは, 還元性物質で, フェーリング反応および銀鏡反応が陽性である.

(iv)　　　$CH_3COOH + C_2H_5OH \longrightarrow CH_3COOC_2H_5 + H_2O$

(2) (a)　エタノールは, 水とよく混じり合う.

(b)　金属ナトリウムを加えると H_2 を発生する.

$$2C_2H_5OH + 2Na \longrightarrow 2C_2H_5ONa + H_2$$

(c)　エタノールは, ホルミル基をもたないから変化はみられない.

(d)　エタノールは酸化され, $KMnO_4$ は還元されるから $MnO_4{}^-$ の赤紫色が消える.

(e)　エタノールは, $CH_3CH(OH)-$ をもつからヨードホルム反応があり, 黄色沈殿 CHI_3 を生じる.

答　(1)　(i)　(a)　$C_6H_{12}O_6$　　　　(b)　$CH_3CH_2OSO_3H$

　　　　　(ii)　(ア)　ジエチルエーテル　　　　　(イ)　エチレン　　　(ウ)　エチレン

　　　　　(iii)　(エ)　アセトアルデヒド　　　　　(オ)　ホルミル　　　(カ)　還元

　　　　　　　　(c)　Cu_2O　　　　　　　　　　(キ)　銀

　　　　　(iv)　(ク)　エステル　　(d)　$CH_3COOC_2H_5$　(e)　H_2O　　((d)と(e)は順不同)

　　　　　　　　(ケ)　濃硫酸

　　(2)　(a)　(エ)　　(b)　(カ)　　(c)　(ク)　　(d)　(イ)　　(e)　(ウ)

例題10　**分子式C_3H_8Oで表される物質の性質と反応**

　分子式C_3H_8Oで表される液状化合物〔A〕，〔B〕，〔C〕がある．これらに関する次の各文章中，化合物〔A〕〜〔L〕については示性式を，また□□□内には最も適当な語句を，それぞれ記せ．

1.　化合物〔A〕を二クロム酸カリウムと硫酸で注意して¹□□□すると化合物〔D〕が生成した．〔D〕はフェーリング溶液を加えて温めると〔E〕の赤色沈殿が生じた．〔D〕をさらに酸化すると，炭素数を減ずることなく化合物〔F〕が得られた．〔F〕の水溶液は²□□□色のリトマス紙を³□□□色に変えた．

2.　化合物〔A〕は少量の金属ナトリウムを加えると水素ガスを発生した．減圧下で未反応の〔A〕を留去すると固体の〔G〕が残った．〔G〕をヨウ化メチルと反応させるとエーテル体〔H〕が生成した．

3.　化合物〔B〕も金属ナトリウムで水素ガスを発生する．また，〔B〕を濃硫酸を加えて160℃に加熱すると⁴□□□反応を起こし，無色の気体〔I〕が生成した．〔I〕は臭素と容易に⁵□□□反応して臭素化合物〔J〕が生成した．また，〔I〕は⁶□□□反応して高分子化合物となる．

4.　化合物〔B〕を酸化すると無色揮発性液体〔K〕が得られた．〔K〕を水酸化ナトリウムとヨウ素を加えて温めると特異な臭いのする黄色沈殿〔L〕が得られた．この反応を⁷□□□反応という．

5.　化合物〔C〕は，金属ナトリウムを加えても水素ガスは発生しなかった．また，二クロム酸カリウムと硫酸でも¹□□□されなかった．

6.　化合物〔A〕，〔B〕，〔C〕のうち最も沸点の低い化合物の名称は⁸□□□である．その理由は，〔A〕，〔B〕は分子どうしで⁹□□□結合をしているが，〔C〕ではそれがないためである．

〔昭和薬科大・改〕

ポイント　分子式C_3H_8Oで表される化合物には，アルコールとエーテルがある．アルコールは金属ナトリウムと反応してH_2を発生するが，エーテルは反応しない．また，アルコールは酸化されるが，エーテルは酸化されない．CH_3OH(メタノール)とC_2H_5OH(エタノール)は第一級アルコールであるが，C_3H_7OH(プロパノール)には，第一級アルコールと第二級アルコールがある．第一級アルコールは酸化されてアルデヒドを経てカルボン酸，第

二級アルコールは酸化されてケトンになる（酸化が2段階起これば第一級アルコール，1段階ならば第二級アルコール）．－CHO をもつと還元性があり，$CH_3CH(OH)-$ から CH_3CO- をもつとヨードホルム反応がある．

【解説】 C_3H_8O で表される化合物には，次の3種類がある．

$$
\begin{array}{ccc}
\overset{\displaystyle H\ \ H\ \ H}{\underset{\displaystyle H\ \ H\ \ H}{H-C-C-C-OH}} &
\overset{\displaystyle H\ \ H\ \ H}{\underset{\displaystyle H\ OH\ H}{H-C-C-C-H}} &
\overset{\displaystyle H\ \ \ \ \ H\ H}{\underset{\displaystyle H\ \ \ \ \ H\ H}{H-C-O-C-C-H}}
\end{array}
$$

　　1-プロパノール　　　　　　　2-プロパノール　　　　　　エチルメチルエーテル
　（第一級アルコール）　　　　（第二級アルコール）

$$CH_3CH_2CH_2OH \xrightarrow{酸化} CH_3CH_2CHO \xrightarrow{酸化} CH_3CH_2COOH$$
　1-プロパノール　　　プロピオンアルデヒド　　　プロピオン酸
　　　　　　　　　　　　　　（還元性）

$$CH_3CH(OH)CH_3 \xrightarrow{酸化} CH_3COCH_3$$
　2-プロパノール　　　　　　アセトン
（ヨードホルム反応）　（ヨードホルム反応）

1. 化合物〔A〕は，酸化が2段階に起こり，中間生成物がアルデヒドであるから，1-プロパノールである．プロピオンアルデヒド〔D〕は，還元性があり，フェーリング溶液から赤色の Cu_2O〔E〕を沈殿させる．プロピオン酸〔F〕は青色リトマス紙を赤変する．

2. 1-プロパノール〔A〕に金属ナトリウムを加えると，水素を発生し，ナトリウムプロポキシド〔G〕が生成する．

$$2CH_3CH_2CH_2OH + 2Na \longrightarrow 2CH_3CH_2CH_2ONa + H_2$$
　　　　　　　　　　　　　　　　　　　　　〔G〕

$$\underset{〔G〕}{CH_3CH_2CH_2ONa} + CH_3I \longrightarrow \underset{〔H〕}{CH_3CH_2CH_2OCH_3} + NaI$$

　　（この反応は，エーテルの製法でウィリアムソン合成法とよばれている）

3. 化合物〔B〕は，残りのアルコールすなわち2-プロパノールである．2-プロパノール〔B〕に濃硫酸を加えて160℃に加熱すると，脱水反応が起こり，プロペン（プロピレン）〔I〕が生成する．

$$CH_3CH(OH)CH_3 \xrightarrow{脱水} \underset{〔I〕}{CH_3CH=CH_2}$$

$$\underset{〔I〕}{CH_3CH=CH_2} \xrightarrow[付加]{Br_2} \underset{〔J〕}{CH_3CHBrCH_2Br}$$

　　〔I〕は，ビニル基をもつので，付加重合してポリプロピレンになる．

4. 〔K〕はアセトン．アセトンは，CH_3CO- をもつので，ヨードホルム反応陽性で黄色の CHI_3〔L〕を沈殿させる．

5. 化合物〔C〕は，エチルメチルエーテル $CH_3OCH_2CH_3$．

6. 同じ分子式をもつアルコールとエーテルの沸点を比べると，アルコールのほうが高い．アルコールどうしが水素結合をしているからである．

答 〔A〕 **CH₃CH₂CH₂OH**　　〔B〕 **CH₃CH(OH)CH₃**　　〔C〕 **CH₃OCH₂CH₃**
　　〔D〕 **CH₃CH₂CHO**　　　　〔E〕 **Cu₂O**　　　　　　　〔F〕 **CH₃CH₂COOH**
　　〔G〕 **CH₃CH₂CH₂ONa**　　〔H〕 **CH₃CH₂CH₂OCH₃**　〔I〕 **CH₃CH＝CH₂**
　　〔J〕 **CH₃CHBrCH₂Br**　　〔K〕 **CH₃COCH₃**　　　　〔L〕 **CHI₃**
　　1.　**酸化**　　　　2.　**青**　　　　　3.　**赤**　　　　　4.　**脱水**
　　5.　**付加**　　　　6.　**付加重合**　　7.　**ヨードホルム**
　　8.　**エチルメチルエーテル**　　　9.　**水素**

──── 例題11　**分子式C₄H₁₀Oの異性体** ────

　　分子式C₄H₁₀Oを有するアルコールには，A，B，C，D，Eの 5 種類の異性体が存在する．次の(a)から(g)までの文章を読んで，設問(1)〜(6)に答えよ．
　(a)　A，B，C，D，Eは，いずれも金属ナトリウムと反応して水素を発生する．
　(b)　A，B，C，D，Eは，いずれも濃塩酸と反応する．そのうち，Bは濃塩酸を加え，30℃〜35℃に温めてよく振り混ぜるだけで容易に反応するが，A，C，D，Eは触媒がなければ反応しない．
　(c)　A，Cは，硫酸酸性の過マンガン酸カリウム水溶液で酸化されて，アルデヒドになるが，Bは酸化されにくい．
　(d)　Aの沸点は118℃で，Cの沸点は108℃である．
　(e)　D，Eは，沸点が同じで，不斉炭素原子をもち，互いに鏡像異性体（光学異性体）である．
　(f)　D，Eは，濃硫酸と熱して脱水したとき，シス-トランス異性体（幾何異性体）をもつアルケンが生成する．
　(g)　D，Eは，塩基性水溶液中でヨウ素とともに加熱すると，反応して黄色の固体が生成する．
　(1)　A，Bの化合物名を書け．
　(2)　C，D，Eの構造式（または示性式）を書き，不斉炭素原子には＊印をつけよ．
　(3)　(a)における，Aと金属ナトリウムとの反応を化学反応式で示せ．
　(4)　(f)において生成したシス-トランス異性体（シス形，トランス形）の構造式を書け．
　(5)　(g)において生成した黄色の固体は何か．その分子式を書け．
　(6)　(g)における反応はエタノールとメタノールとの区別に利用できる．その理由を100字以内で説明せよ．

〔信州大・改〕

▶**ポイント**　アルコールの問題では，分子式C₄H₁₀Oで表されるアルコールの出題率が最も高い．このアルコールには，第一級アルコール，第二級アルコール，および第三級アルコールが存在する．これらのアルコールを区別するときには，反応性の強さ，酸化反応，沸点，ヨードホルム反応，脱水反応，鏡像異性体の有無などに注目するとよい．

解説　C₄H₁₀Oで表されるアルコールは，鏡像異性体を含めて 5 種類（構造異性体は 4 種類であるが，2-ブタノールは不斉炭素原子C＊をもつので鏡像異性体が 2 種類存在する）

存在する.

① C－C－C－C－OH
1-ブタノール
（第一級アルコール）

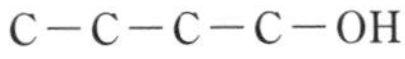

② C－C－C*－C
　　　　　｜
　　　　　OH
2-ブタノール
（第二級アルコール）

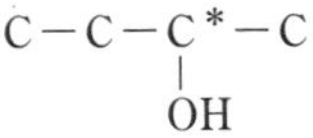

③ C－C－C－OH
　　　｜
　　　C
2-メチル-1-プロパノール
（第一級アルコール）

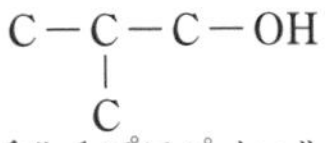

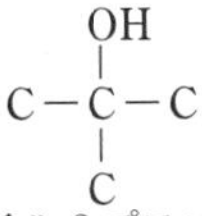

④ 　　　OH
　　　　｜
　　C－C－C
　　　　｜
　　　　C
2-メチル-2-プロパノール
（第三級アルコール）

⑦ 反応性の強さ……第三級アルコール＞第二級アルコール＞第一級アルコール

④ 酸化……
{
第一級アルコール──→アルデヒド──→カルボン酸
　　　　　　　　　　　　（還元性）
第二級アルコール──→ケトン
第三級アルコール（酸化されにくい）
}

⑨ 沸点………直鎖化合物＞側鎖化合物
（枝分かれが少ないほど分子が接近すること
ができるので，分子間の引力も増加する）

㊤ ヨードホルム反応は，アルコールの $CH_3CH(OH)$－が酸化された CH_3CO－に基づく
反応である．第二級アルコールならば，2位の炭素原子に－OH をもつとこの反応が
ある．

(a) A～E は金属ナトリウムで H_2 発生するから，すべてアルコール

(b), (c)
{
A と C……第一級アルコール　①, ③
B　　　……第三級アルコール　④
D と E……第二級アルコール　②
}

(d)
{
A……直鎖化合物　①
C……側鎖化合物　③
}

(f) ザイツェフ則により，

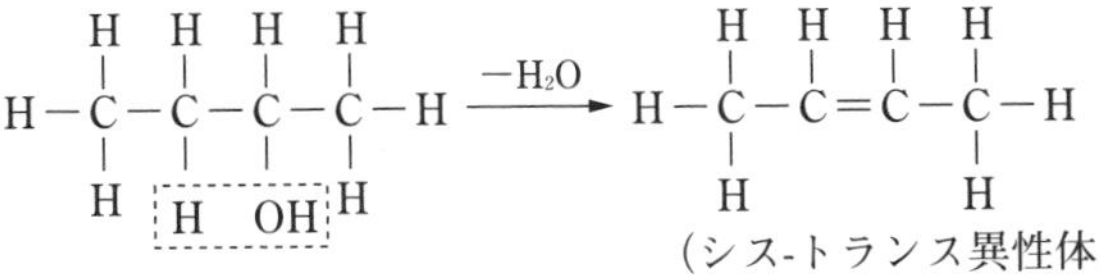

H－C－C－C－C－H　$\xrightarrow{-H_2O}$　H－C－C＝C－C－H
（with hydrogens shown; H H OH highlighted）
（シス-トランス異性体あり）

(g) D と E は，ヨードホルム反応が陽性であるから $CH_3CH(OH)$－をもつ②

答 (1) A：1-ブタノール　　　　B：2-メチル-2-プロパノール

(2) C：H－C－C－C－OH　　D, E：H－C－C－C*－C－H

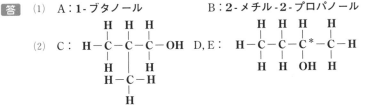

(3)　$2CH_3CH_2CH_2CH_2OH + 2Na \longrightarrow 2CH_3CH_2CH_2CH_2ONa + H_2$

(4)

$$\underset{CH_3}{\overset{H}{\diagdown}}C=C\underset{CH_3}{\overset{H}{\diagup}}$$
（シス形）

$$\underset{CH_3}{\overset{H}{\diagdown}}C=C\underset{H}{\overset{CH_3}{\diagup}}$$
（トランス形）

(5)　CHI_3

(6)　ヨードホルム反応は，アルコールの $CH_3CH(OH)-$ が酸化された CH_3CO- の構造に基づく．エタノールの酸化生成物はこの構造をもつが，メタノールの酸化生成物はこの構造をもたないので区別できる．

〓例題12〓 分子式 $C_5H_{12}O$ の異性体

次の各問について，□□□に当てはまる数値を記せ．

金属ナトリウムと反応しガスを発生する，炭素，水素，および酸素からなる化合物がある．この化合物の5.20mgをとり元素分析を行ったところ，13.05mgの二酸化炭素と6.33mgの水が生成した．また，分子量の測定の結果88の値を得た．ただし，原子量はH＝1，C＝12，O＝16とする．

(1)　この化合物の分子式は $C_{(a)□}H_{(b)□}O_{(c)□}$ である．

(2)　(1)の分子式で考えられる構造異性体（鏡像異性体（光学異性体）は除く）は (d)□□□ 個である．以下(2)で考えた異性体について質問に答えよ．

(3)　酸化されにくいものは (e)□□□ 個である．

(4)　酸化すると，フェーリング液を還元する性質をもつものが生成するのは (f)□□□ 個である．

(5)　ヨードホルム反応陽性のものは (g)□□□ 個である．

(6)　不斉炭素原子をもつものは (h)□□□ 個である．

(7)　脱水するとシス-トランス異性体（幾何異性体）を生じるものは (i)□□□ 個である．

(8)　ヒドロキシ基の結合している炭素の隣の炭素に結合している水素の数が最も多いものでは (j)□□□ 個で，最も少ないものでは (k)□□□ 個である．

〔東京理科大・改〕

▶ポイント〉 $C_5H_{12}O$ で表されるアルコールは $C_4H_{10}O$ 同様に出題率が高いから注意を要する．**◀例題 11** を参考にして解くとよい．

解説　(1)　C；$13.05 \times \dfrac{12}{44} = 3.56$ (mg)

H；$6.33 \times \dfrac{2}{18} = 0.70$ (mg)

O；$5.20 - (3.56 + 0.70) = 0.94$ (mg)

原子数の比

C：H：O $= \dfrac{3.56}{12} : \dfrac{0.70}{1} : \dfrac{0.94}{16} = 5 : 12 : 1$

組成式　$C_5H_{12}O$ （式量88）

$(C_5H_{12}O)_n = 88$　　　∴　$n = 1$

分子式　$C_5H_{12}O$

(2) 分子式$C_5H_{12}O$で表される化合物には，アルコールとエーテルがあるが，金属ナトリウムと反応することから，この化合物はアルコールである．分子式$C_5H_{12}O$で表される構造異性体とは，ここではアルコールについて考えられる異性体のことと理解してよい．

$C_5H_{12}O$で表されるアルコールには，次の8種類の構造異性体がある（C^*は不斉炭素原子，点線で囲まれている構造はヨードホルム反応陽性の$CH_3CH(OH)-$）．

① C－C－C－C－C－OH

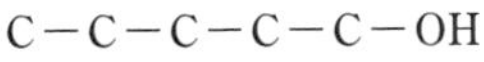

（第一級アルコール）

② C－C－C－C*－C
　　　　　　　｜
　　　　　　OH

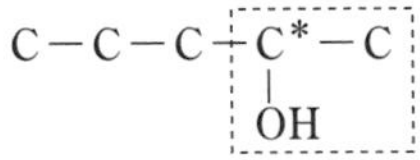

（第二級アルコール）

③ C－C－C－C－C
　　　　　｜
　　　　OH

（第二級アルコール）

④ C－C－C*－C－OH
　　　　　｜
　　　　C

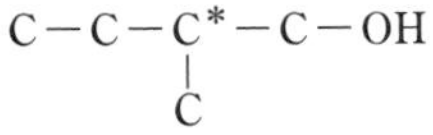

（第一級アルコール）

⑤ C－C－C－C
　　　｜
　　　C
（上に OH）

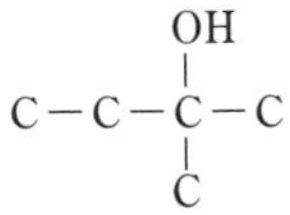

（第三級アルコール）

⑥ C－C*－C－C
　　　｜　｜
　　OH　C

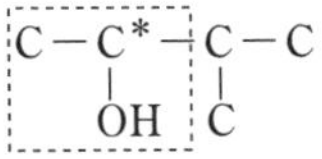

（第二級アルコール）

⑦ OH－C－C－C－C
　　　　　　｜
　　　　　C

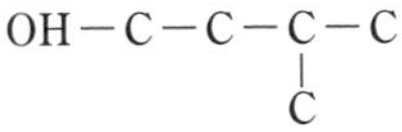

（第一級アルコール）

⑧ C－C－C－OH
　　　｜
　　　C
（上に C）

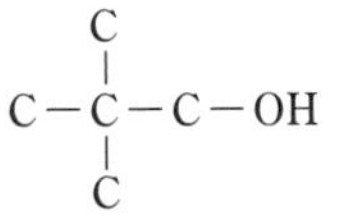

（第一級アルコール）

(3) 第三級アルコール⑤は酸化されにくい．

(4) フェーリング液を還元する性質をもつものはアルデヒド．酸化してアルデヒドになるものは第一級アルコール①，④，⑦，⑧．

(5) ヨードホルム反応陽性のアルコールは，$CH_3CH(OH)-$の構造をもつ②と⑥．

(6) 不斉炭素原子（C^*）をもつアルコールは，②，④，⑥．

(7) 炭素数が4個または5個の直鎖アルケンでは，2位と3位の炭素間に二重結合があるとシス-トランス異性体が存在する．脱水してシス-トランス異性体を生じるものは②と③．

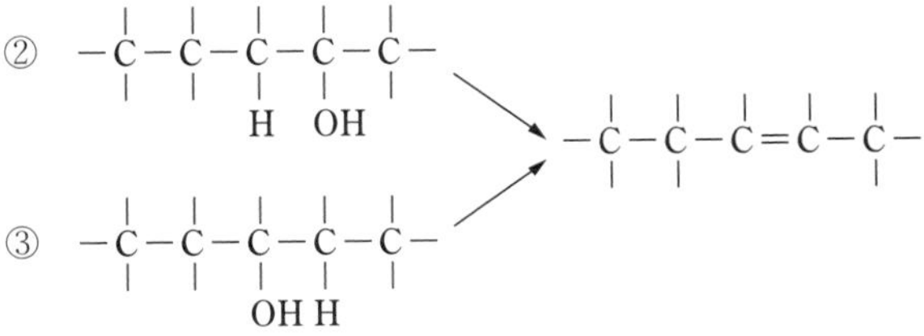

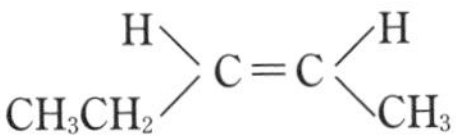

② －C－C－C－C－C－
　　　　　　　H　OH

③ －C－C－C－C－C－
　　　　　　OH　H

→ －C－C－C＝C－C－

（シス形）
CH_3CH_2＞C＝C＜（H上，CH3下）

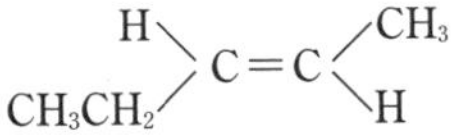

（トランス形）
CH_3CH_2＞C＝C＜（CH3上，H下）

(8)　最も多いもの；②, ⑤, ⑥の水素原子3個.
　　最も少ないもの；⑧の水素原子0個.

答　(a) **5**　(b) **12**　(c) **1**　(d) **8**　(e) **1**　(f) **4**　(g) **2**　(h) **3**
　　(i) **2**　(j) **3**　(k) **0**

◀例題13▶　分子式C₅H₁₀Oの異性体

　　カルボニル基をもち分子式$C_5H_{10}O$で表される化合物に関する次の記述のうち,
　誤っているものはどれか.ただし,鏡像異性体（光学異性体）は考慮しないものとする.
(1)　銀鏡反応を示す化合物は, 4つある.
(2)　ヨードホルム反応を示す化合物は, 2つある.
(3)　不斉炭素原子をもつ化合物は, 1つある.
(4)　還元すると不斉炭素原子を新たに生じる化合物は, 2つある.
(5)　還元して脱水するとシス-トランス異性体（幾何異性体）を生じる化合物は,3つある.
(6)　記述(1)〜(5)の下線部の条件のうち, 3つにあてはまる化合物は, 2つある.
(7)　記述(1)〜(5)の下線部の条件のうち, どれにもあてはまらない化合物はない.
〔東京工業大・改〕

▶ポイント　$C_5H_{10}O$の分子式で表される化合物には,アルデヒドとケトンのほかに,二重
結合1個をもつアルコールとエーテル,環状構造をもつアルコールとエーテルなどが考え
られる（P.14の〈分子式から物質を推測する〉を参照）.アルデヒドとケトンは,還元性
の有無によって区別できる.また,二重結合の存在は臭素付加によって知ることができる.
アルコールとエーテルは,金属ナトリウムとの反応や酸化などによって区別できる.

解説　カルボニル基をもつ化合物にはアルデヒドとケトンがある.$C_5H_{10}O$で表される
アルデヒドには,次の4種類の構造異性体がある.

①　C－C－C－C－CHO　　②　C－C－C*－CHO
　　　　　　　　　　　　　　　　　　｜
　　　　　　　　　　　　　　　　　　C

　　　　　　　　　　　　　　　　　　C
　　　　　　　　　　　　　　　　　　｜
③　C－C－C－CHO　　④　C－C－CHO
　　　　｜　　　　　　　　　｜
　　　　C　　　　　　　　　C

ケトンには,次の3種類の構造異性体がある.

⑤　C－C－C－[C－C]　　⑥　C－C－C－C－C　　⑦　C－C－[C－C]
　　　　　　　　‖　　　　　　　　　‖　　　　　　　　｜　‖
　　　　　　　　O　　　　　　　　　O　　　　　　　　C　O

　（点線で囲まれている構造はヨードホルム反応陽性のCH_3CO-）
(1)　銀鏡反応を示す化合物は,アルデヒドの①〜④の4つ.

(2) ヨードホルム反応を示す化合物は，CH_3CO-の構造を分子内にもつ⑤と⑦の2つ.

(3) 不斉炭素原子(C^*)をもつのは②の1つだけ.

(4) 還元するとアルデヒドは第一級アルコール，ケトンは第二級アルコールになる. 還元して新たに不斉炭素原子（C^*）をもつ化合物は⑤と⑦の2つ.

$$⑤ \quad C-C-C-C-C \xrightarrow{還元} C-C-C-\overset{*}{C}-C$$
$$\underset{O}{\|} \qquad\qquad \underset{OH}{|}$$

$$⑦ \quad C-C-C-C \xrightarrow{還元} C-C-\overset{*}{C}-C$$
$$\underset{C}{|}\underset{O}{\|} \qquad\qquad \underset{C}{|}\underset{OH}{|}$$

(5) ケトンの⑤〜⑦を還元して生じた第二級アルコールを脱水すると，ザイツェフ則により，次のアルケンが生成する（第一級アルコールの脱水ではシス-トランス異性体のあるアルケンはできない）.

$$⑤ \quad C-C-C-C-C \xrightarrow{還元} C-C-C-C-C \xrightarrow{脱水} C-C-C=C-C \text{（シス-トランス異性体あり）}$$

$$⑥ \quad C-C-C-C-C \xrightarrow{還元} C-C-C-C-C \xrightarrow{脱水} C-C-C=C-C \text{（シス-トランス異性体あり）}$$

$$⑦ \quad C-C-C-C \xrightarrow{還元} C-C-C-C \xrightarrow{脱水} C-C=C-C \text{（シス-トランス異性体なし）}$$

該当する化合物は⑤，⑥の2つ

(6) 記述(1)〜(5)の下線部の条件のうち，3つにあてはまる化合物は，⑤の1つだけ.

(7) 記述(1)〜(5)の下線部の条件のうち，どれにもあてはまらない化合物はない.

答 (5)，(6)

例題14 カルボン酸，ヒドロキシ酸

〔1〕次の文章を読み，問1〜問3に答えよ.

ギ酸は分子中にカルボキシ基とともに a をもつため還元性を示す. たとえば，硫酸酸性の b 水溶液の赤紫色を脱色したり，アンモニア性硝酸銀溶液と反応して c を生じる.

酢酸は食酢中に含まれ，純度の高いものは冬季に氷結するので d とよばれる. 酢酸は酸化リン(V)（五酸化二リン）で脱水されると無水酢酸になる. このように，2個のカルボキシ基から1分子の水がとれて結合した化合物を一般に e という. 分子中に2個のカルボキシ基をもつジカルボン酸のなかには分子内で e をつくるものがある. この例として，マレイン酸や ア がある.

問1 文中の空欄 a 〜 e に当てはまる適切な語句を記せ.

問2　空欄　ア　にはいる化合物名とその構造式を記せ.

問3　ベンゼン100gに酢酸0.600gを溶解したところ, 凝固点は0.26℃下がった. このことからベンゼン中の酢酸の状態を推定せよ. ただし, ベンゼンのモル凝固点降下は5.12とし, 原子量はH＝1, C＝12, O＝16とする.

〔名古屋工業大・改〕

〔2〕次の文章を読み, 問1～問4に答えよ.

　　分子式$C_3H_6O_3$で示されるカルボン酸はヒドロキシ基をもつため　(ア)　という. この化合物は水に溶けるとわずかに電離して　(イ)　を示す. また, この化合物には4つの異なる原子, 原子団と結合した　(ウ)　原子があるため, 互いに鏡像関係にある一対の　(エ)　が存在する.

　　分子式$C_4H_4O_4$で示される不飽和ジカルボン酸には　(オ)　形のマレイン酸と　(カ)　形の　(キ)　の一組の　(ク)　が存在する. マレイン酸は160℃で加熱されると　(ケ)　とよばれる酸無水物を生じるが, (キ)　は加熱しても昇華するだけで酸無水物を生じない.

問1　文中の空欄　(ア)　～　(ケ)　にあてはまる語句または化合物名を書け.

問2　分子式$C_3H_6O_3$で示されたカルボン酸の構造式を書き, (ウ)　に相当する炭素原子に＊をつけよ. また, この化合物の名称を書け.

問3　マレイン酸の加熱で生じた酸無水物の構造式を書け.

問4　マレイン酸だけが酸無水物を生じた理由を50字以内で述べよ.

〔弘前大・改〕

▶ポイント　ギ酸と酢酸は, 脂肪族モノカルボン酸(脂肪酸)の代表的な化合物で, ギ酸は還元性がある. 脂肪族ジカルボン酸には, シュウ酸$C_2H_2O_4$, アジピン酸$C_6H_{10}O_4$, マレイン酸とフマル酸(いずれも分子式は$C_4H_4O_4$)などがある. 芳香族ジカルボン酸には, フタル酸やテレフタル酸(いずれも分子式$C_8H_6O_4$)がある. 幾何異性体であるマレイン酸(シス形)とフマル酸(トランス形)では, マレイン酸のほうが脱水されやすいことに注意する. また, カルボキシ基とヒドロキシ基をもつ酸をヒドロキシ酸といい, 乳酸, 酒石酸, リンゴ酸などがあり, これらのヒドロキシ酸には, いずれも鏡像異性体が存在する.

〔1〕解説　カルボン酸のうち, ギ酸だけが構造式からわかるようにホルミル基をもっているから還元性があり, 硫酸酸性の過マンガン酸カリウム水溶液を還元して, その赤紫色を脱色したり ($MnO_4^- \longrightarrow Mn^{2+}$), アンモニア性硝酸銀溶液と反応して銀鏡を生じる ($[Ag(NH_3)_2]^+ \longrightarrow Ag$). 酢酸は, 融点が約16℃であるから冬季に氷結するので, 氷酢酸とよばれている. 酢酸を脱水すると, 2分子から1分子の水がとれて無水酢酸になる.

$$2CH_3COOH \xrightarrow{-H_2O} (CH_3CO)_2O$$

無水酢酸のような化合物を, 一般に酸無水物という. ジカルボン酸では, マレイン酸とフタル酸が酸無水物をつくる.

ベンゼン中の酢酸の分子量を計算すると,

$$M = \frac{1000Kw}{\Delta tW} = \frac{1000 \times 5.12 \times 0.600}{0.26 \times 100} = 118$$

　分子量はCH₃COOH＝60であるから，ベンゼン中の酢酸は，水素結合によって2分子会合していることがわかる．

答　問1　a.　ホルミル基　　b.　過マンガン酸カリウム　　c.　銀鏡
　　　　　d.　氷酢酸　　　　e.　酸無水物

　　　問2　ア．フタル酸

$$\begin{array}{c} COOH \\ COOH \end{array}$$

　　　問3　酢酸はベンゼン中で2分子会合している．

$$H_3C-C \begin{array}{c} O \cdots H-O \\ O-H \cdots O \end{array} C-CH_3$$

〔2〕解説　ヒドロキシ基をもつカルボン酸をヒドロキシ酸という．カルボン酸は，弱酸で水中でわずかに電離して酸性を示す．$C_3H_6O_3$は乳酸で，その構造式は，分子式$C_3H_6O_3$から－COOHと－OHをとるとC_2H_4が残り，炭素原子1個は不斉炭素原子(C*)となっているから，結局，その構造式は

$$\begin{array}{c} H \\ CH_3-\overset{*}{C}-OH \\ COOH \end{array}$$

で，互いに鏡像関係にある鏡像異

性体が存在する．(p.14参照)

　$C_4H_4O_4$で示される不飽和ジカルボン酸には，次の3種類がある．

① $\begin{array}{c} H \\ HOOC \end{array} C=C \begin{array}{c} H \\ COOH \end{array}$　② $\begin{array}{c} H \\ HOOC \end{array} C=C \begin{array}{c} COOH \\ H \end{array}$　③ $\begin{array}{c} H \\ H \end{array} C=C \begin{array}{c} COOH \\ COOH \end{array}$

　①がシス形のマレイン酸，②がトランス形のフマル酸で，1組のシス-トランス異性体が存在する．マレイン酸は，加熱すると無水マレイン酸$C_4H_2O_3$に変わる．

答　問1　(ア) ヒドロキシ酸　　(イ) 酸性　　(ウ) 不斉炭素
　　　　　(エ) 鏡像異性体（光学異性体）　　(オ) シス　　(カ) トランス
　　　　　(キ) フマル酸　　(ク) シス-トランス異性体（幾何異性体）
　　　　　(ケ) 無水マレイン酸

　　　問2　　　　　　　　　問3

$$\begin{array}{c} H \\ CH_3-\overset{*}{C}-OH \\ COOH \end{array}$$
乳酸

　　　問4　2つのカルボキシ基が，シス形のマレイン酸では近接しているが，トランス形のフマル酸では離れているため．

例題15　脂肪族エステルの構造

〔1〕　次の文を読み，(1)と(2)に答えよ．

　　分子量が88，分子式が$C_mH_nO_2$のエステルA, B, C, Dがある．エステルA, Cの加水分解で得られるアルコールはいずれもヨードホルム反応を呈する．Aが1molとDが1molの混合物の加水分解により生じる2種のアルコール混合物の質量は，Cを1mol加水分解して得られるアルコールの質量の2倍である．ただし，原子量はH=1，C=12，O=16とする．

(1)　分子式中のmおよびnを求めよ．

(2)　エステルA～Dの示性式を書け．

〔日本女子大・改〕

〔2〕　次の文章を読み，問1～問7に答えよ．ただし，原子量はH＝1，C＝12，O＝16とする．なお，問4と問7の解答で構造式を示す場合には例にならって示せ．炭素，水素，酸素だけからなる分子量102の水に溶けにくい液体物質Aがある．この物質を用いて以下の実験を行った．

（構造式の例）

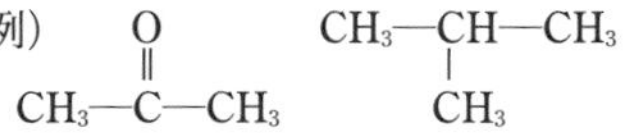

$$CH_3-\overset{\displaystyle O}{\overset{\|}{C}}-CH_3 \qquad CH_3-\underset{\displaystyle CH_3}{\overset{\displaystyle |}{CH}}-CH_3$$

　［実験1］　物質Aを5.1mgとり完全に燃焼させたところ，二酸化炭素11.0mgと水4.5mgを得た．

　［実験2］　物質Aに水酸化ナトリウム水溶液を加え十分に反応させた後，ジエチルエーテルを加え分液ロートを用いてジエチルエーテル層と水層を分離した．ジエチルエーテル層のジエチルエーテルを蒸発させたところ液体物質Bが得られた．また，水層に希硫酸を加え蒸留したところ，刺激臭を有する物質Cを含む水溶液が得られた．

　［実験3］　物質Bにヨウ素と水酸化ナトリウム水溶液を加え温めると，特有の臭気をもつ黄色結晶Dが生じた．

　［実験4］　物質Bに平面偏光を通したとき，偏光面が回転した．

　［実験5］　物質Bに適量の濃硫酸を加え加熱したところ，アルケンが生成した．

　［実験6］　硫酸酸性の過マンガン酸カリウム水溶液に物質Cを含む水層を加えたら，赤紫色が脱色した．

　［実験7］　蒸留して得た物質Cを含む水溶液に炭酸水素ナトリウムの粉末を加えたら，気体がはげしく発生した．

問1　物質Aの分子式を記せ．

問2　［実験3］で生じた黄色結晶Dの化学式を記せ．

問3　［実験4］で観察される現象は物質Bのどのような構造的特徴によるものか，簡潔に記せ．

問4　物質Bの構造異性体で金属ナトリウムと反応しない化合物の構造式をすべて記せ．

問5　[実験5]で生じる可能性のあるアルケンの名称をすべて記せ.
問6　[実験6]の反応は物質Cのどのような性質によるものか, 簡潔に記せ.
問7　物質Aの構造式を記せ.

〔長崎大〕

▶ポイント〉　有機化学で最も出題率が高いのは, エステルの合成や分解についての問題である. $C_4H_8O_2$, $C_5H_{10}O_2$で表される化合物にはモノカルボン酸とエステルがある. カルボン酸は, 炭酸水素ナトリウム水溶液に溶けてCO_2を発生するが, エステルにはその性質がない. エステルは中性物質で, 加水分解して2成分に分かれる.

$C_5H_{10}O_2$で表されるエステルは, 脂肪族のエステルの中では最も重要. この分子式で表される酸素原子2個を含むエステルでは, モノカルボン酸(ギ酸, 酢酸, プロピオン酸, 酪酸)と一価アルコール(メタノール, エタノール, プロパノール, ブタノール)の組合せを考えるとよい.

〔1〕**解説**　**答**　(1)　$C_mH_nO_2$の分子量88より,

$12m+n=88-32=56$. これより$m<5$である.

$m=4$ならば$n=8$となるが, $m=3$ならば$n=20$となり, H原子が多すぎる. したがって, **$m=4$, $n=8$** となる.

(2)　考えられる脂肪族エステルは次の4種類.

①　$HCOOCH_2CH_2CH_3$　　(ギ酸と1-プロパノールとのエステル)
②　$HCOOCH(CH_3)CH_3$　　(ギ酸と2-プロパノールとのエステル)
③　$CH_3COOCH_2CH_3$　　(酢酸とエタノールとのエステル)
④　$CH_3CH_2COOCH_3$　　(プロピオン酸とメタノールとのエステル)

加水分解で得られるアルコールがヨードホルム反応を示すのは$CH_3CH(OH)-$をもっている②から得られる2-プロパノールと③から得られるエタノールである. したがって, AとCは②と③のいずれかになる. 次に加水分解で得られるアルコールの1molの質量はそれぞれ,

$CH_3CH_2CH_2OH$　　(1-プロパノール)=60g
$CH_3(CH_3)CHOH$　　(2-プロパノール)=60g
CH_3CH_2OH　　(エタノール)=46g
CH_3OH　　(メタノール)=32g

Aが1molとDが1molの混合物の加水分解により生じる2種のアルコール混合物の質量が, Cを1mol加水分解して得られるアルコールの質量の2倍であることから, Cの加水分解で得られるアルコールはエタノールである. ここで, Cは③, Aは②と決まる. この結果, Dの加水分解で得られるアルコールはメタノールであるから, Dは④となり, 残ったBは①である.

A. **$HCOOCH(CH_3)CH_3$**　　B. **$HCOOCH_2CH_2CH_3$**
C. **$CH_3COOCH_2CH_3$**　　D. **$CH_3CH_2COOCH_3$**

〔2〕**解説**　[実験1]

$C : 11.0 \times \dfrac{12}{44} = 3.0 \,(mg)$

H：$4.5 \times \dfrac{2}{18} = 0.5 \,(\text{mg})$

O：$5.1 - (3.0 + 0.5) = 1.6 \,(\text{mg})$

原子数の比

C：H：O $= \dfrac{3.0}{12} : \dfrac{0.5}{1} : \dfrac{1.6}{16} = 5 : 10 : 2$

組成式　$C_5H_{10}O_2$　（式量102）

$(C_5H_{10}O_2)_n = 102$　　$\therefore n = 1$　　分子式　$C_5H_{10}O_2$

[実験2]で，Aはけん化されたからエステル．考えられる脂肪族エステルは，次の9種類

① $HCOOCH_2CH_2CH_2CH_3$　　② $HCOOCH_2CH(CH_3)_2$　　③ $HCOOCH(CH_3)CH_2CH_3$

④ $HCOOC(CH_3)_3$　　⑤ $CH_3COOCH_2CH_2CH_3$　　⑥ $CH_3COOCH(CH_3)_2$

⑦ $CH_3CH_2COOCH_2CH_3$　　⑧ $CH_3CH_2CH_2COOCH_3$　　⑨ $(CH_3)_2CHCOOCH_3$

　カルボン酸は，ナトリウム塩となって水層に溶け込み，希硫酸によってカルボン酸Cになっている．また，アルコールBは，エーテル層に溶けている．

[実験3]で，BはヨードホルムⅡ反応を示すから$CH_3-CH(OH)-$をもっている．また，

[実験4]で，不斉炭素原子（C^*）が存在していることがわかる．不斉炭素原子をもつアルコールは，炭素数4から存在するから，アルコールBは，C_4H_9OH（ブタノール）．ブタノールには次の4種類の構造異性体がある．

ⓐ $CH_3-CH_2-CH_2-CH_2-OH$

（1-ブタノール）

ⓑ $CH_3-CH_2+\overset{*}{CH}-CH_3$ ／ OH

（2-ブタノール）

ⓒ $CH_3-\underset{|}{CH}-CH_2-OH$ ／ CH_3

（2-メチル-1-プロパノール）

ⓓ $CH_3-\overset{OH}{\underset{CH_3}{C}}-CH_3$

（2-メチル-2-プロパノール）

　ここで，Bは2-ブタノールと決まる．したがって，物質Aは，③と推測される．

[実験5]．Bを濃硫酸で脱水してできるアルケンは，次の3種類

$CH_3-CH_2-\underset{OH}{CH}-CH_3$（B） $\xrightarrow{\text{ザイツェフ則}}$ $CH_3-CH=CH-CH_3$（主に得られる）（2-ブテン）（シス-トランス異性体あり，2種類）／ $CH_3-CH_2-CH=CH_2$（1-ブテン）（シス-トランス異性体なし）

[実験6]．$KMnO_4$の赤紫色を脱色するカルボン酸Cは，還元性をもち，[実験7]で$NaHCO_3$と反応して，CO_2を発生したことからギ酸である．ここで，エステルAは，B（2-ブタノール）とC（ギ酸）とのエステル③と決定する．

答　問1　$C_5H_{10}O_2$

問2　CHI_3

問3　不斉炭素原子があり，鏡像異性体（光学異性体）が存在するから

問4　2-ブタノールの異性体のエーテル

$CH_3-O-CH_2-CH_2-CH_3$　　$CH_3-O-\underset{\underset{CH_3}{|}}{CH}-CH_3$　　$CH_3-CH_2-O-CH_2-CH_3$

問5　**1-ブテン**　　　**シス-2-ブテン**　　　　**トランス-2-ブテン**

問6　**ホルミル基による還元性**

問7　$\underset{\underset{O}{\|}}{H-C}-\underset{\underset{CH_3}{|}}{CH}-CH_2-CH_3$

▷ 例題16 ◁ **マレイン酸，フマル酸のジエステル**

次の文を読み，以下の問に答えよ．ただし，原子量はH＝1.0，C＝12，O＝16とする．なお，構造式は右の例のように示せ．

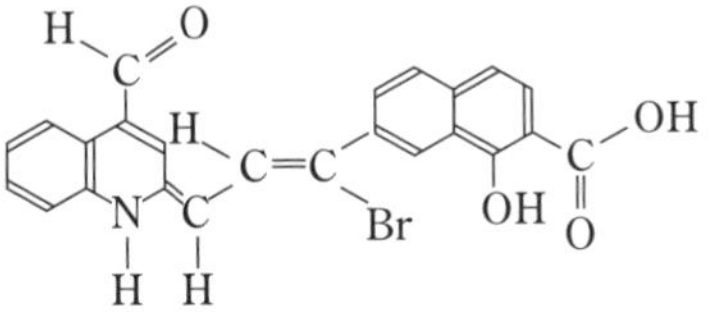

炭素，水素，酸素よりなる化合物Aの元素分析値は，炭素55.8％，水素7.0％で，分子量は172であった．

この化合物Aを加水分解したところ，エタノールと酸性物質Xが得られた．このXの0.10gを中和するには0.10mol/Lの水酸化ナトリウム水溶液17.3mLを要した．またこのXの酢酸溶液に臭素（Br_2）を加えると，その赤褐色は消えて無色になった．さらに，白金触媒の存在下で，0.58gのXは標準状態の水素（H_2）112mLと反応した．

一方，この酸性物質Xには，B，CおよびDの構造異性体が考えられる．BとCは触媒の存在下で水素（H_2）と反応させると，同一の酸性物質Eを生じる．また，BはCに比べて融点が著しく低く，Bを加熱すると分子内で脱水縮合反応が起こってFになる．

問1　化合物Aの分子式を書け．

問2　酸性物質Xの分子式を書け．

問3　化合物B，C，D，EおよびFの構造式を書け．

〔鳥取大〕

▶ポイント▷　エステルが，分子中に酸素原子4個を含むときは，多くの場合，①ジカルボン酸（たとえばマレイン酸，フマル酸，フタル酸，テレフタル酸）と2分子の一価アルコールとのエステル，②二価アルコール（たとえばエチレングリコール）と2分子のモノカルボン酸とのエステルを考えるとよい．

解説　**答**　問1　化合物Aの原子数の比　$C:H:O=\dfrac{55.8}{12}:\dfrac{7.0}{1}:\dfrac{37.2}{16}≒2:3:1$

組成式　C_2H_3O（式量43）

$(C_2H_3O)_n=172$　　　∴$n=4$　　　Aの分子式　$C_8H_{12}O_4$

問2　加水分解生成物が一価アルコールのエタノールであるから，酸素原子を4個もつ化合物Aは，エタノール2分子と二価の酸性物質X1分子のエステルと考えられる．Aの加水分解反応は，Aの中にエステル結合が2個存在するから，

$C_8H_{12}O_4+2H_2O \longrightarrow 2C_2H_5OH+X$

これよりXの分子式は$C_4H_4O_4$（分子量116）である．また，物質Xを二価の酸として中和滴定で分子量Mを求めると，中和の公式より，

$$2 \times \frac{0.10}{M} = 1 \times 0.10 \times \frac{17.3}{1000} \qquad M \fallingdotseq 116$$

となり，加水分解反応式から得られたXの分子量と一致する．ここでXの分子式は$C_4H_4O_4$と決まる．

問3　Xは，臭素の赤褐色を消すことから，不飽和ジカルボン酸で，いま，X中に含まれるC＝Cの個数をx個とすると，

$$\frac{0.58}{116} \times x = \frac{112}{22400} \qquad x = 1.0$$

となる．結局，Xは分子式$C_4H_4O_4$で，二重結合を1個もつジカルボン酸である．考えられるXの構造式は次の①〜③である．

① H, HOOC >C=C< H, COOH
② H, HOOC >C=C< COOH, H
③ H, H >C=C< COOH, COOH

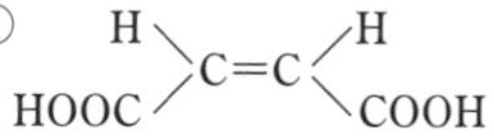

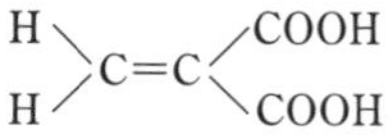

このうち，①と②は，水素付加によって同一の酸性物質E　HOOC－CH₂－COOHを生じる．したがって，B，Cは①，②のいずれかであり，Dは③である．①のマレイン酸は，シス形で2個の－COOHが同じ側にあるので，脱水して無水物になりやすいからBが①，Cが②となる．

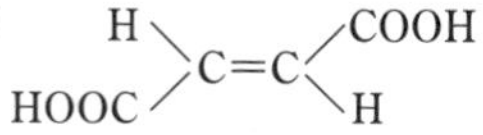

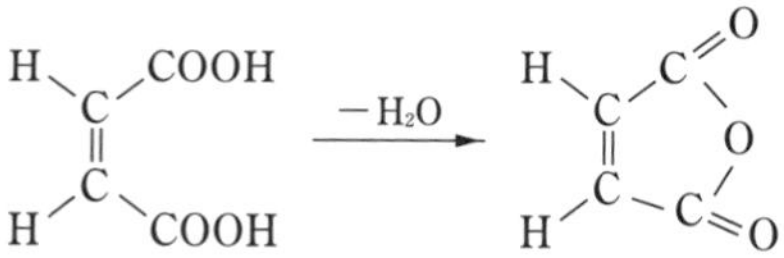

マレイン酸（B）　$-\mathrm{H_2O}$　無水マレイン酸（F）

B: H, H >C=C< ; HO－C(O), C(O)－OH

C: H, HO－C(O) >C=C< C(=O)－OH, H

D: H, H >C=C< C(=O)－OH, C(=O)－OH

E: HO－C(O)－CH₂－CH₂－C(O)－OH

F: （無水マレイン酸の環状構造式）

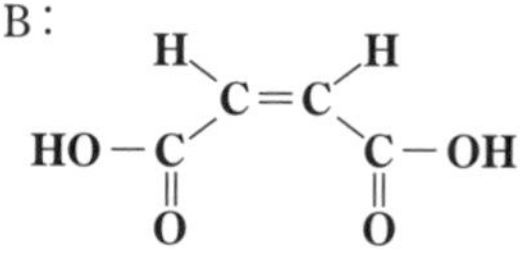

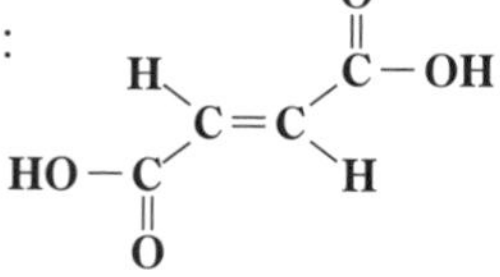

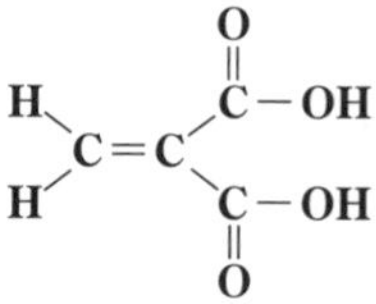

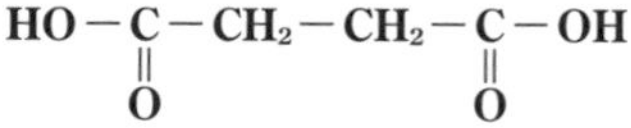

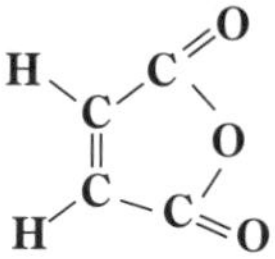

	練 習 問 題	

9 次の文章を読んで，(1)〜(5)の問に答えよ．

有機化合物Aは工業的にはエチレンに水を付加反応させると容易に合成できる．

化合物AとBはともに同じ官能基をもっているが，Bは枝分かれしている．Aを濃硫酸と約130℃に加熱すると，沸点が34℃の揮発性化合物Cを，また約160℃に加熱すると，化合物Dを生じた．Dを臭素水に通じると，無色の化合物Eを生じ，臭素水の赤褐色は消えた．Dはさらに白金触媒の存在下，水素と反応すると，化合物Fを生じた．また，Aを硫酸酸性条件下，二クロム酸カリウム溶液と反応させると，化合物Gを生じ，さらにこの反応を続けると，酸性化合物Hとなった．HとBの混合物に少量の濃硫酸を加えて加熱すると，果実臭のある分子式$C_6H_{12}O_2$で表される化合物Iが生じた．一方，Bを硫酸で酸性にした二クロム酸カリウム溶液と注意深く反応させると，化合物Jを生じ，Jは銀鏡反応を示した．

(1) 化合物A〜Jの構造式を記せ．

(2) 分子式がBと同じ化合物（異性体）の中で，Bと同じ官能基をもつものをすべて構造式で記せ．

(3) BとCは異性体の関係にあるが，それぞれの沸点は大きく異なっている．沸点の関係を不等号で示し，その理由を説明せよ．

(4) 下線部の反応で検出される官能基の名称を記せ．

(5) 上記の反応を化合物間で関連づけて図式化すると右のようになる．この図における反応(ア)〜(キ)は次の5つの反応形式のいずれに該当するか．それぞれについてa〜eの記号で答えよ．ただし，2つ以上に該当する場合は，どれか1つだけ答えればよい．

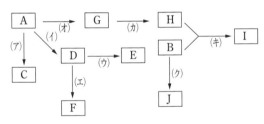

　a 酸化　　b 還元　　c 付加　　d 脱離　　e 縮合

〔金沢大・改〕

10 次の文を読んで問1〜5に答えよ．ただし，原子量はH＝1，C＝12，O＝16とする．

炭素，水素，および酸素からなる分子量60の有機化合物Aがある．Aを20mgとり完全燃焼させたところ，44mgの二酸化炭素と24mgの水が得られた．また，Aに金属ナトリウムを加えると，ナトリウムは溶けながらガスを発生した．次に，Aに二クロム酸カリウムの希硫酸溶液を加えて温めると，Aは酸化されてBとなった．得られた化合物Bをアンモニア性硝酸銀溶液に加えると，金属銀が析出（銀鏡反応）し，このときBは酸化されて化合物Cに変化した．

問1　化合物Aの分子式，構造式（または示性式），および名称を記せ．

問2　化合物Aを完全燃焼させたときの化学反応式を記せ．

問3　化合物Aの異性体を2つあげ構造式（または示性式）で示せ．また，この2つの異性体が化合物Aとしては適当でない理由をそれぞれについて記せ．

問4　化合物Aに金属ナトリウムを加えたときの変化を化学反応式で記せ．

問5　化合物BおよびCを構造式（または示性式）で記せ．

〔高知大〕

11　次の各問について答えよ．

(1)　分子式$C_4H_{10}O$の化合物Aがある．この分子式に対して考えられる物質の一般名（たとえば，アミン，カルボン酸など）をすべて記せ．

(2)　この化合物Aの蒸気を銅を触媒として酸化したところ，分子式C_4H_8Oの化合物Bに変化した．反応生成物の可能な構造異性体のすべてを構造式，または示性式で記せ．

(3)　化合物Bはフェーリング溶液を還元しない．この事実より，考えられる化合物Bの構造およびもとの化合物Aの構造を構造式，または示性式で記せ．

(4)　化合物Aを酢酸および少量の硫酸とともによく振りながら加熱（約80℃）したところ，化合物Cが得られた．この化合物Cの構造を構造式，または示性式で記し，その化合物の一般名を記せ．

〔信州大〕

12　炭素，水素，酸素よりなる一価の飽和アルコールAをベンゼンに溶かした溶液がある．この溶液の23.2mgを完全に燃焼したところ，74.8mgの二酸化炭素と18.0mgの水が得られた．

一方，アルコールAを酸化すると化合物Bが得られ，Bは塩基性水溶性に溶けず，またこれ以上酸化されなかった．次に，Aを脱水したところ二重結合を1つもつ幾何異性体を含む3種類のアルケンが得られ，この3種類のアルケンに水素を付加すると同一の飽和炭化水素Cが得られた．

また，このアルケン2.8gは10.0％の臭素を含む四塩化炭素溶液の80.0gをちょうど脱色した．

(1)　化合物Aの名称は[1]□□□である．

(2)　化合物Aの脱水反応により得られたアルケンの分子量は[2]□□□である．

(3)　化合物Bを示性式で示すと[3]□□□である．

(4)　3種類のアルケンのなかで主生成物を構造式で示すと[4]□□□である．

(5)　化合物Cの名称は[5]□□□である．

(6)　アルコールAのベンゼン溶液におけるアルコールとベンゼンの混合モル比は1：[6]□□□である．

ただし，原子量はH＝1，C＝12，O＝16，Br＝80とする．

〔東京電機大・改〕

13　Aは分子式$C_5H_{12}O$をもつ有機化合物である．Aは金属ナトリウムと反応して水素を発生する．Aを酸化したら分子式$C_5H_{10}O$の化合物Bが生じた．AもBもヨードホルム反応をする．Aを硫酸と熱すると分子式C_5H_{10}の化合物Cが得られた．Cは臭素-四塩化炭素溶液を脱色し，オゾン分解によってアセトアルデヒドとアセトンを生じる．Cを濃硫酸に溶かし，水中に注ぎ，加熱したら，化合物Dが得られた．DはAと同じ分子式をもつが，ヨードホルム反応をしない．A，B，C，Dの構造式を記せ．

〔東京医科大〕

14　分子式C_4H_8Oをもつ化合物(A)の異性体のうち，酸素原子を含む官能基の異なる異性体B，C，Dがある．

　Aのすべての異性体中，Bのみが不斉炭素原子をもつ．BとDは，(1)水酸化ナトリウム水溶液中，ヨウ素を加えて温めると特有の臭いをもった黄色結晶を与え，また(2)BとCは臭素水を脱色する．常圧での沸点は，Bは96℃，Dは80℃，Cは33℃である．(3)BとDを還元すると同じ化合物を与える．Cを還元した化合物は(4)エタノールを濃硫酸とともに加熱することによって合成される．ただし，Aの異性体は環状異性体および二重結合性炭素に結合するヒドロキシ基をもつ異性体を除く．構造式はCH_3，CH_2，CH等の短縮型を用いて書け．

　問1　異性体B，C，Dの構造式を記せ．
　問2　異性体Dを例にして下線部(1)の反応式を記せ．
　問3　異性体Bの化合物群の異性体(酸素原子を含む官能基あるいは結合様式がBのそれと同じで位置の異なる異性体)のうち，下線部(2)の反応生成物が不斉炭素原子1つのものと2つのものを与えるBのそれぞれの異性体(それぞれEとFとする)の構造式を記せ．
　問4　問3と同様に，Cの化合物群の異性体のうち，下線部(2)の反応生成物が不斉炭素原子1つのものと2つのものを与えるCのそれぞれの異性体(それぞれGとHとする)の構造式を記せ．
　問5　異性体Bが他の異性体に比べて高沸点である理由を示せ．
　問6　下線部(3)の「同じ化合物」の構造式と名称を記せ．
　問7　下線部(4)の反応式を記し，「Cを還元した化合物」の名称を示せ．
　問8　異性体Dと同じ酸素官能基をもつDの異性体の構造式をすべて記せ．

〔札幌医科大〕

15　次の文を読み，問に答えよ．ただし，原子量はH＝1，C＝12，O＝16，Br＝80とする．

　炭素，水素および酸素原子から構成されている化合物Aの結晶がある．
　(1)　この化合物Aを1.74mg秤量し，十分な量の酸素中で燃焼させると，2.64mgの二酸化炭素と，0.54mgの水が生成した．
　(2)　化合物Aの0.1mol/Lの水溶液10mLに0.1mol/Lの臭素水を滴下すると臭素水の色が直ちに消えたが，ちょうど10mL加えたところで脱色しなくなった．この反応

液を蒸発凝固して得られた化合物Bの分子量を測定したところ,化合物Aの分子量の約2.4倍であった.

(3)   化合物Aの0.1mol/Lの水溶液10mLにフェノールフタレイン溶液を少量加えて,0.1mol/L水酸化ナトリウム水溶液を滴下したところ,20mLを加えたところで反応液は赤色になった.

問1   化合物Aの組成式を記せ.

問2   化合物Aの分子量を記せ.

問3   上述した化合物Aの性質に矛盾しない可能な構造を構造式で記せ.ただし,1つだけとは限らない.

問4   問3の構造式のうち,光学異性(光学活性)を有するものがあれば○印をつけ,幾何異性の関係にあるものがあれば,それらを線(←→)で結べ.

〔名古屋市立大〕

16　同一の分子式 $C_5H_{10}O_2$ で表される3種類のエステルⅠ,Ⅱ,Ⅲについて,下記の(1)～(3)の問に答えよ.ただし,原子量はH＝1,C＝12,O＝16とする.

(1)   エステルⅠを加水分解して得られるカルボン酸の0.264gをとり,0.10mol/Lの水酸化ナトリウム水溶液で中和したところ,30.00mLを必要とした.Ⅰについて考えられる構造式をすべて記入せよ.

(2)   エステルⅡを加水分解して得られるアルコールⅣの0.23gをとり,乾燥したエーテル中で金属ナトリウムと反応させたところ,0℃,$1.0×10^5$Pa(1atm)で56.00mLの水素が発生した.Ⅳと金属ナトリウムとの化学反応式,およびⅡの構造式を記入せよ.

(3)   エステルⅢを加水分解すると,酢酸とアルコールⅤが生成する.Ⅴを硫酸酸性の二クロム酸カリウム水溶液で酸化して得られる物質Ⅵは,酸性を示さず,また銀鏡反応も示さない.Ⅲ,Ⅴ,およびⅥについて,それぞれ構造式を記入せよ.

〔静岡大〕

17　次の文章を読み,問1～問4に答えよ.なお,構造式は記入例にならって記せ.

$$\text{(記入例)} \quad CH_3-\overset{\overset{\textstyle O}{\|}}{C}-CH_2-CH_3$$

分子式 $C_7H_{14}O_2$ の化合物Aを希塩酸中で加熱すると,化合物Bと分子式 $C_3H_6O_2$ の化合物Cが得られた.また,化合物Cは別の化合物Dより以下の方法でも得られた.化合物Dを注意深く酸化すると化合物Eが生じ,さらに酸化すると化合物Fとなった.化合物Fの1molは触媒の存在下で水素1molと反応し,化合物Cが得られた.

問1   化合物Bとして考えられるすべての構造異性体の構造式を記せ.また,それらの中から不斉炭素原子をもつ異性体を選び,構造式をまるで囲め.

問2   問1で選んだ異性体を,他の異性体から化学反応により区別する方法を説明せよ.

問3   化合物Cの構造式を記せ.

問4   化合物Dの構造式を記せ.

〔北海道大〕

18 次の(1)〜(4)の文章を読み，(i)〜(v)の空欄を埋めよ．ただし，原子量は H＝1，C＝12，O＝16 とする．

(1) 炭素，水素，酸素からなる化合物 A がある．A の 16.2mg を完全燃焼させると，二酸化炭素 39.6mg と水 16.2mg が得られた．

(2) 化合物 A の 360mg をベンゼン 10.0g に溶解し，凝固点を測定したところ 4.25℃であった．ベンゼンの凝固点は 5.53℃，ベンゼンのモル凝固点降下は 5.12 である．

(3) 化合物 A を加水分解したところ，アルコール B と一価のカルボン酸 C を生成した．C の 185mg を中和するのに 0.1mol/L の水酸化ナトリウム水溶液 25mL を要した．

(4) 化合物 D，E は，B と構造異性体の関係にあるアルコールである．B，D，E のそれぞれを硫酸酸性の二クロム酸ナトリウム水溶液で処理したところ，B はこの条件では酸化されなかったが，D からはケトンが，E からは銀鏡反応を示す化合物が得られた．化合物 E は不斉炭素原子をもっているが，B，D には存在しない．

(i) 化合物 A の組成式は⁽¹⁾□□□□である．

(ii) 化合物 A の分子量は⁽²⁾□□□□である．

(iii) 一価のカルボン酸 C の名称は⁽³⁾□□□□である．

(iv) 化合物 B，D，および E の構造式は，それぞれ⁽⁴⁾□□□□，⁽⁵⁾□□□□，および⁽⁶⁾□□□□である．

(v) 化合物 A の構造式は⁽⁷⁾□□□□である．

〔東京電機大〕

練習問題の解説と解答

9　① 　Aはエタノール，Cはジエチルエーテル，Dはエチレン，Eは1,2-ジブロモエタン

$$CH_2=CH_2+Br_2 \longrightarrow CH_2BrCH_2Br$$
$$(E)$$

Fはエタン，Gはアセトアルデヒド，Hは酢酸

②　酢酸HとアルコールBの混合物をエステル化すると，酢酸エステル $C_6H_{12}O_2$（I）が生成

$$CH_3COOH+B \xrightarrow[\text{エステル化}]{} C_6H_{12}O_2+H_2O$$

これより，Bの分子式は $C_4H_{10}O$（分子量116.0），Bは枝分かれをもち，酸化されるアルコール C_4H_9OH であるから，

$$CH_3-\underset{\underset{CH_3}{|}}{CH}-CH_2OH$$

（2-メチル-1-プロパノール）と決まる．Bは第一級アルコールであるから，注意深く酸化すると，アルデヒドになる．アルデヒドは還元性物質であるから銀鏡反応がある．

$$CH_3-\underset{\underset{CH_3}{|}}{CH}-CH_2OH \xrightarrow{\text{酸化}} CH_3-\underset{\underset{CH_3}{|}}{CH}-\underset{\underset{H}{|}}{C}=O$$
$$(B) \qquad\qquad\qquad (J)$$

③　Bと酢酸のエステル化反応は，次のとおり．

$$CH_3-\underset{\underset{O}{\|}}{C}-OH + CH_3-\underset{\underset{CH_3}{|}}{CH}-CH_2OH$$

$$\longrightarrow CH_3-\underset{\underset{O}{\|}}{C}-O-CH_2-\underset{\underset{CH_3}{|}}{CH}-CH_3 +H_2O$$
$$(I)$$

(1)　A：CH_3-CH_2-OH

B：$CH_3-\underset{\underset{CH_3}{|}}{CH}-CH_2-OH$

C：$CH_3-CH_2-O-CH_2-CH_3$

D：$CH_2=CH_2$

E：CH_2Br-CH_2Br

F：CH_3-CH_3　　G：$CH_3-\underset{\underset{O}{\|}}{C}-H$

H：$CH_3-\underset{\underset{O}{\|}}{C}-OH$

I：$CH_3-\underset{\underset{O}{\|}}{C}-O-CH_2-\underset{\underset{CH_3}{|}}{CH}-CH_3$

J：$CH_3-\underset{\underset{CH_3}{|}}{CH}-\underset{\underset{O}{\|}}{C}-H$

(2)　$CH_3-CH_2-CH_2-CH_2-OH$

$CH_3-CH_2-\underset{\underset{OH}{|}}{CH}-CH_3$

$CH_3-\underset{\underset{CH_3}{\overset{CH_3}{|}}}{C}-OH$

(3)　**B＞C**（理由）**B** は極性のあるヒドロキシ基をもち，分子間で水素結合しているから．

(4)　**ホルミル基**

(5)　㋐ **e**　㋑ **d**　㋒ **c** ㋓ **c**
㋔ **a**　㋕ **a**　㋖ **e**　㋗ **a**

10　問1　C：$44\times\dfrac{12}{44}=12\,(mg)$

H：$24\times\dfrac{2}{18}=2.7\,(mg)$

O：$20-(12+2.7)=5.3\,(mg)$

C：H：O$=\dfrac{12}{12}:\dfrac{2.7}{1}:\dfrac{5.3}{16}$

$=3:8:1$

組成式 C_3H_8O （式量 60）

$(C_3H_8O)_n = 60$ ∴ $n = 1$

分子式 C_3H_8O

C_3H_8O で表される化合物は,

① $CH_3CH_2CH_2OH$

② $CH_3CH(OH)CH_3$

③ $CH_3OCH_2CH_3$

金属ナトリウムとの反応, 酸化生成物が還元性をもつことなどからAは第一級アルコール①.

$CH_3CH_2CH_2OH$, 1-プロパノール

問2 $2C_3H_8O + 9O_2 \longrightarrow 6CO_2 + 8H_2O$

問3 $CH_3OCH_2CH_3$

理由；**エーテルで, 金属ナトリウムとは反応しない.**

$CH_3CH(OH)CH_3$

理由；**第二級アルコールで, 酸化されるとケトンを生じるが, ケトンには還元性がない.**

問4 $2CH_3CH_2CH_2OH + 2Na$

$\longrightarrow 2CH_3CH_2CH_2ONa + H_2$

問5   B：**CH_3CH_2CHO**

C：**CH_3CH_2COOH**

11 (1) O 1個をもつ化合物としてはアルキル基 $(C_nH_{2n+1}-)$ をR－で表すと次のものがある.

R－OH（アルコール）

$\begin{matrix} R \\ R' \end{matrix}$ CO（ケトン）

R－O－R′（エーテル）

R－CHO（アルデヒド）

アルコールならば－OHのほかは C_4H_9 でR－であるから該当.

エーテルならば－O－のほかは C_4H_{10} でR－が2個とれるから該当.

ケトンならば ＞C＝Oのほかは C_3H_{10} でちょうどR－2個にはならない.

アルデヒドならば－CHOのほかは C_3H_9 でR－ではない.

(2) 化合物Aはアルコールまたはエーテルである. エーテルは酸化されないが, アルコールは酸化されて2Hだけ減少したアルデヒドまたはケトンとなる.

化合物Aで可能な構造式は

$CH_3-CH_2-CH_2-CH_2-OH$ …①

$\begin{matrix} CH_3 \\ CH_3 \end{matrix}$ CH－CH$_2$－OH   …②

$\begin{matrix} CH_3-CH_2 \\ CH_3 \end{matrix}$ CH－OH   …③

$\begin{matrix} CH_3 \\ | \\ CH_3-C-OH \\ | \\ CH_3 \end{matrix}$ …④

化合物Bで可能な構造式は

①の酸化生成物の

$CH_3-CH_2-CH_2-CHO$ …⑤

②の酸化生成物の

$\begin{matrix} CH_3 \\ CH_3 \end{matrix}$ CH－CHO   …⑥

③の酸化生成物の

$\begin{matrix} CH_3-CH_2 \\ CH_3 \end{matrix}$ C＝O   …⑦

(3) (2)のアルデヒドとケトンのうち, フェーリング溶液を還元しないものはケトンである. 化合物Bは⑦, 化合物Aは③.

(4) アルコールと酢酸との反応生成物である化合物Cはエステル.

$\begin{matrix} CH_3-CH_2 \\ CH_3 \end{matrix}$ CH－OH＋HO－C$\begin{matrix} CH_3 \\ \\ O \end{matrix}$

$\xrightarrow{-H_2O}$ $\begin{matrix} CH_3-CH_2 \\ CH_3 \end{matrix}$ CH－O－C$\begin{matrix} CH_3 \\ \\ O \end{matrix}$

(1) **アルコール, エーテル**

(2) **$CH_3-CH_2-CH_2-CHO$**

$\begin{matrix} CH_3 \\ CH_3 \end{matrix}$ CH－CHO

$\begin{matrix} CH_3-CH_2 \\ CH_3 \end{matrix}$ C＝O

(3) Bの構造 CH_3-CH_2
CH_3 $C=O$

Aの構造 CH_3-CH_2
CH_3 $CH-OH$

(4) CH_3-CH_2
CH_3 $CH-O-C$ CH_3
O
エステル

12 アルケン1molにBr₂ 1molが付加するから，アルケンの分子量Mは，

$$\dfrac{2.8}{M}=\dfrac{80.0\times0.100}{160}$$

$$\therefore\quad M=56$$

$$C_nH_{2n}=56\quad\therefore\quad n=4$$

分子式C_4H_8

C_4H_8の異性体はシス-トランス異性体を含めて次の4種類．

① $C=C-C-C$

② $C-C=C-C$ （シス-トランス

③ $C-C=C$ 異性体あり）
　　　$|$
　　　C

3種類のアルケンは水素付加により，同一の飽和炭化水素Cが得られたから直鎖状アルケン①，②．脱水によって①，②を生成する飽和一価アルコールは，

⑤ $C-C-C-C-OH$

⑥ $C-C-C-C$
　　　　$|$
　　　　OH

⑤の脱水では①が生成し，⑥の脱水では①と②(シス-トランス異性体)ができるが，主として最も安定な②のトランス形が生成する．Bはケトンと考えられるからAは2-ブタノール⑥．

溶液23.2mg中にAをx mol，ベンゼンをy mol含むものとする．

$$C_4H_9OH+6O_2\longrightarrow 4CO_2+5H_2O$$

$$C_6H_6+\dfrac{15}{2}O_2\longrightarrow 6CO_2+3H_2O$$

CO_2については，$4x+6y=\dfrac{0.0748}{44}$

H_2Oについては，$5x+3y=\dfrac{0.0180}{18}$

$$x=5.0\times10^{-5}(\text{mol})$$

$$y=2.5\times10^{-4}(\text{mol})$$

$$\therefore\quad x:y=5.0\times10^{-5}:2.5\times10^{-4}$$

$$=1:5$$

(1) **2-ブタノール**   (2) **56**

(3) $CH_3CH_2COCH_3$

(4) H
CH_3 $C=C$ CH_3
H

(5) **ブタン**   (6) **5**

13 Aはアルコール．A($C_5H_{12}O$)と酸化生成物B($C_5H_{10}O$)は，ともにヨードホルム反応陽性であるから分子内にAは$CH_3CH(OH)-$，BはCH_3CO-の構造をもつ．Aの脱水生成物C_5H_{10}のアルケンCはオゾン分解によってアセトアルデヒドとアセトンを生じるから，その構造式は，

H
CH_3 $C=C$ CH_3
CH_3 CH_3

このアルケンCに水を付加して生じるアルコールは，次の①と②の2種類．

① $CH_3-C-C-CH_3$
　　　　　$|$ $|$
　　　H CH₃ の上、OH
(① $CH_3-C-C-CH_3$ with H, CH₃ on top and H, OH below)

② $CH_3-C-C-CH_3$
(with H, CH₃ on top and OH, H below)

②はヨードホルム反応が陽性，①は陰性であるからアルコールDは①．分子内に$CH_3CH(OH)-$の構造をもつ$C_5H_{12}O$のアルコールは次の③と④の2種類．

③ $CH_3-CH_2-CH_2-CH-CH_3$
　　　　　　　　　　　　$|$
　　　　　　　　　　　　OH

④　CH₃－CH－CH－CH₃
　　　　　|　　|
　　　　OH　CH₃

脱水してアルケンCを生じるのは④.
これがA.

A：CH₃－CH－CH－CH₃
　　　　　|　　|
　　　　OH　CH₃

B：CH₃－C－CH－CH₃
　　　　　‖　|
　　　　O　CH₃

C：CH₃－CH＝C－CH₃
　　　　　　　|
　　　　　　CH₃

　　　　　　　CH₃
　　　　　　　|
D：CH₃－CH₂－C－CH₃
　　　　　　　|
　　　　　　OH

14　CₙH₂ₙOの一般式で表される化合物は，アルデヒド，ケトン，二重結合を1個もつアルコール，二重結合を1個もつエーテル，環状のアルコール，環状のエーテルがある. 本問題では，環状構造と二重結合性炭素にOHをもつものは除くことになっているから，結局，炭素骨格構造で示すと，C₄H₈Oの構造異性体は，次の11種類.

①　C＝C－C－C－OH
②　C＝C－C*－C
　　　　　　|
　　　　　OH
③　C－C＝C－C－OH
④　C＝C－C
　　　　　|
　　　　C－OH
⑤　C＝C－O－C－C
⑥　C＝C－C－O－C
⑦　C－C＝C－O－C
⑧　C＝C－O－C
　　　　　　|
　　　　　C
⑨　C－C－C－C－H
　　　　　　　‖
　　　　　　　O

⑩　C－C－C－H
　　　　|　‖
　　　　C　O
⑪　C－C－C－C
　　　　　‖
　　　　　O

②には不斉炭素原子(C*)があるから，②がB. ヨードホルム反応陽性のものは②と⑪であるから⑪はD. また，②と⑪を還元すると，同じCH₃－CH₂－CH(OH)－CH₃になることからも⑪がD. エタノールの脱水生成物は，ジエチルエーテルCH₃－CH₂－O－CH₂－CH₃であるから，還元してジエチルエーテルになる化合物は⑤で，これがC.

②の位置異性体は①，③で，①，③にBr₂が付加すると，CH₂Br－C*HBr－CH₂－CH₂－OH，CH₃－C*HBr－*CHBr－CH₂－OHになり，①がE，③がF.

⑤の位置異性体は⑥，⑦で，⑥，⑦にBr₂が付加すると，CH₂Br－C*HBr－CH₂－O－CH₃，CH₃－C*HBr－*CHBr－O－CH₃になり，⑥がG，⑦がH.

アルデヒドとケトンは，カルボニル化合物で，ともに＞C＝Oカルボニル基をもっている.

問1　B：CH₂＝CH－CH－CH₃
　　　　　　　　　　|
　　　　　　　　　OH
　　　C：CH₂＝CH－O－CH₂－CH₃
　　　D：CH₃－CH₂－C－CH₃
　　　　　　　　　‖
　　　　　　　　　O

問2　CH₃CH₂COCH₃＋3I₂＋4NaOH
　　　⟶ CHI₃＋3NaI＋3H₂O
　　　　　　　　　　＋CH₃CH₂COONa

問3　E：CH₂＝CH－CH₂－CH₂－OH
　　　F：CH₃－CH＝CH－CH₂－OH

問4　G：CH₂＝CH－CH₂－O－CH₃
　　　H：CH₃－CH＝CH－O－CH₃

問5　Bはヒドロキシ基をもち，分子間で水素結合しているので沸点が高くな

る.

問6　$CH_3-CH_2-\underset{\underset{\textbf{2-ブタノール}}{OH}}{\underset{|}{CH}}-CH_3$

問7　$2CH_3-CH_2-OH$

$\longrightarrow \underset{\textbf{ジエチルエーテル}}{CH_3-CH_2-O-CH_2-CH_3}+H_2O$

問8　$CH_3-CH_2-CH_2-CHO$

$CH_3-\underset{\underset{CH_3}{|}}{CH}-CHO$

15 問1　C；$2.64 \times \dfrac{12}{44} = 0.72$(mg)

H；$0.54 \times \dfrac{2}{18} = 0.06$(mg)

O；$1.74 - (0.72 + 0.06) = 0.96$(mg)

C：H：O$= \dfrac{0.72}{12} : \dfrac{0.06}{1} : \dfrac{0.96}{16}$

$= 1 : 1 : 1$

組成式　**CHO**

問2　化合物Aの0.001molにBr₂ 0.001 mol付加したから，化合物Aは1分子中に1個の二重結合をもつ.

$(CHO)_n + Br_2 \longrightarrow C_nH_nO_nBr_2$

$\dfrac{C_nH_nO_nBr_2}{(CHO)_n} = \dfrac{29n+160}{29n} = 2.4$

$\therefore n \fallingdotseq 4$　分子式$C_4H_4O_4$,

分子量$= 29 \times 4 = $**116**

問3，問4　Aの0.001molの中和に水酸化ナトリウム0.002molを要したから，このAは二価の酸．したがって，Aは二重結合1個をもつジカルボン酸で，次の3種類の構造が考えられる．（光学異性体はない）

$\underset{HOOC}{\overset{H}{>}}C=C\underset{COOH}{\overset{H}{<}}$

$\longleftrightarrow \underset{HOOC}{\overset{H}{>}}C=C\underset{H}{\overset{COOH}{<}}$

$\underset{H}{\overset{H}{>}}C=C\underset{COOH}{\overset{COOH}{<}}$

16　(1)　エステルⅠの加水分解で得られるカルボン酸は，エステルⅠの分子式の酸素数から考えてモノカルボン酸．カルボン酸の分子量をMとすると，

$1 \times \dfrac{0.264}{M} = 1 \times 0.10 \times \dfrac{30.00}{1000}$　$M=88$

$C_nH_{2n+1}COOH = 88$　$\therefore n=3$

カルボン酸はC_3H_7COOHであるから，エステルⅠは$C_3H_7COOCH_3$.

（構造式）

(2)　$C_nH_{2n+1}OH$をアルコールⅣとすると，

$2C_nH_{2n+1}OH + 2Na$

$\longrightarrow 2C_nH_{2n+1}ONa + H_2$

より発生した水素の物質量の2倍がアルコールの物質量，アルコールⅣの分子量をMとすると，

$\dfrac{0.23}{M} = \dfrac{56.000}{22400} \times 2$　$M=46$

$C_nH_{2n+1}OH = 46$　$\therefore n=2$

アルコールⅣはC_2H_5OHであるから，エステルⅡは$C_2H_5COOC_2H_5$.

$2C_2H_5OH + 2Na$

$\longrightarrow 2C_2H_5ONa + H_2$

Ⅱ：（構造式）

(3)　エステルⅢは$CH_3COOC_3H_7$．アルコ

ールV（C₃H₇OH）の酸化生成物VIはケトンであるから，アルコールVは2-プロパノール CH₃CH(OH)CH₃.

III：
$$H-\underset{\underset{H}{|}}{\overset{\overset{H}{|}}{C}}-C\overset{O}{\underset{O-\underset{\underset{H}{|}}{\overset{\overset{H}{|}}{C}}-\underset{\underset{H}{|}}{\overset{\overset{H}{|}}{C}}-H}{}$$

V：
$$H-\underset{\underset{H}{|}}{\overset{\overset{H}{|}}{C}}-\underset{\underset{O}{|}}{\overset{\overset{H}{|}}{C}}-\underset{\underset{H}{|}}{\overset{\overset{H}{|}}{C}}-H$$

VI：
$$H-\underset{\underset{H}{|}}{\overset{\overset{H}{|}}{C}}-\underset{\underset{O}{\|}}{C}-\underset{\underset{H}{|}}{\overset{\overset{H}{|}}{C}}-H$$

17 問1　$C_7H_{14}O_2 + H_2O$
$$\underset{(A)}{\qquad} \longrightarrow B + \underset{(C)}{C_3H_6O_2} \cdots\cdots(1)$$

Aはエステル，Bはアルコール，Cはカルボン酸と推測される．

Dを酸化するとE，さらに酸化するとFが得られることより，Dは第一級アルコール，Eはアルデヒド，Fはカルボン酸である．F 1molは，水素1molと反応するから，Fは二重結合を1個もつ不飽和カルボン酸．Cは飽和カルボン酸 $C_3H_6O_2$（プロピオン酸）である．Bの分子式は，(1)式より $C_4H_{10}O$ で，ブタノールである．結局，Aはプロピオン酸CとブタノールBとのエステルである．

ブタノールには，次の4種類の構造異性体があり，不斉炭素原子をもつのは2-ブタノール．

$$CH_3-CH_2-CH_2-CH_2-OH$$

$$\boxed{CH_3-CH_2-\underset{\underset{OH}{|}}{CH}-CH_3}$$

$$CH_3-\underset{\underset{CH_3}{|}}{CH}-CH_2-OH$$

$$CH_3-\underset{\underset{CH_3}{|}}{\overset{\overset{CH_3}{|}}{C}}-OH$$

問2　2-ブタノールは，CH₃CH(OH)−基をもつからヨードホルム反応が陽性．

　ヨウ素と水酸化ナトリウム水溶液を加えて温めると，特有の臭いをもつヨードホルムの黄色沈殿を生じる．

問3　Cはプロピオン酸 CH₃CH₂COOH
$$C：CH_3-CH_2-\underset{\underset{O}{\|}}{C}-OH$$

問4
$$D \xrightarrow{\text{酸化}} E \xrightarrow{\text{酸化}}$$
$$CH_2=CH-CH_2OH \quad CH_2=CH-CHO$$
$$F \xrightarrow[\text{付加}]{H_2} C$$
$$CH_2=CH-COOH \quad CH_3-CH_2-COOH$$

$$D：CH_2=CH-CH_2-OH$$

18 (1)　$C；39.6 \times \dfrac{12}{44} = 10.8$ （mg）
$$H；16.2 \times \dfrac{2}{18} = 1.8 \text{(mg)}$$
$$O；16.2-(10.8+1.8)=3.6 \text{(mg)}$$
$$C：H：O = \dfrac{10.8}{12}：\dfrac{1.8}{1}：\dfrac{3.6}{16}$$
$$= 4：8：1$$
組成式　C_4H_8O

(2)　Aの分子量Mは，
$$M = \dfrac{1000 Kw}{\Delta t W}$$
$$= \dfrac{1000 \times 5.12 \times 0.360}{(5.53-4.25) \times 10.0} = 144$$

(3)　$A + H_2O \longrightarrow B（アルコール）$
$$+ C（モノカルボン酸）$$
より，Aはエステル，カルボン酸Cの分子量 M'は，

$$1 \times \frac{0.185}{M'} = 1 \times 0.1 \times \frac{25}{1000} \qquad M' = 74$$

$C_nH_{2n+1}COOH = 74$　　∴　$n = 2$

　　C_2H_5COOH　　プロピオン酸

アルコールBの分子量は，

　　$144 + 18 - 74 = 88$

　　$C_nH_{2n+1}OH = 88$　　∴　$n = 5$

　　$C_5H_{11}OH$　　　　ペンタノール

（構造異性体8種類…p81参照）

(4)　Bは第三級アルコール，Dは不斉炭
　　素原子をもたない第二級アルコール，
　　Eは不斉炭素原子をもつ第一級アルコ
　　ール．

(1)　C_4H_8O　　(2)　**144**

(3)　**プロピオン酸**

(4) 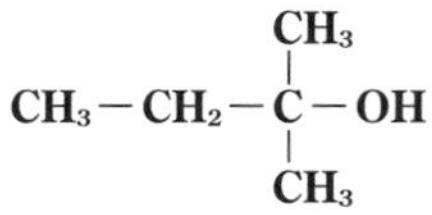　$CH_3-CH_2-\overset{\displaystyle CH_3}{\underset{\displaystyle CH_3}{\overset{|}{\underset{|}{C}}}}-OH$

(5) 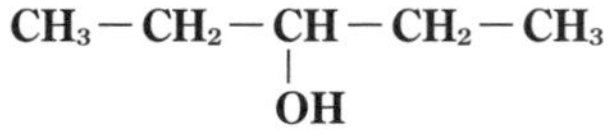　$CH_3-CH_2-\underset{\displaystyle OH}{\overset{|}{CH}}-CH_2-CH_3$

(6) 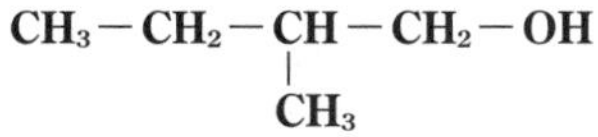　$CH_3-CH_2-\underset{\displaystyle CH_3}{\overset{|}{CH}}-CH_2-OH$

(7) 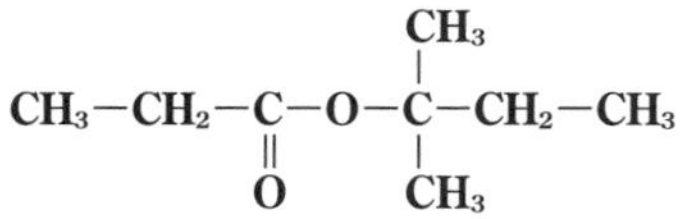　$CH_3-CH_2-\underset{\displaystyle O}{\overset{|}{C}}-O-\overset{\displaystyle CH_3}{\underset{\displaystyle CH_3}{\overset{|}{\underset{|}{C}}}}-CH_2-CH_3$

§4. 芳香族化合物Ⅰ（ベンゼン誘導体）

例題17 ベンゼン誘導体の反応

次の文を読み，問1〜4に答えよ．

ベンゼンに〔試薬(1)〕を作用させるとニトロベンゼンが生じる．ニトロベンゼンを〔試薬(2)〕によって還元すると^{ア}〔　　　　〕が得られる．化合物(ア)に〔試薬(3)〕を反応させるとアセトアニリドが生じる．

フェノールに水酸化ナトリウムまたはナトリウムを反応させて得られる塩^{イ}〔　　　　〕を加圧下で二酸化炭素と加熱して得られる(a)サリチル酸ナトリウムに〔試薬(4)〕を作用させるとサリチル酸が得られる．サリチル酸に〔試薬(3)〕を反応させると解熱剤として使われる^{ウ}〔　　　　〕が生じる．また，サリチル酸に〔試薬(5)〕を作用させるとエステル^{エ}〔　　　　〕が得られる．

氷で冷やしながら化合物(ア)の水溶液に〔試薬(6)〕を加えて反応させると(b)塩化ベンゼンジアゾニウムが生じ，これに塩基性条件下で〔試薬(7)〕を反応させると(c)p-フェニルアゾフェノールが得られる．

問1 試薬(1)〜(7)を下に示したものの中から選び，A，B，……の記号によって示せ．

試薬　A　HClまたはH_2SO_4　　　B　$NaNO_2$＋HCl　　　C　Sn＋HCl

　　　D　MnO_2＋H_2SO_4　　　E　HNO_3＋H_2SO_4　　　F　CH_3OH＋H_2SO_4

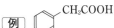

　　　G　　　　　　　　　　　　　　H　$(CH_3CO)_2O$

問2 化合物ア〜エにあてはまる化合物の名称を示せ．

問3 下線で示した化合物(a)〜(c)の構造式（示性式）を下の例にならって示せ．

例　　CH_2COOH

問4 加圧および加熱を行わずに，化合物(イ)の水溶液に二酸化炭素を通したときに起こる反応の化学反応式を示せ．

〔九州大〕

▶ポイント 芳香族化合物の主反応は置換反応である．この置換反応は，陽イオンがベンゼンのπ電子を攻撃することによって起こる．

ベンゼンは芳香族化合物の中心となる物質である．ベンゼン誘導体の問題はp.24の「ベンゼンを中心にした反応系統図」をよく見て答える．とくに，反応名や試薬名などはしっかりと記憶しておく必要がある．このベンゼン誘導体やフェノール誘導体の問題は出題頻度が高い．

解説 いま，文章の記述をp.24の「ベンゼンを中心にした反応系統図」にしたがって記す．

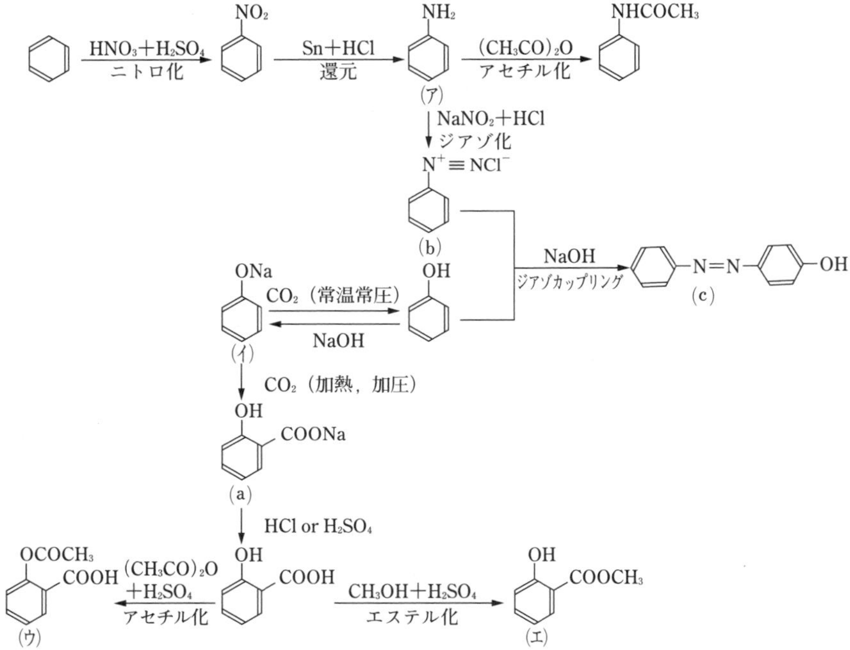

答　問1　試薬(1)**E**　試薬(2)**C**　試薬(3)**H**　試薬(4)**A**　試薬(5)**F**　試薬(6)**B**　試薬(7)**G**
　　　問2　ア．アニリン　　　イ．ナトリウムフェノキシド
　　　　　　ウ．アセチルサリチル酸　　エ．サリチル酸メチル

問3　(a) 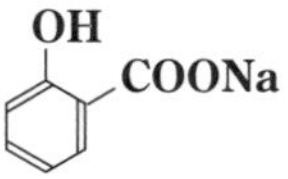
(b) 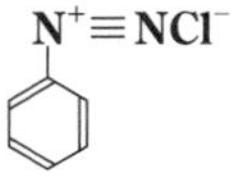
(c)

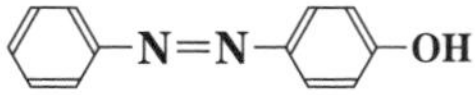

問4
+CO₂+H₂O ⟶
+NaHCO₃

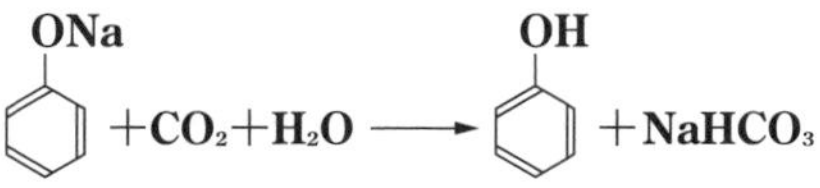

例題18　ベンゼン誘導体の反応

　芳香族化合物に関する次の文を読んで，下の問に答えよ．ただし，必要な場合は次の原子量を用いよ．H＝1，C＝12，N＝14，O＝16，Na＝23，S＝32，K＝39

　(ア)　濃硝酸を(A)〔　　　　〕との混合物とし，約60℃の温度を保ちながらベンゼンと反応させると，主として(1)□□□が得られ，これより高い温度で反応させると，(1)□□□と(2)□□□の混合物が生成する．一方，ベンゼンを(A)〔　　　　〕だけと加

熱すれば⁽³⁾□□□が得られる.

(イ)　⁽³⁾□□□を固体試薬^(B)〔　　　〕の水溶液と反応させると, 中和反応が起こって⁽⁴⁾□□□になる. ⁽⁴⁾□□□を乾燥後, さらに^(B)〔　　　〕と混合して加熱融解すると, 分子量116の⁽⁵⁾□□□になる.

(ウ)　⁽⁵⁾□□□の水溶液に気体^(C)〔　　　〕を通じると⁽⁶⁾□□□が生じる. 一方, ⁽⁵⁾□□□の乾燥粉末と気体^(C)〔　　　〕を加圧下加熱し, 生成した融解物を冷却したのち, 水に溶かし, これを酸性にすると⁽⁷⁾□□□が得られる. ⁽⁷⁾□□□は融点159℃の無色の結晶で, それ自体防腐剤としても用いられる. また, ⁽⁷⁾□□□に少量の^(A)〔　　　〕を加えて無水酢酸と反応させると, 融点135℃の化合物⁽⁸⁾□□□が得られ, これは解熱鎮痛薬として用いられる.

(エ)　⁽⁶⁾□□□は融点41℃の特異臭のある化合物であり, このほかいくつかの方法によっても合成することができる. それらの合成法の中には, 触媒を用いてベンゼンをプロペン(プロピレン)と反応させて⁽⁹⁾□□□とし, その空気酸化生成物を酸で分解する方法もある. この際, ^(D)〔　　　〕が副生する. ⁽⁶⁾□□□をホルムアルデヒドと付加縮合させると, □□□とよばれる有用な合成高分子化合物がつくられる.

問1　^(A)〔　　　〕, ^(B)〔　　　〕, ^(C)〔　　　〕の化合物名を書け.
問2　芳香族化合物⁽¹⁾□□□〜⁽⁷⁾□□□の構造式を書け.
問3　問2の化合物⁽¹⁾□□□〜⁽⁷⁾□□□の中から酸性物質を選び出して, 該当する化合物を□□□の番号で酸性の強い順に左から書け.
問4　芳香族化合物⁽⁸⁾□□□, ⁽⁹⁾□□□の構造式を書け.
問5　(ウ)の文中の下線部分を, 48.3gの⁽⁷⁾□□□と45.9gの無水酢酸を用いて行ったとする. このときの⁽⁷⁾□□□および無水酢酸の量は, それぞれ何molか. ⁽⁸⁾□□□は計算上, 何グラム得られることになるか.
問6　^(D)〔　　　〕の化学構造を示性式で書け. また, その化合物名を書け.
問7　(エ)の文中の□□□に入れるのに最も適当と思われる語句を書け.

〔千葉大〕

▶ポイント　ベンゼン環にすでに原子団がついているときの置換反応は, すでについている原子団の性質によって置換される位置が決定する. たとえば, ニトロベンゼンのニトロ基はメタ配向性基であるから, 次に置換される原子団(厳密には陽イオン)はすべてメタの位置にはいることになる. p.25の「芳香族置換反応の配向性」の記述を読んでから解答する.

解説　(ア)　濃硝酸と濃硫酸との混合物に約60℃でベンゼンを反応させるとニトロベンゼンができるが, さらに高い温度で反応させるとジニトロベンゼンができる. ニトロ基はメタ配向性基でベンゼン環から電子を奪う性質があるので, ニトロベンゼンのメタの位置の電子密度がオルト, パラの位置の電子密度よりも大きくなっている. ニトロベンゼンをさらにニトロ化すると, ニトロニウムイオン NO_2^+($HNO_3+2H_2SO_4 \longrightarrow NO_2^+ + H_3O^+ + 2HSO_4^-$)は電子密度の大きいメタの位置を攻撃するのでメタ-ジニトロベンゼン

ができる.

(イ)　ベンゼンスルホン酸からベンゼンスルホン酸ナトリウムを経てナトリウムフェノキシドを生成する方法.

(ウ)　ナトリウムフェノキシドからフェノール. またナトリウムフェノキシドからサリチル酸を経てアセチルサリチル酸をつくる方法.

(エ)　ベンゼンからクメンを経てフェノールを生成するいわゆるクメン法で, 副生物はアセトンである.

問3　酸性物質は, (3) ベンゼンスルホン酸, (6) フェノール, (7) サリチル酸

　　　酸の強弱は,　　スルホン酸＞カルボン酸＞炭酸水＞フェノール類

　　　であるから,　　　ベンゼンスルホン酸＞サリチル酸＞フェノール

問5

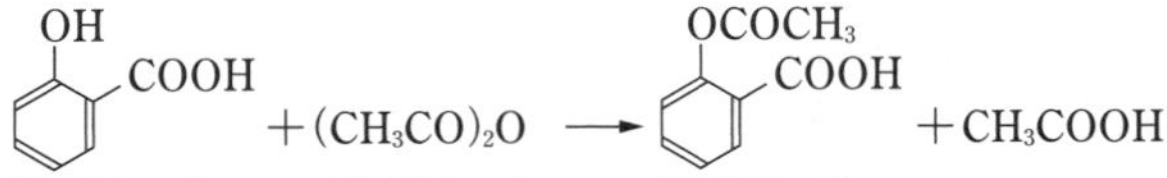

$$\underset{(分子量138)}{\underset{\vdots}{\underset{\dfrac{48.3}{138}}{\underset{=0.35\,(mol)}{}}}} + \underset{(分子量102)}{\underset{\vdots}{\underset{\dfrac{45.9}{102}}{\underset{=0.45\,(mol)}{}}}}(CH_3CO)_2O \longrightarrow \underset{(分子量180)}{} + CH_3COOH$$

　　生成するアセチルサリチル酸の物質量はサリチル酸と同じ0.35(mol)で, その質量は,

$$0.35 \times 180 = 63.0\,(g)$$

答　問1　(A)　**濃硫酸**　　(B)　**水酸化ナトリウム**　　(C)　**二酸化炭素**

問2　(1) 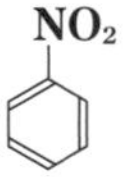 NO_2　(2) NO_2 … NO_2 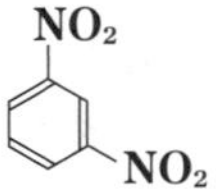　(3) 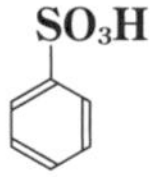 SO_3H　(4) 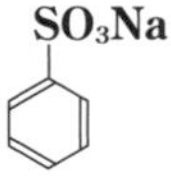 SO_3Na

　　　(5) 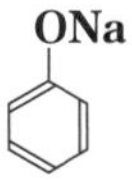 ONa　(6)  OH　(7) 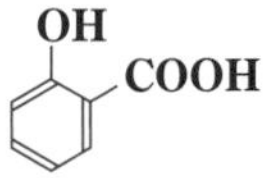 OH…COOH

問3　(3), (7), (6)

問4　(8)  OCOCH_3…COOH　(9) 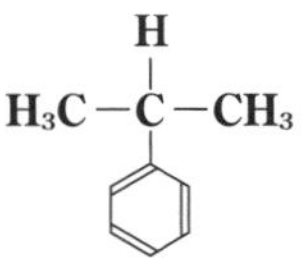 H_3C−CH−CH_3 (with H above C, benzene ring below)

問5　(7)　**サリチル酸：0.35(mol), 無水酢酸：0.45(mol)**

　　　(8)　**アセチルサリチル酸：63.0(g)**

問6　**CH_3COCH_3 アセトン**

問7　**フェノール樹脂**

◆例題19◆ **スチレンの反応**

　元素分析値C＝92.3％，H＝7.7％，分子量104の芳香族化合物Aがある．26gのA
に暗所で臭素を作用させたところ，40gの臭素が消費された．また，Aは付加重合に
よって高分子化合物Bを生成する．次の問1～3に答えよ．原子量は次の値を用いよ．
H＝1，C＝12，Br＝80
問1　Aの構造式を書け．
問2　AからBへの変化を構造式を用いて書け．
問3　1molのAを常温で触媒を用いて水素付加したところ，1molの水素を吸収して
化合物Cになった．また，1molのCを高温，高圧で触媒を用いて水素付加したところ，
3molの水素を吸収して化合物Dになった．CとDの構造式を書け．

〔1983筑波大（前）〕

▶ポイント▶　芳香族炭化水素には，ベンゼン，ナフタレン，アントラセンのほかにトルエン，
エチルベンゼン，スチレン，クメンなどがある．スチレンはp.24の「ベンゼンを中心に
した反応系統図」に記述してあるように，ベンゼンをエチレンと反応させ脱水素すると得ら
れ，分子中にビニル基をもつので付加重合体をつくる．

解説　問1　C，Hの元素分析の合計が100％であるから，この芳香族化合物Aは芳香
族炭化水素である．

$$原子数の比\quad C：H＝\frac{92.3}{12}：\frac{7.7}{1}＝1：1 \qquad 組成式\quad CH（式量13）$$

$$(CH)_n＝104 \qquad ∴n＝8 \qquad\qquad 分子式\quad C_8H_8$$

　Aは，分子式よりスチレン$C_6H_5CH＝CH_2$と推定される．スチレンであることは以下
のことからもわかる．一般に，芳香族炭化水素にハロゲンを作用させる場合，ふつうの
条件では芳香環には付加しないで芳香環以外の二重結合に付加する．いま，26gのAに
40gのBr_2が付加したのであるから，

$$A：Br_2＝\frac{26}{104}：\frac{40}{160}＝1：1$$

より，A1分子中の芳香環以外の二重結合の数は1個でスチレンであることがわかる．
また，Aがビニル基をもつスチレンであることは，付加重合によって高分子化合物Bを
生成することからもわかる．

Aはスチレン 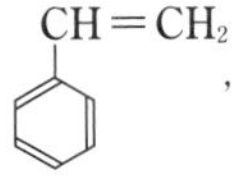　　　　，Bはポリスチレン

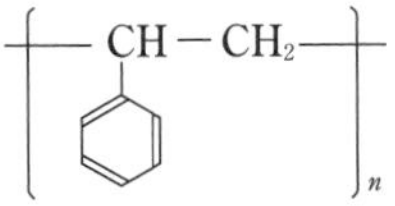

問3　水素付加の反応は，

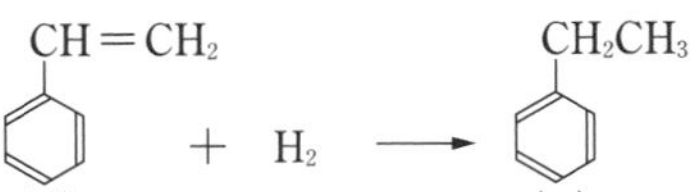

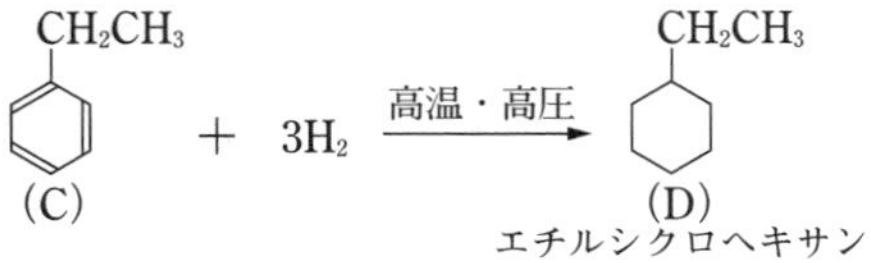

$$C + 3H_2 \xrightarrow{\text{高温・高圧}} D$$

エチルシクロヘキサン

答 問1

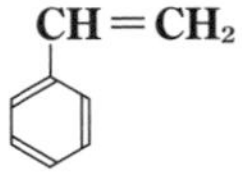

問2 n

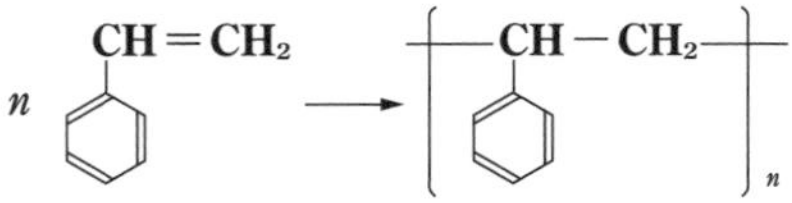

問3　C:

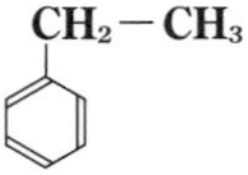

D:

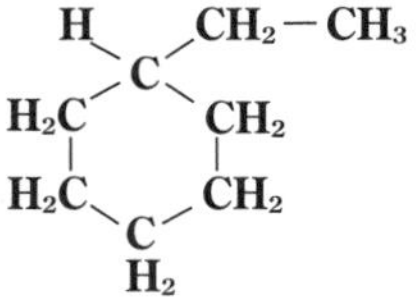

例題20　フェノールの合成

　次の図は，ベンゼンからフェノールを合成する4通りの経路を示したもので，(a)〜(e)の反応により，それぞれ(A)〜(E)という中間物質が生成し，これに(f)〜(j)の操作を加えるとさらに反応がすすむことを示している．これについて，次の(1)〜(3)の問に答えよ．

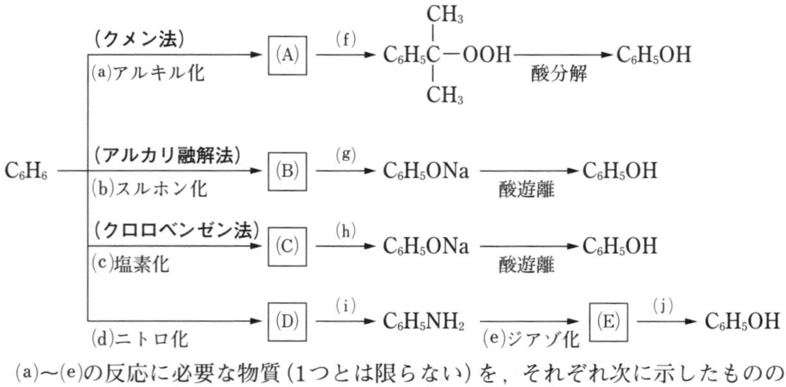

(1) (a)〜(e)の反応に必要な物質(1つとは限らない)を，それぞれ次に示したものの中から選びその化学式で答えよ．

　　塩酸，硝酸，硫酸，二酸化硫黄，二酸化窒素，二酸化炭素，塩素，窒素，鉄，ニッケル，塩化ナトリウム，亜硝酸ナトリウム，硝酸ナトリウム，塩化アルミニウム，プロペン(プロピレン)，プロピオン酸，アセトン，メタノール

(2) (A)〜(E)の化合物の示性式を書け．

(3) (f)〜(j)の操作として適切なものをそれぞれ次の(ア)〜(コ)の中から1つ選べ．

(ア) 水酸化ナトリウムを加えて加熱する．

(ｲ)　メタノールを加えて加熱する.
(ｳ)　水酸化ナトリウム水溶液を加えて加圧・加熱する.
(ｴ)　過マンガン酸カリウムを加えて加熱する.
(ｵ)　スズと塩酸を加えておだやかに加熱する.
(ｶ)　塩酸と亜硝酸ナトリウムを加える.
(ｷ)　硝酸と硫酸を加えておだやかに加熱する.
(ｸ)　室温で水を加える.
(ｹ)　二酸化炭素を吹き込む.
(ｺ)　空気を吹き込む.

〔成蹊大・改〕

ポイント　フェノールの合成法は4通りある. いままではベンゼンスルホン酸を経る方法が主な合成法であったが, 現在ではクメン法によって合成されている. 入試問題でも, クメン法の出題が目立って多くなっている.

解説　(a)〜(d)の各コースはp.24の「ベンゼンを中心にした反応系統図」を参照すればわかる. すなわち,

(a)　アルキル化のコースはクメン法でクメンを経るコース
(b)　スルホン化のコースはアルカリ融解法でベンゼンスルホン酸を経るコース
(c)　塩素化のコースはクロロベンゼン法でクロロベンゼンを経るコース
(d)　ニトロ化のコースはニトロベンゼンを経るコース

答　(1)　(a)　$CH_2=CHCH_3$, H_2SO_4（または$AlCl_3$）　(b)　H_2SO_4
(c)　Cl_2, Fe　(d)　HNO_3, H_2SO_4　(e)　$NaNO_2$, HCl
(2)　(A)　$C_6H_5CH(CH_3)_2$　(B)　$C_6H_5SO_3H$　(C)　C_6H_5Cl
(D)　$C_6H_5NO_2$　(E)　$C_6H_5N^+\equiv NCl^-$
(3)　(f)　コ　(g)　ア　(h)　ウ　(i)　オ　(j)　ク

例題21　アゾ化合物の合成

ベンゼンから染料の1種である*p*-フェニルアゾフェノール(H)の合成経路を下図に示した. 次の設問に答えよ.

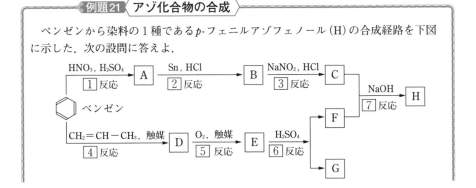

(1)　AからGまでの構造式を例Hにならって記入せよ.

(例H) 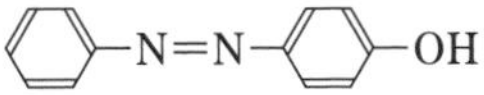　⟨benzene⟩—N=N—⟨benzene⟩—OH

(2)　2から7の反応名を例1反応にならって記入せよ.

(例1反応) ニトロ化，または置換

(3)　3の反応と7の反応の化学反応式を示せ.

〔静岡薬科大・改〕

≫ポイント　　ベンゼンを原料としてp-フェニルアゾフェノールを合成する問題は出題率がきわめて高い．フェノールは ✦**例題20** にも記述してあるようにいくとおりかで合成されるが，現在ではクメン法でつくられている．この問題でもクメン法が使われている．

解説　構造式を使って図を完成させると，次のようになる.

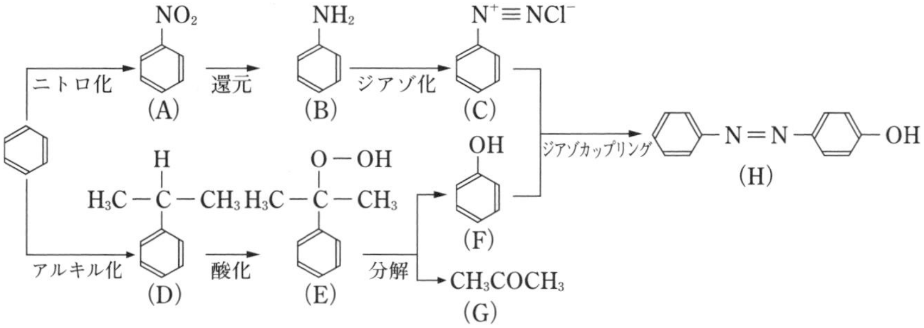

答 (1) A: NO_2 ⟨benzene⟩　　B: NH_2 ⟨benzene⟩　　C: $N^+\equiv NCl^-$ ⟨benzene⟩　　D: $H_3C-\overset{\overset{\displaystyle H}{|}}{C}-CH_3$ ⟨benzene⟩

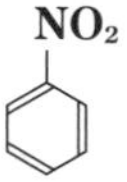

E: $H_3C-\overset{\overset{\displaystyle O-OH}{|}}{C}-CH_3$ ⟨benzene⟩　　F: OH ⟨benzene⟩　　G: $CH_3-\overset{\overset{}{\underset{\underset{\displaystyle O}{\|}}{C}}}{}-CH_3$

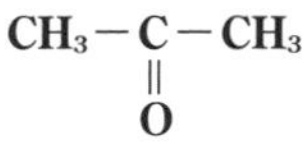

(2)　2. **還元**　　3. **ジアゾ化**　　4. **アルキル化**　　5. **酸化**　　6. **分解**
　　　7. **ジアゾカップリング**

(3)　3の反応　⟨benzene⟩—NH_2＋$NaNO_2$＋$2HCl$ ⟶ ⟨benzene⟩—$N^+\equiv NCl^-$＋$NaCl$＋$2H_2O$

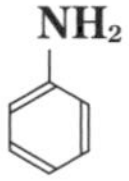

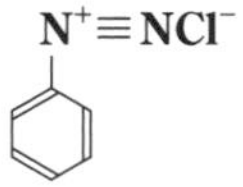

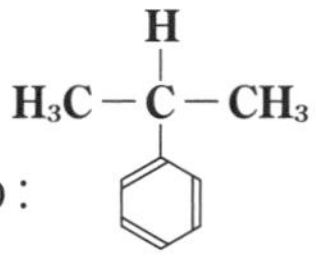

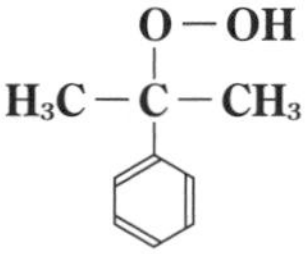

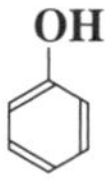

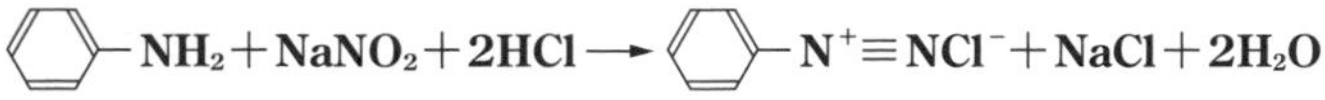

　　　7の反応　⟨benzene⟩—$N^+\equiv NCl^-$＋⟨benzene⟩—OH＋$NaOH$

　　　　　　⟶ ⟨benzene⟩—$N=N$—⟨benzene⟩—OH＋$NaCl$＋H_2O

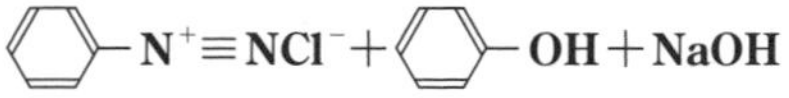

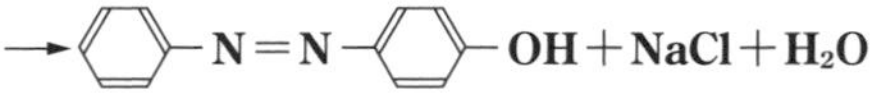

例題22　ナトリウムフェノキシド

（I）　ナトリウムフェノキシド（フェノールのナトリウム塩）1.45gに高温，高圧下で二酸化炭素を作用させたところ，その一部は化合物Aに変化した．

（II）　（I）の反応により得た化合物Aおよび未反応のナトリウムフェノキシドの混合物を水酸化ナトリウム水溶液に完全に溶解したあと，（I）の条件とは異なり，常温，常圧下で十分な量の二酸化炭素を吹き込んだ．

（III）　（II）の溶液に100gのベンゼンを加えてよく振り，ベンゼン抽出液の沸点を測定したところ，純ベンゼンの沸点より0.193℃高い値を示した．ただし，この抽出操作により化合物Aは完全に分離されるものとする．

（IV）　ベンゼンで抽出した残りの水層に塩酸を加えて中和することにより化合物Bが析出した．化合物Bに濃硫酸を触媒としてメタノールを作用させ，化合物Cを得た．また，この化合物Bに濃硫酸を触媒として無水酢酸を作用させ，化合物Dを得た．

次の(a)〜(h)に答えよ．ただし，ベンゼンのモル沸点上昇は2.57，原子量はH＝1，C＝12，O＝16，Na＝23とする．

(1)　化合物Aを構造式で示すと　(a)　である．

(2)　（II）における化合物Aは，まず反応式　(b)　で示す反応が起こり，ついで反応式　(c)　で示す反応が起こる．また，（II）におけるナトリウムフェノキシドの反応を反応式で示すと　(d)　である．

(3)　（I）の反応によりナトリウムフェノキシドが質量パーセントで　(e)　％だけ化合物Aに変化した．

(4)　化合物Bの名称は　(f)　，化合物Cの構造式は　(g)　，化合物Dの構造式は　(h)　である．

〔東京電機大・改〕

▶ポイント　ナトリウムフェノキシドの問題では，二酸化炭素の反応に注意する．二酸化炭素を常温，常圧下で作用させるとフェノールが，高温，高圧下で作用させるとサリチル酸ナトリウムがそれぞれ生成する．芳香族カルボン酸では安息香酸，サリチル酸，フタル酸，テレフタル酸などが重要．これらのうち，サリチル酸だけがフェノール性ヒドロキシ基をもつので塩化鉄(III)反応が陽性．またサリチル酸メチルは塩化鉄(III)反応が陽性であるが，アセチルサリチル酸は陰性である．

解説　(1)　ナトリウムフェノキシドを高温，高圧下で二酸化炭素を作用させるとサリチル酸ナトリウムができる．

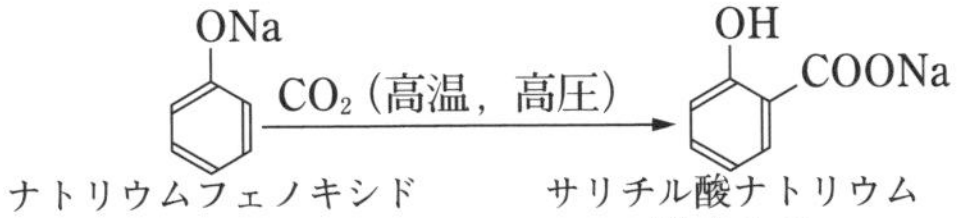

ナトリウムフェノキシド　　　サリチル酸ナトリウム
（化合物A）

(2)　化合物A（サリチル酸ナトリウム）は水酸化ナトリウム水溶液に溶けてサリチル酸二ナトリウムになる．

$$\text{(サリチル酸ナトリウム, OH, COONa)} + NaOH \longrightarrow \text{(ONa, COONa)} + H_2O$$

サリチル酸二ナトリウム

サリチル酸二ナトリウムと未反応のナトリウムフェノキシドの混合液に常温，常圧下で十分な量の二酸化炭素を通すとそれぞれ次の反応が起こる．

$$\text{(ONa, COONa)} + CO_2 + H_2O \longrightarrow \text{(OH, COONa)} + NaHCO_3$$

$$\text{(ONa)} + CO_2 + H_2O \longrightarrow \text{(OH)} + NaHCO_3$$

(3)　ナトリウムフェノキシド（分子量116）1.45gは$\dfrac{1.45}{116}=0.0125(mol)$．

（Ⅱ）の溶液はC_6H_5OHと$C_6H_4(OH)COONa$の混合液．このうち$C_6H_4(OH)COONa$は水に溶け，C_6H_5OHはベンゼンに抽出される．このベンゼン溶液中のC_6H_5OHの物質量をnとすると，沸点上昇より

$$\Delta t = K_b m \qquad \Delta t = K_b \times n \times \frac{1000}{100}$$

$$0.193 = 2.57 \times n \times \frac{1000}{100} \qquad n = 0.0075(mol)$$

この0.0075molのC_6H_5OHは（Ⅰ）の未反応のC_6H_5ONaから生じたものである．したがって，反応したC_6H_5ONaは$0.0125-0.0075=0.005(mol)$

変化率は　$\dfrac{116 \times 0.005}{1.45} \times 100 = 40\%$

(4)　残りの水層に存在する$C_6H_4(OH)COONa$に塩酸を加えて中和すると次の反応が起こり，サリチル酸が析出する（サリチル酸は塩酸より弱い酸であるから塩酸により遊離する）．

$$\text{(OH, COONa)} + HCl \longrightarrow \text{(OH, COOH)} + NaCl$$

サリチル酸
（化合物B）

サリチル酸は下記のようにエステル化でサリチル酸メチル，アセチル化でアセチルサリチル酸を生成する．

$$\text{(OH, COOCH}_3\text{)} \xleftarrow[\text{エステル化}]{CH_3OH + H_2SO_4} \text{(OH, COOH)} \xrightarrow[\text{アセチル化}]{(CH_3CO)_2O + H_2SO_4} \text{(OCOCH}_3\text{, COOH)}$$

サリチル酸メチル　　　　　　　サリチル酸　　　　　　　アセチルサリチル酸
（化合物C）　　　　　　　　　　　　　　　　　　　　　　（化合物D）

答

(a) 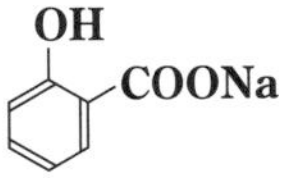
OH
COONa

(b) 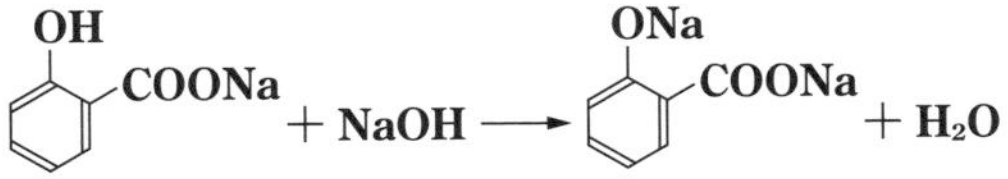
OH
COONa + NaOH ⟶
ONa
COONa + H_2O

(c) 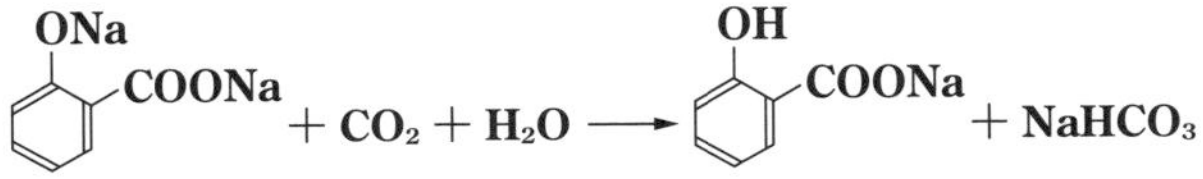
ONa
COONa + CO_2 + H_2O ⟶
OH
COONa + $NaHCO_3$

(d) 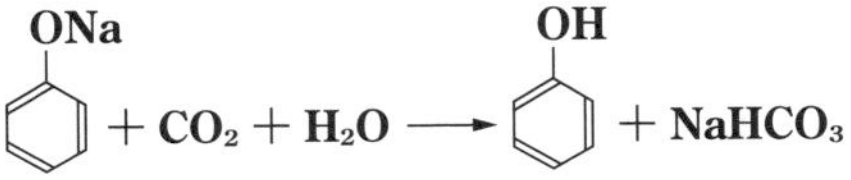
ONa
+ CO_2 + H_2O ⟶
OH
+ $NaHCO_3$

(e) **40%**　(f) サリチル酸　(g) 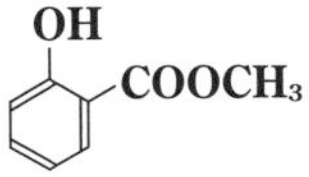
OH
COOCH₃

(h) 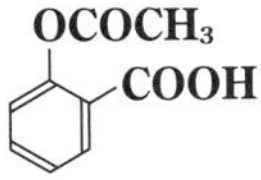
OCOCH₃
COOH

例題23 分子式C_7H_8Oで表される物質の性質と反応

次の文を読んで下記の問に答えよ．ただし，原子量はH＝1，C＝12，O＝16とする．

化合物Aは，炭素・水素・酸素からなる無色，特異臭の芳香族化合物である．この化合物の21.6mgを完全燃焼させると，二酸化炭素61.6mgと水14.4mgが生成した．したがって，Aの組成式はᵃ□□□である．また，この化合物の分子量の測定値は108である．このことからAの分子式はᵇ□□□となる．この分子式より，化合物Aにはᶜ□□□種類の異性体が考えられる．

しかし，化合物Aに金属ナトリウムを作用させるとᵈ□□□ガスを発生する．また，塩化鉄（Ⅲ）水溶液に対し，ᵉ□□□色を呈することから，Aの可能な構造はᶠ□□□種類となる．これらはいずれも性質の似た異性体である．

化合物Aと同じ分子式をもち，金属ナトリウムとは反応するが，塩化鉄（Ⅲ）水溶液による呈色はない化合物Bの構造式はᵍ□□□である．また同様に，Aと同じ分子式をもち金属ナトリウムと反応しない化合物Cの構造式はʰ□□□である．

(1) 上の文章中の空欄にはいる最も適切な語句，分子式，構造式，または数を解答例にならって記せ．

　（解答例）　k　ベンゼン

(2) 化合物Aに考えられるすべての異性体の構造式とその化合物名を記せ．

(3) 化合物Aに考えられる異性体のそれぞれのベンゼン環の水素原子1個を，塩

素原子で置換した場合，2種類の異性体ができるものがある．その2種類の異性体の構造式を書け．

〔山形大・改〕

▶▶ポイント▷ 分子式C_7H_8Oで表される芳香族化合物には，メチルフェニルエーテル，ベンジルアルコール，クレゾールがある．これらの物質の識別問題は出題頻度が高い．また，クレゾールの位置異性体(o-, m-, p-)の区別にも注意する．

解説 (1). (2) $C；61.6 \times \dfrac{12}{44} = 16.8$ (mg)

$H：14.4 \times \dfrac{2}{18} = 1.6$ (mg)

$O；21.6 - (16.8 + 1.6) = 3.2$ (mg)

原子数の比は，$C：H：O = \dfrac{16.8}{12}：\dfrac{1.6}{1}：\dfrac{3.2}{16} = 1.4：1.6：0.2 = 7：8：1$

組成式 C_7H_8O （式量108）

$(C_7H_8O)_n = 108$ ∴ $n = 1$ 分子式 C_7H_8O

ベンゼンの一置換体と二置換体に分け，それぞれ考えられる物質の金属ナトリウム，塩化鉄(Ⅲ)水溶液のそれぞれに対する反応結果を次に記す．

構　造　式	 OCH₃ ⟨⟩	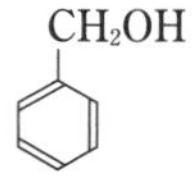 CH₂OH ⟨⟩	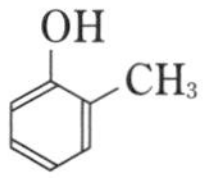 OH ⟨⟩CH₃	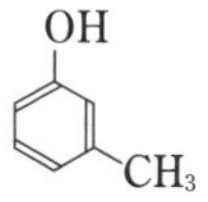 OH ⟨⟩CH₃	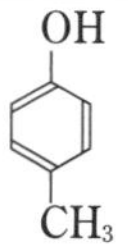 OH ⟨⟩CH₃
名　　　称	メチルフェニルエーテル	ベンジルアルコール	o-クレゾール	m-クレゾール	p-クレゾール
金属ナトリウム	反応せず	水素発生	水素発生	水素発生	水素発生
塩化鉄(Ⅲ)反応	陰性	陰性	陽性	陽性	陽性
A, B, Cの区別	C	B		A	

(3) 塩素原子で置換した異性体の数は（←はClの置換位置を示す）

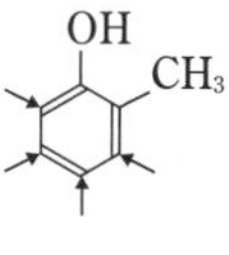

4種類
o-クレゾール

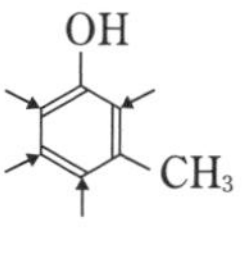

4種類
m-クレゾール

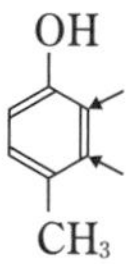

2種類
p-クレゾール

で2種類の異性体のできるのはp-クレゾール．したがって塩素置換体は

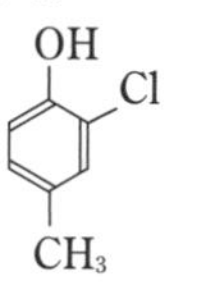

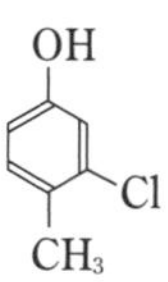

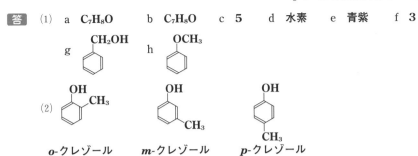

答 (1) a C_7H_8O　　b C_7H_8O　　c **5**　　d **水素**　　e **青紫**　　f **3**

g CH₂OH（ベンゼン環付き）　　h OCH₃（ベンゼン環付き）

(2)

o-クレゾール　　*m*-クレゾール　　*p*-クレゾール

(3)

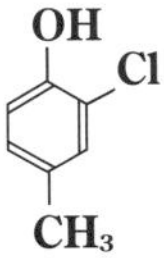

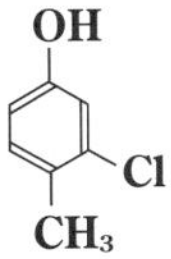

OH, Cl, CH₃ （ベンゼン環付き）　　OH, Cl, CH₃ （ベンゼン環付き）

例題 24 芳香族アルコール

化合物a, b, およびcは分子式$C_8H_{10}O$の芳香族化合物である. 次の(イ)～(ト)の記述を読んで, 問1～問4に答えよ. なお構造式は例にならって記せ.

例: NO₂（ベンゼン環付き）　　$CH_3CH_2CH_3$

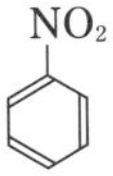

(イ)　a, bおよびcは, いずれも金属ナトリウムとはげしく反応した.

(ロ)　a, bおよびcは, いずれも塩化鉄(Ⅲ)水溶液に対して呈色反応を示さなかった.

(ハ)　おだやかに酸化すると, aからはd, bからはe, cからはfが得られた.

(ニ)　dおよびfは銀鏡反応を示すが, eは示さなかった.

(ホ)　aおよびbを濃硫酸と加熱すると, いずれからもgが得られた. gを付加重合させると高分子化合物が得られた.

(ヘ)　cおよびfを触媒を用いて十分に空気酸化すると, hが得られた.

(ト)　hを加熱すると分子内で水分子がとれて, iが得られた.

問1　化合物a～iの構造式を記せ.

問2　化合物gの名称とgからできる高分子の構造単位を構造式で記せ.

問3　化合物a, bおよびcのうち, ヨウ素と水酸化ナトリウム水溶液を加えて加熱すると, 黄色結晶を生成するのはどれか, 記号で示せ. また黄色結晶の構造式を記せ.

問4　光学活性な不斉炭素原子をもつ化合物はa～iのうちどれか, 記号で示せ.

〔群馬大〕

▶ポイント 芳香族アルコールも脂肪族アルコールと同じ反応を行うから, アルコールの記述をよく読んで解答する.

解説 (イ)　a, b, cは金属ナトリウムとはげしく反応するから, ヒドロキシ基をもつ.

(ロ)　a, b, cは塩化鉄(Ⅲ)水溶液で呈色しないからフェノール類ではなく, 芳香族アル

コール．$C_8H_{10}O$ から考えられる芳香族アルコールは，次の 5 種類である（C^*は不斉炭素原子）.

①　CH_2-CH_2-OH　第一級アルコール

②　$HO-\overset{*}{CH}-CH_3$　第二級アルコール

③　CH_2-OH CH_3　第一級アルコール

④　CH_2-OH CH_3　第一級アルコール

⑤　CH_2-OH CH_3　第一級アルコール

(ハ)(ニ)　a の酸化生成物 d と c の酸化生成物 f は，いずれも銀鏡反応を示すからアルデヒド．したがって，a，c は第一級アルコール．b の酸化生成物 e は，銀鏡反応を示さないからケトンで，b は第二級アルコール．ここで b は②.

(ホ)　a，b を濃硫酸と加熱すると，脱水していずれも g（スチレン）が得られたから，a は①.

$$CH_2-CH_2-OH \xrightarrow{-H_2O} CH=CH_2 \xleftarrow{-H_2O} HO-CH-CH_3$$

(g)（スチレン）

(ヘ)(ト)　③，④，⑤の酸化生成物は，それぞれフタル酸，イソフタル酸，テレフタル酸で，このうち，加熱すると分子内脱水が起こり，酸無水物を生じるのはフタル酸 (h) である．したがって，c は③．酸無水物は無水フタル酸 (i).

　　c から i への反応過程は，次のとおり

$$CH_2-OH\ CH_3 \xrightarrow[\text{酸化}]{\text{おだやかに}} CHO\ CH_3 \xrightarrow[\text{酸化}]{\text{はげしく}} COOH\ COOH \xrightarrow{\text{加熱}} \begin{smallmatrix}CO\\CO\end{smallmatrix}O$$

(c)　　　　　　　(f)　　　　　　　(h)　　　　　　　(i)

答　問 1

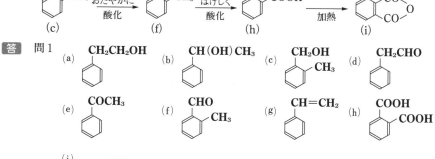

(a)　CH_2CH_2OH

(b)　$CH(OH)CH_3$

(c)　CH_2OH CH_3

(d)　CH_2CHO

(e)　$COCH_3$

(f)　CHO CH_3

(g)　$CH=CH_2$

(h)　$COOH$ $COOH$

(i)　$\begin{smallmatrix}CO\\CO\end{smallmatrix}O$

問2　**スチレン**

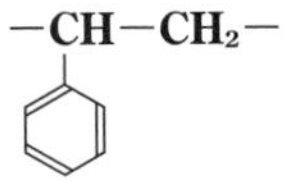

問3　ヨードホルム反応でCHI_3の黄色沈殿を生成する化合物は，$CH_3-CH(OH)-$やCH_3CO-をもつ.

　　　b　$I-\overset{\displaystyle H}{\underset{\displaystyle I}{C}}-I$

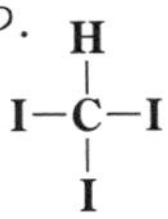

問4　**b**

練 習 問 題

19 次の文章について，問(A)～(D)に答えよ．

ベンゼンに濃硝酸と濃硫酸との混合物を作用させると，ベンゼン環の水素原子1個が
$^{(a)}\boxed{}$基で$^{(b)}\boxed{}$されて，$^{(c)}\boxed{}$ができる．$^{(c)}\boxed{}$をスズと$^{(d)}\boxed{}$とを用い
て$^{(e)}\boxed{}$すると$^{(f)}\boxed{}$ができる．

$^{(c)}\boxed{}$と$^{(f)}\boxed{}$との混合物のジエチルエーテル溶液に希塩酸を加えてよく振り混
ぜると，一方のみが水槽に移る．これは$^{(7)}〔〕$という理由による．$^{(f)}\boxed{}$に無水
酢酸を作用させるか，あるいは$^{(f)}\boxed{}$に$^{(g)}\boxed{}$を加えて熱すると$^{(h)}\boxed{}$ができる．
$^{(f)}\boxed{}$と無水酢酸との反応は$^{(イ)}〔〕$で表される．18.6gの$^{(f)}\boxed{}$より21.6gの
$^{(h)}\boxed{}$が得られたとすると，収率は$^{(ウ)}〔〕$％である．試験管に少量の$^{(h)}\boxed{}$を
入れ，希硫酸を加えて熱すると$^{(i)}\boxed{}$反応が起こり，$^{(g)}\boxed{}$の特有の臭いがする．
$^{(g)}\boxed{}$は重要な工業原料の1つであり，$^{(j)}\boxed{}$を空気酸化して合成されている．
$^{(i)}\boxed{}$は$^{(k)}\boxed{}$に水を付加させてもできるが，現在は$^{(l)}\boxed{}$をパラジウム触媒を
用いて酸化してつくられている．

(A) $^{(a)}\boxed{}$～$^{(l)}\boxed{}$に適当な語句あるいは物質名を入れよ．〔**解答例**〕 (u) 元素

(B) $^{(7)}〔〕$に入れるべき言葉を50字以内で記せ．

(C) $^{(イ)}〔〕$に化学反応式を記入せよ．反応式中の化合物は構造式で書くこと．
構造式は次の例のように略記すること．

(**例**)

$$\bigcirc\!\!-CH_2\!\!-\!\!\underset{H}{\overset{H}{C}}\!=\!\underset{CH_2COOH}{\overset{H}{C}}$$

(D) $^{(ウ)}〔〕$に有効数字2桁の数値を入れよ．計算のために必要な場合は原子量とし
て次の数値を用いよ．

H＝1.0   C＝12.0   N＝14.0   O＝16.0

〔東北大〕

20 ベンゼンからのフェノー
ルとアニリンの合成法が右
にまとめられている．これ
らの化合物に関する下の問
1～7に答えよ．

問1 図のベンゼン誘導体
の中で最も強い酸性のも
のを，化合物名で答えよ．

問2 クメンヒドロペルオ
キシドを硫酸を用いて分

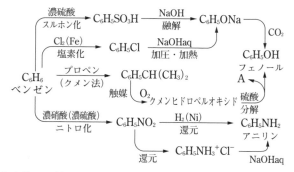

解すると，フェノールと化合物Aが得られる．これはAの工業的製法でもある．Aを

化学式で示せ.

問3　ナトリウムフェノキシドの水溶液に二酸化炭素を通じたときの化学反応式を示せ.

問4　ナトリウムフェノキシドに高温・高圧下で二酸化炭素を反応させ, 続いて希硫酸を作用させると何が得られるか. 化合物名で答えよ. また, この化合物には置換基の位置の異なる異性体が他にいくつ存在するか.

問5　フェノールはフェノール樹脂の原料である. この樹脂はフェノールに何を作用させると得られるか. 化学式で答えよ. また, この重合形式を何とよぶか.

問6　ニトロベンゼンのアニリン塩酸塩への還元には何を用いるか. 物質名で答えよ.

問7　アニリンから導いた塩化ベンゼンジアゾニウムの水溶液にナトリウムフェノキシドの水溶液を加えると, 橙赤色の化合物が生成する. この化合物に特徴的な基(結合)の示性式を示せ. なお, 塩化ベンゼンジアゾニウムは, アニリンの塩酸水溶液に何を反応させると得られるか. 化学式で答えよ.

〔鹿児島大〕

21　C, H, O原子のみからなる芳香族化合物A, B, Cがある. これらの化合物の元素分析を行ったところ, いずれもC＝77.78％, H＝7.41％であり, 分子量測定の結果, 同じ分子量を有することがわかった. また, A, B, Cは, 次のような化学的性質を示した.

⑴　化合物Aは, 塩化鉄(Ⅲ)反応陽性であり, 0.54gをとって0.10 mol/L水酸化ナトリウム水溶液を用いて中和したところ, 50.0 mLを消費した. 化合物Aをアセチル化したところモノアセチル化物Dを与えた.

⑵　化合物Bは, 金属ナトリウムと反応して水素を発生しナトリウム塩Eを生成した. Bを過マンガン酸カリウムで酸化したのち, 酸性にしたところカルボン酸Fが得られた. 化合物Fは, トルエンの過マンガン酸カリウム酸化でも得られた.

⑶　化合物Cは, 酸にもアルカリにも溶けず, 塩化鉄(Ⅲ)反応陰性であり, 金属ナトリウムとも反応しなかった.

　以上の実験結果をもとに問1〜7に答えよ. ただし, 原子量はH＝1, C＝12, O＝16とする.

問1　化合物A, B, Cの組成式, 分子量, 分子式を求めよ.

問2　化合物Aには3種類の異性体がありうる. それぞれの名称と構造式を書け.

問3　化合物Bの構造式を書け.

問4　化合物Cの構造式を書け.

問5　(ア)　化合物Dの構造式を書け. なお, Aの異性体のどれを用いてもよい.

　　　(イ)　アセチル化に用いる試薬の名称を書け.

問6　化合物Eの構造式を書け.

問7　化合物Fの構造式を書け.

〔富山医科薬科大〕

22　次の反応について，問1〜6に答えよ．ただし，化合物の構造式を表示する際，ベンゼン環は ⬡ で示せ．

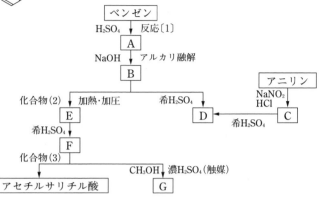

問1　反応〔1〕と同じ種類の反応を選べ．

ア ⬡ $\xrightarrow[\text{触媒}]{H_2}$ (シクロヘキサン)

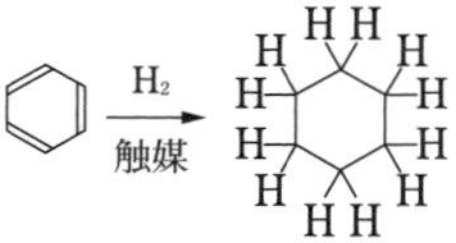

イ (トルエン CH_3) $\xrightarrow{KMnO_4}$ (安息香酸 COOH)

ウ (フタル酸 COOH, COOH) $\xrightarrow{\text{加熱}}$ (無水フタル酸)

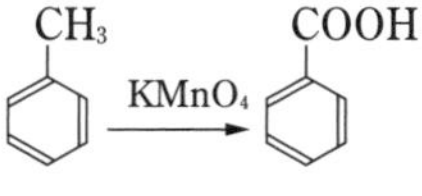

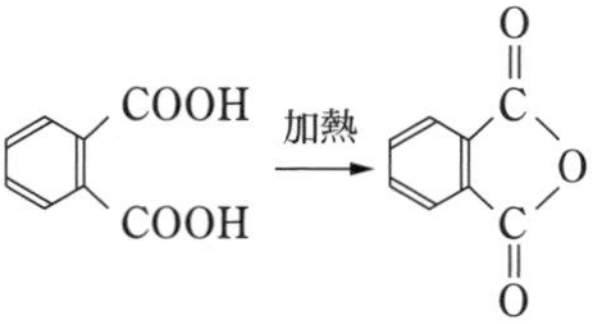

エ ⬡ $\xrightarrow[\text{鉄粉}]{Cl_2}$ (クロロベンゼン Cl)

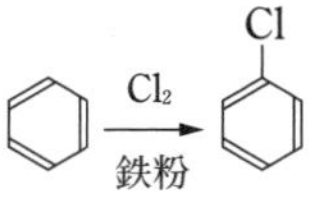

問2　化合物Eの構造式はどれか．該当するものを選べ．

ア (COONa, COONa)　イ (OH, COONa)　ウ (無水フタル酸型 構造)

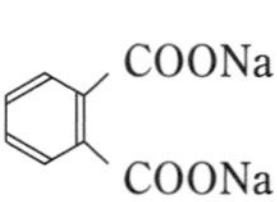

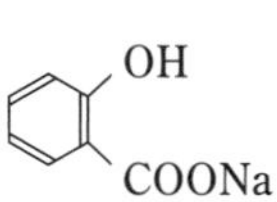

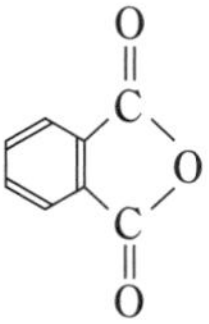

エ (ONa, COOH)　オ (ONa, CHO)

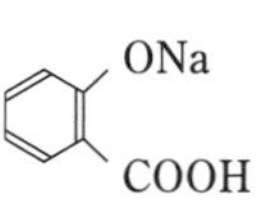

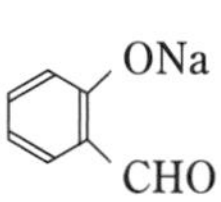

問3　化合物Fの性質として適合しないものを選べ．
　ア　塩化鉄(Ⅲ)の水溶液を加えると，赤紫色を示す．
　イ　$NaHCO_3$水溶液を加えると，二酸化炭素を発生する．
　ウ　酸化カルシウムと加熱すると，分解してベンゼンを生じる．

エ　水酸化ナトリウム水溶液を加えると，二ナトリウム塩をつくる．
オ　防腐力をもち，医薬品の原料として用いられる．
問4　化合物Gの性質として正しいものを選べ．
　ア　NaHCO₃水溶液には溶けるが，NaOH水溶液には溶けない．
　イ　NaHCO₃水溶液には溶けないが，NaOH水溶液には溶ける．
　ウ　NaHCO₃水溶液にも，NaOH水溶液にも溶ける．
　エ　NaHCO₃水溶液にも，NaOH水溶液にも溶けない．
問5　化合物C，DおよびGの構造式を書け．
問6　化合物(2)および(3)の名称を書け．

〔東京薬科大〕

23　右の図はいろ
いろな芳香族化
合物を合成する
過程を示してい
る．それぞれの
操作で得られる
化合物につい
て，下の問1～
9に答えよ．

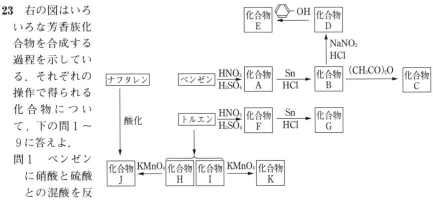

問1　ベンゼン
に硝酸と硫酸
との混酸を反
応させると化合物Aが得られる．化合物Aの構造式を例にならって示せ．

（構造式の例： ⬡—CH₂CH₃ ）

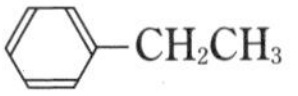

問2　化合物Aにスズと塩酸を加えて還元し，水酸化ナトリウム水溶液で処理すると，塩基性の化合物Bが得られる．化合物Bの構造式を示せ．
問3　化合物B，水酸化ナトリウム，アンモニアを塩基性の強い順に並べよ．
問4　化合物Bを無水酢酸と反応させると化合物Cが得られる．化合物Cの構造式を示せ．
問5　化合物Bを亜硝酸ナトリウムと塩酸との混合溶液と反応させると化合物Dが得られる．化合物Dの構造式と化合物名を記せ．
問6　化合物Dをフェノールと水酸化ナトリウム水溶液を反応させると化合物Eが得られ，化合物Eは橙赤色の染料として使用されている．化合物Eの構造式を示せ．化合物Eは—N＝N—の置換基をもっている．このような化合物を一般に何というか．その名称を記せ．
問7　トルエンに硝酸と硫酸との混酸を反応させると，得られる二置換異性体としては主に2種類の構造が考えられる．2種類の異性体の構造式を示せ．

問8　問7で実際に得られた異性体混合物から1種類を分離し，その化合物をFとする．化合物Fにスズと塩酸を加えて還元すると，化合物Gが得られるが，途中で反応を止めてしまったため，化合物Fと化合物Gが混合した状態になってしまった．この混合液から化合物Fと化合物Gを分離したい．分離方法を以下に示してある．文中の空欄　1　～　3　に最も適切な語句を下の(ア)～(エ)から選び，記号で答えよ．

　まず，化合物Fと化合物Gの混合物を分液漏斗に入れ，ジエチルエーテルおよび希釈した塩酸を加えてはげしく混ぜる．しばらく放置すると，上下の二層に分かれる．ジエチルエーテル層は　1　であり，濃縮すると　2　を取り出すことができる．水層には水酸化ナトリウム水溶液を加えてアルカリ性にし，ジエチルエーテルを加えて同様の操作を行うと　3　を取り出すことができる．

　　(ア)　上　層　　(イ)　下　層　　(ウ)　化合物F　　(エ)　化合物G

問9　化合物Hと化合物Iは，トルエン分子中のベンゼン環の1つの水素をメチル基で置換したもので，互いに異性体である．化合物Hを過マンガン酸カリウムで酸化すると化合物Jが得られる．化合物Jはナフタレンの酸化によっても生成する．また，化合物Iを過マンガン酸カリウムで酸化すると化合物Kが得られ，化合物Kをエチレングリコールと縮合重合させると，ポリエステルが得られる．

　化合物H，I，JおよびKの構造式を示せ．

〔鹿児島大・改〕

練 習 問 題 の 解 説 と 解 答

19 (A) (a) ニトロ　　(b) **置換**

　　　(c) **ニトロベンゼン**

　　　(d) **塩酸**　　　(e) **還元**

　　　(f) **アニリン**　(g) **酢酸**

　　　(h) **アセトアニリド**

　　　(i) **加水分解**

　　　(j) **アセトアルデヒド**

　　　(k) **アセチレン**　(l) **エチレン**

(B) **アニリンは塩基性だからアニリン塩
酸塩となって水層に移るが，中性のニ
トロベンゼンはエーテル層に残る．**

(C)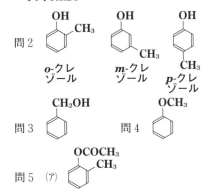

(D) —NH₂ → —NHCOCH₃

　(分子量93.0)　　(分子量135.0)

　アニリン18.6gは 18.6/93.0 (mol).
生成するアセトアニリドも 18.6/93.0
(mol). その質量は，

　　18.6/93.0×135.0＝27.0(g)

　収率は，21.6/27.0×100＝**80**(%)

20 問1 **ベンゼンスルホン酸**

問2 Aはアセトン．**C₃H₆O**

問3 **C₆H₅ONa＋CO₂＋H₂O**

　　　 ⟶ C₆H₅OH＋NaHCO₃

問4 **サリチル酸** (異性体数) **2**

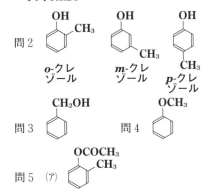

問5 フェノール樹脂はフェノールとホ
ルムアルデヒドの付加縮合体

HCHO，**付加縮合**

問6 **スズと塩酸 (または鉄と塩酸)**

問7 **－N＝N－，NaNO₂**

21 $C:H:O = \dfrac{77.78}{12} : \dfrac{7.41}{1} : \dfrac{14.81}{16}$

　　　 $= 7 : 8 : 1$

　　　　　　　　組成式　C_7H_8O

(1) 化合物Aはフェノール類．アセチル
化によりモノアセチル化物Dを与え
たことから一価フェノール．Aの分子
量をMとすると，

　　 $1 \times \dfrac{0.54}{M} = 1 \times 0.10 \times \dfrac{50.0}{1000}$

　　　 $\therefore \; M = 108$

　分子式C_7H_8Oのクレゾールと推定さ
れる．

(2) 化合物Bは，金属ナトリウムとの反
応や酸化生成物が安息香酸Fであるこ
となどからベンジルアルコール．

(3) 化合物Cは，中性物質でメチルフェ
ニルエーテル．

問1 組成式**C₇H₈O**，分子量**108**，分
子式**C₇H₈O**

問2

OH—CH₃ (o-クレゾール)　OH⟨CH₃⟩ (m-クレゾール)　OH⟨CH₃⟩ (p-クレゾール)

問3 CH₂OH　問4 OCH₃

問5 (ア) OCOCH₃—CH₃

　(イ) **無水酢酸 (または塩化アセチ
ル)**

問6　CH₂ONa〔ベンゼン環〕

問7　COOH〔ベンゼン環〕

22　A：ベンゼンスルホン酸，B：ナトリウムフェノキシド，C：塩化ベンゼンジアゾニウム，D：フェノール，E：サリチル酸ナトリウム，F：サリチル酸，G：サリチル酸メチル，化合物(2)：CO_2，化合物(3)：$(CH_3CO)_2O$

問1　エ　　問2　イ

問3　ウ（サリチル酸Fはフェノール類であり，カルボン酸．医薬品の原料）

問4　イ（サリチル酸メチルGはフェノール性ヒドロキシ基をもち，エステル）

問5　C：$N^+\equiv NCl^-$〔ベンゼン環〕　　D：OH〔ベンゼン環〕

G：OH，$C-O-CH_3$，$\underset{O}{\parallel}$〔ベンゼン環〕

問6　(2)　**二酸化炭素**　　(3)　**無水酢酸**

23　A：ニトロベンゼン，B：アニリン，C：アセトアニリド，D：塩化ベンゼンジアゾニウム，E：p-フェニルアゾフェノール

トルエンのメチル基は，オルト・パラ配向性基であるから，ニトロ化すると，主としてo-ニトロトルエン　p-ニトロトルエンの2種類の化合物ができる．これらの化合物を還元すると，ニトロ基がアミノ基に変わる．

問1　〔ベンゼン環〕＋HNO_3 ⟶ 〔ベンゼン環 NO_2〕＋H_2O
(A)

問2　2〔ベンゼン環 NO_2〕＋$3Sn$＋$12HCl$
⟶ 2〔ベンゼン環 NH_2〕＋$3SnCl_4$＋$4H_2O$

アニリンは，塩基性物質であるから，HClと反応して塩をつくって溶けている．この塩を強塩基のNaOH水溶液で処理すると，弱塩基のアニリンが遊離．

〔ベンゼン環 $NH_3^+Cl^-$〕＋$NaOH$
⟶ 〔ベンゼン環 NH_2〕＋$NaCl$＋H_2O
(B)

問3　水酸化ナトリウム＞NH_3＞B

問4　〔ベンゼン環 NH_2〕＋$(CH_3CO)_2O$ ⟶
〔ベンゼン環〕$-\underset{H}{N}-\underset{O}{C}-CH_3$＋$CH_3COOH$
(C)

問5　〔ベンゼン環〕$-N^+\equiv N-Cl$
塩化ベンゼンジアゾニウム
(D)

問6　〔ベンゼン環〕$-N=N-$〔ベンゼン環〕$-OH$
アゾ化合物

問7　CH_3，NO_2〔ベンゼン環〕　　CH_3，NO_2〔ベンゼン環〕

問8　Fとしてo-ニトロトルエンをとる．
CH_3，NO_2〔ベンゼン環〕(F) $\xrightarrow{還元}$ CH_3，NH_2〔ベンゼン環〕(G)

G は HCl に溶けて下層，F はジエチルエーテルに溶けて上層．

(1) **(ア)**　　(2) **(ウ)**　　(3) **(エ)**

問9　トルエンのベンゼン環の1つの水素を，メチル基で置換すると，o-キシレンとp-キシレンができる．ナフタレンをKMnO₄で酸化すると，フタル酸になるからJがフタル酸．また，o-キシレンをKMnO₄で酸化するとフタル酸，p-キシレンをKMnO₄で酸化するとテレフタル酸になるからHがo-キシレン，Iがp-キシレン，Kがテレフタル酸．テレフタル酸は，エチレングリコールと縮合重合させるとポリエチレンテレフタラート(ポリエステル)が得られる．

H : 　　I :

J : 　　K :

§5.　芳香族化合物 II（エステル）

＜例題 25＞　分子式 $C_8H_8O_2$ で表されるエステルの構造式

次の文を読み，下の各問に答えよ．

分子式が $C_8H_8O_2$ で表される3つの芳香族のエステルA，B，Cがある．これらの化合物の構造式を推定するために行った実験の結果を(a)〜(e)に示す．

(a)　Aはアンモニア性硝酸銀溶液を還元したが，B，Cは還元しなかった．

(b)　A，B，Cを加水分解したのち，水溶液からの分離が容易な芳香族化合物のみを分離，精製した．その結果，AからはD，BからはE，CからはFが得られた．

(c)　Dは水酸化ナトリウム水溶液とは反応しなかったが，金属ナトリウムとは反応して水素ガスを発生した．また，Dを酸化するとFになった．

(d)　Eは炭酸水素ナトリウム水溶液とは反応しなかったが，水酸化ナトリウム水溶液とは反応して塩をつくった．Eの水溶液に塩化鉄(III)水溶液を加えると紫色を呈した．

(e)　Fは白い結晶性の物質で水に比較的溶けにくかったが，炭酸水素ナトリウム水溶液には塩となって溶けた．

問1　実験結果(a)から考えて，化合物Aのみに存在する原子団を，次の(1)〜(5)より選び，番号で答えよ．

(1)　$-OH$　　(2)　$-\overset{\displaystyle}{\underset{\displaystyle O}{C}}-H$　　(3)　$-\overset{\displaystyle}{\underset{\displaystyle O}{C}}-OH$　　(4)　$-\overset{\displaystyle}{\underset{\displaystyle O}{C}}-CH_3$

(5)　$-OCH_3$

問2　化合物A〜Fの構造式を，解答例にならって書け．

（解答例）　$CH_3O-\langle\bigcirc\rangle-\overset{\displaystyle}{\underset{\displaystyle O}{C}}-H$

問3　分子式が $C_8H_8O_2$ で表されるベンゼン環をもったエステルで，化合物A，B，C以外の構造異性体がいくつかあるが，そのうちの1つだけを書け．

〔福岡大・改〕

＞ポイント＞　脂肪族エステルと同様に，芳香族のエステルに関する問題もよく出題される．とくに，$C_8H_8O_2$ で表されるエステルの出題頻度は高い．分子中に酸素原子2個をもつ芳香族のエステルは，次の①〜⑤の化合物の組合せの縮合によってできている．多くの場合，エステルの炭素数が12以下のときには①，②，③．13以上のときには④，⑤を考えるとよい．

①　芳香族モノカルボン酸＋脂肪族一価アルコール

②　脂肪族モノカルボン酸＋芳香族一価アルコール

③　脂肪族モノカルボン酸＋一価フェノール類

④　芳香族モノカルボン酸＋芳香族一価アルコール

⑤　芳香族モノカルボン酸＋一価フェノール類

（注）　ふつう，芳香族モノカルボン酸としては安息香酸を，芳香族一価アルコールとしてはベンジルアルコールを，また一価フェノール類としてはフェノールとクレゾールをそれぞれ考えるとよい．

〔解説〕 $C_8H_8O_2$ で表される化合物の数は多いが，この問題では芳香族のエステルだけを対象としている．$C_8H_8O_2$ で表される芳香族のエステルは，炭素数から考えて上述の①〜③の組合せのエステルである．したがって，次のような異性体がある．（　　）内は，組合せを表す（ホルミル基にはアンダーラインをつけてある）．

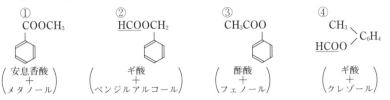

$$\begin{array}{ll}
① & \text{COOCH}_3 \\
& \text{安息香酸 + メタノール}
\end{array}$$

$$\begin{array}{ll}
② & \underline{\text{HCOO}}\text{CH}_2 \\
& \text{ギ酸 + ベンジルアルコール}
\end{array}$$

$$\begin{array}{ll}
③ & \text{CH}_3\text{COO} \\
& \text{酢酸 + フェノール}
\end{array}$$

$$\begin{array}{ll}
④ & \begin{array}{c}\text{CH}_3 \\ \underline{\text{HCOO}}\end{array}\!\!\diagdown\text{C}_6\text{H}_4 \\
& \text{ギ酸 + クレゾール}
\end{array}$$

(a) 還元性のあるAは，-CHOをもつから②または④．還元性をもたないBとCは①または③．

(b) エステル①〜④の加水分解生成物のうち，芳香族化合物は①では安息香酸，②ではベンジルアルコール，③ではフェノール，④ではクレゾール．D，E，Fは，これらの芳香族化合物のいずれかである．

(c) エステルAから得られたDは，NaOH水溶液と反応せず，金属ナトリウムと反応して水素を発生したこと，また酸化されてFになったことなどからベンジルアルコール（クレゾールは，酸性物質であるからNaOH水溶液に溶けて塩をつくる）．Dの酸化生成物Fは安息香酸．ここでエステルAは②と決まる．

(d) エステルBから得られたEは，$NaHCO_3$水溶液とは反応せず，NaOH水溶液と反応して塩をつくったこと，また塩化鉄(Ⅲ)反応陽性などからフェノール類（フェノールまたはクレゾール）．すでに(a)でBは①または③とわかっているから，結局Eはフェノール．したがって，エステルBは③．エステルCは①である．

〔答〕 問1　**(2)**

問2

A : H-C-O-CH₂-⟨benzene⟩ （C=O）　　B : CH₃-C-O-⟨benzene⟩ （C=O）

C : ⟨benzene⟩-C-O-CH₃ （C=O）　　D : ⟨benzene⟩-CH₂-OH

E : ⟨benzene⟩-OH　　F : ⟨benzene⟩-C-OH （C=O）

問3　④には o-, m-, p- の3種類がある．

（CH₃ 置換 o-, m-, p- のホルミルオキシベンゼン 3構造）　のうち1つ

例題 26 分子式C₉H₁₀O₂で表されるエステルの構造式

　　化合物A，B，C，Dはいずれも分子式C₉H₁₀O₂のベンゼン環を
有するエステルである．以下の文を読み，問1から問6に答
えよ．なお，構造式は右の例にならって記せ．

（構造式の例）

$$\text{（ベンゼン環）}\overset{\overset{\displaystyle O}{\parallel}}{C}-CH_3$$

　(1)　A，B，C，DのうちCのみが不斉炭素原子を有する．

　(2)　Aを加水分解すると酢酸とEが生成する．

　(3)　Eは金属ナトリウムと反応して気体を発生するが，塩化鉄(Ⅲ)水溶液に対し
て特有の呈色反応を示さない．

　(4)　Bを加水分解するとエタノールとFが生成する．FはEを過マンガン酸カリウ
ムで酸化することにより生成する化合物である．

　(5)　Cを加水分解するとGとギ酸が生成する．

　(6)　Gをヨウ素と水酸化ナトリウムの水溶液とともに反応させると，黄色の沈殿
物が生成する．

　(7)　Gを濃硫酸とともに加熱するとHが生成する．Hは　 a 　によりポリスチレン
を合成するための原料化合物である．

　(8)　Dを加水分解するとIとギ酸が生成する．

　(9)　Iを酸化するとテレフタル酸が生成する．テレフタル酸はエチレングリコール
との　 b 　によりポリエチレンテレフタラートを合成するための原料化合物で
ある．

問1　A，B，C，DおよびHの構造式を記せ．

問2　(3)で発生する気体の分子式を記せ．

問3　Eの異性体で金属ナトリウムと反応せず，しかも塩化鉄(Ⅲ)水溶液に対して
も呈色反応を示さないベンゼン環を有する化合物の構造式を記せ．

問4　Fの異性体で塩化鉄(Ⅲ)水溶液に対して呈色反応を示す化合物の構造式を1
つ記せ．

問5　(6)で生成する沈殿物の名称を記せ．

問6　空欄a，bに適切な反応の名称を入れて文を完成せよ．

〔秋田大〕

▶▶ポイント　C₉H₁₀O₂で表されるエステルの出題頻度もかなり高い．C₉H₁₀O₂で表されるエス
テルの数は，例題 25 (C₈H₈O₂の芳香族エステル)に比べて多いから，エステルの構成
物質であるカルボン酸とアルコール(またはフェノール類)の組合せを考える必要はない．
問題をよく読んで与えられた条件から，エステルを推定していくとよい．

〔解説〕　各物質をC₉H₁₀O₂で表される芳香族エステルの加水分解生成物から推定していく．

(2), (3)　Aの加水分解反応，$A(C_9H_{10}O_2) + H_2O \longrightarrow CH_3COOH + E$より，Eの分子式は
C_7H_8O．Eは塩化鉄(Ⅲ)水溶液との呈色反応を示さず，金属ナトリウムと反応して水素
を発生するから芳香族アルコール，すなわちベンジルアルコール．

(4)　Bの加水分解反応，$B(C_9H_{10}O_2) + H_2O \longrightarrow F + C_2H_5OH$より，Fの分子式はC₇H₆O₂．F

は芳香族カルボン酸で, ベンジルアルコールEの酸化生成物の安息香酸.

　　Aは酢酸とベンジルアルコールのエステル$CH_3COOCH_2C_6H_5$, Bは安息香酸とエタノールのエステル$C_6H_5COOC_2H_5$である.

(5), (6), (7)　Cの加水分解反応, $C(C_9H_{10}O_2)+H_2O \longrightarrow HCOOH+G$より, Gの分子式は$C_8H_{10}O$. Gはヨードホルム反応が陽性であるから, $CH_3CH(OH)-$かCH_3CO-のいずれかをもっている. また, Gを脱水するとH(スチレン$C_6H_5CH=CH_2$)が得られ, Hの付加重合によりポリスチレンが得られるから, Gは$C_6H_5\overset{*}{C}H(OH)CH_3$である. 結局, Cはギ酸とGのエステル$HCOO\overset{*}{C}H(CH_3)C_6H_5$で, 不斉炭素原子($C^*$)をもっている.

(8), (9)　Dの加水分解反応, $D(C_9H_{10}O_2)+H_2O \longrightarrow HCOOH+I$より, Iの分子式は$C_8H_{10}O$. Iを酸化すると, テレフタル酸を生成するから, Iはパラ位にメチル基のついたベンジルアルコールの誘導体$HOCH_2-\bigcirc-CH_3$と考えられる.

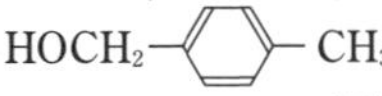

　　Dはギ酸とIのエステル$HCOOCH_2-\bigcirc-CH_3$である.

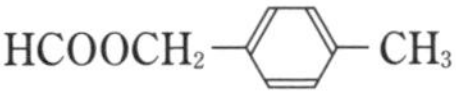

答　問1

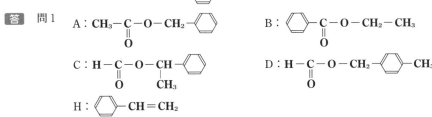

問2　H_2

問3　E(ベンジルアルコール$C_6H_5CH_2OH$)の異性体で, 金属ナトリウムと反応せず, 塩化鉄(Ⅲ)の呈色反応を示さないのは, メチルフェニルエーテル$C_6H_5OCH_3$である.

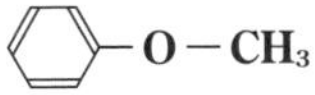

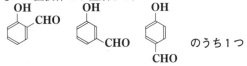

問4　F(安息香酸)の異性体で, 塩化鉄(Ⅲ)の呈色反応を示す化合物は, $-OH$と$-CHO$をもつ二置換体で3種類ある.

問5　**ヨードホルム**
問6　a. **付加重合**　　　b. **縮合重合**

例題 27　**分子式C₁₀H₁₂O₂で表されるエステルの構造式**

次の文を読み，問1～問6の答えを記せ．
ただし，構造式は例にならい簡略化して記せ．

例：　⟨ベンゼン環⟩－CH₂－CH－C－OH
　　　　　　　　　　　|　　||
　　　　　　　　　　　OH　O

　化合物A，B，Cは互いに異性体であり，分子式
C₁₀H₁₂O₂のエステルである．また，これらの化合物は
いずれもベンゼン環をもち，ベンゼンの水素原子2個が他の基で置換されている場合には，パラ置換体であることがわかっている．これらの化合物の構造を調べるために次の実験を行った．

実験1　A，B，Cをそれぞれ水と混合し，少量の硫酸を加えて温めると，AからはDとEが得られ，BからはDとFが，CからはGとHが得られた．

実験2　Dに炭酸水素ナトリウム水溶液を加えると気体が発生した．また，Dはトルエンを強い酸化剤で酸化して得られた化合物と同じものであった．

実験3　EとFをそれぞれおだやかに酸化すると，EからはIが得られ，Iはさらに酸化されてGを与え，FからはJが得られた．Iはフェーリング液を還元して赤色沈殿を与えたが，GとJはいずれもフェーリング液とは反応しなかった．

実験4　Jの水溶液にヨウ素と水酸化ナトリウム水溶液を加えて温めると，黄色結晶が析出した．

実験5　Hに塩化鉄(Ⅲ)水溶液を加えると，青紫色を呈した．

問1　実験1の反応名を記せ．
問2　化合物Dの名称を記せ．
問3　化合物I，Jの一般名をそれぞれ記せ．
問4　実験4で生成する黄色結晶の化学式を記せ．
問5　化合物Hの一般名を記せ．
問6　化合物A，B，Cの構造式をそれぞれ記せ．

〔広島大〕

▶ポイント　C₁₀H₁₂O₂のエステルもC₈H₈O₂，C₉H₁₀O₂と同じようによく出題されている．この問題もC₉H₁₀O₂のように与えられた条件を考慮して各物質を推定するとよい．

解説　（実験1）　A，B，Cをそれぞれ水と混合し，少量の硫酸を加えて温めると，それぞれ加水分解が起こる．

$$A\ (C_{10}H_{12}O_2)\ +\ H_2O\ \longrightarrow\ D+E\ \cdots\cdots\ ①$$
$$B\ (C_{10}H_{12}O_2)\ +\ H_2O\ \longrightarrow\ D+F\ \cdots\cdots\ ②$$
$$C\ (C_{10}H_{12}O_2)\ +\ H_2O\ \longrightarrow\ G+H\ \cdots\cdots\ ③$$

（実験2）　Dは，NaHCO₃水溶液を加えると，CO₂を発生したからカルボン酸で，トルエンの酸化生成物と同じであるから安息香酸C₆H₅COOH．①，②式より，E，Fの分子式はC₃H₈O．C₃H₈Oで表されるアルコールには，第一級アルコールのCH₃CH₂CH₂OH(1-プロパノール)と第二級アルコールのCH₃CH(OH)CH₃(2-プロパノール)がある．

（実験3）　酸化によってEはIに，さらにGになり，FはJになる．Iだけがフェーリング

反応が陽性であったからアルデヒド．したがって，Eは第一級アルコールの1-プロパノール，Fは第二級アルコールの2-プロパノールと決まる．GはI（プロピオンアルデヒド）の酸化生成物であるからプロピオン酸である．

（実験4）　Jは2-プロパノールの酸化生成物のアセトンで，CH_3CO-をもつからヨードホルム反応がある．

（実験5）　Hは，塩化鉄（III）反応が陽性であるから，フェノール性ヒドロキシ基をもつフェノール類．Gはプロピオン酸CH_3CH_2COOHであるから，Hは③式より分子式C_7H_8Oのクレゾール．問題文で，ベンゼンの水素原子2個が他の基で置換されている場合は，パラ置換体とあるから，Hは p-クレゾールである．

　　結局，Aは安息香酸と1-プロパノールのエステル，Bは安息香酸と2-プロパノールのエステル，Cはプロピオン酸と p-クレゾールのエステルである．

答　問1　**加水分解**

問2　**安息香酸**

問3　**I．アルデヒド　　J．ケトン**

問4　CHI_3

問5　**フェノール類**

問6　A：〔ベンゼン環〕$-\overset{\displaystyle}{\underset{O}{C}}-O-CH_2-CH_2-CH_3$　　　B：〔ベンゼン環〕$-\overset{\displaystyle}{\underset{O}{C}}-O-\underset{CH_3}{CH}-CH_3$

　　　C：$CH_3-CH_2-\overset{\displaystyle}{\underset{O}{C}}-O-$〔ベンゼン環〕$-CH_3$

例題28 〈分子式$C_{16}H_{16}O_2$で表されるエステルの構造式〉

　　次の文章を読んで以下の各問に答えよ．ただし，原子量は$C=12$，$H=1$，$O=16$，$Na=23$を用いよ．

　　C_8H_8Oの組成式をもつ化合物Aを0.36gとり，これにショウノウ（融点180℃，モル凝固点降下40）を10.0g加えて融解し均一化した．これを冷却固化させ，その融点を測ったら174℃であった．

　　Aを加水分解すると，化合物Bと化合物Cが生成した．Bを過マンガン酸カリウムで酸化すると，p-キシレンを酸化して得られるものと同一のジカルボン酸Dが生成した．一方，Cからは別のジカルボン酸Eが生成した．EはDの異性体であり，またo-キシレンを酸化して得られるジカルボン酸の異性体でもある．

　　Bは，炭酸水素ナトリウムと反応してナトリウム塩となり，1.36gのBを中和するには0.40gの水酸化ナトリウムが必要であった．

　　Cは，ナトリウムと反応して水素を発生するが，塩化鉄（III）水溶液による呈色反応を示さなかった．また，Cは無水酢酸と反応して化合物Fを生成した．そして，Fの1.64gを加水分解するとCと0.60gの酢酸が生成した．

問1　化合物Aの分子量，および分子式を求めよ．

問2　ジカルボン酸DおよびEの構造式を記せ.
問3　化合物A, B, C, Fの構造式を記せ.
問4　CからFへの変化を構造式による化学反応式で示せ.

〔静岡大〕

▶ポイント　分子中に酸素原子2個を含む炭素数13以上の芳香族のエステルは,**◀例題25**
で説明したように, 芳香族モノカルボン酸＋芳香族一価アルコール, または芳香族モノカ
ルボン酸＋一価フェノール類の組合せの縮合体を考えるとよい.

解説　問1　化合物Aの分子量は凝固点降下法によって求める.

$$M=\frac{1000Kw}{\varDelta tW}=\frac{1000\times40\times0.36}{(180-174)\times10.0}=240$$

C_8H_8Oの式量は120であるから, $(C_8H_8O)_n=240$　∴ $n=2$　分子式$C_{16}H_{16}O_2$

問2　$C_{16}H_{16}O_2$ →(加水分解) B ＋ C

（構造式の反応図：p-キシレン→(酸化)テレフタル酸D, o-キシレン→(酸化)フタル酸, B→(酸化)COOH, C→(酸化)E）

Dはテレフタル酸, o-キシレンの酸化生成物はフタル酸, Eはジカルボン酸でテレフ
タル酸およびフタル酸の異性体であるからイソフタル酸（メタ・ジカルボン酸）.

問3　Bは, $NaHCO_3$と反応してナトリウム塩となるから, 炭酸よりは強い酸すなわちカ
ルボン酸である. Dの－COOHの1個はBの酸化によって生成したのであるから, Bは
芳香族モノカルボン酸である. このBの1.36gを中和するのに0.40/40＝0.01(mol)の
NaOHを要したのであるから, 1.36gは0.01molに相当し, Bの分子量は136である. 結
局, BはR—〇—COOHで表される芳香族モノカルボン酸である. Rを計算すると,
$136-\underbrace{(C_6H_4+COOH)}_{121}=15$となり, Rはメチル基（$CH_3-$）と確定する.

Bは芳香族モノカルボン酸であるから, Cは芳香族一価アルコールか一価フェノール
類のいずれかである. Cは塩化鉄(Ⅲ)反応は示さないから芳香族一価アルコールであ
る.

Cと無水酢酸との反応生成物Fはエステルで, このFの1.64gを加水分解すると
0.60/60＝0.01(mol)の酢酸が生成したから, Fの1.64gは0.01molに相当し, Fの分子量
は164である. したがって, Cの分子量M_Cは,

$C+(CH_3CO)_2O \longrightarrow F+CH_3COOH$　より, $M_C=164+60-102=122$

また, Cの分子量はAとBの分子量からも求められる.

$A+H_2O \longrightarrow B+C$　　$M_C=240+18-136=122$

結局，Cは，

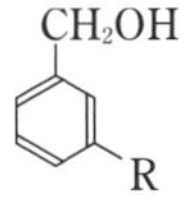

$$\underset{R}{\overset{CH_2OH}{\underset{\quad}{\bigotimes}}}$$

と表されるからRを求めると，$122 - \underbrace{(C_6H_4 + CH_2OH)}_{107} = 15$ とな

り，メチル基（CH_3-）と確定する．

化合物Aは，芳香族モノカルボン酸

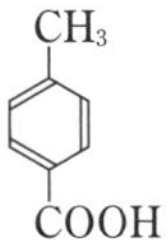

$$\underset{COOH}{\overset{CH_3}{\bigotimes}}$$

と芳香族一価アルコール

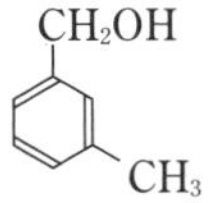

$$\overset{CH_2OH}{\underset{CH_3}{\bigotimes}}$$

の縮合によって生成したエステルである．

答　問1　分子量：**240**，分子式：$C_{16}H_{16}O_2$

問2　D： $\underset{COOH}{\overset{COOH}{\bigotimes}}$　　E： $\overset{COOH}{\underset{COOH}{\bigotimes}}$

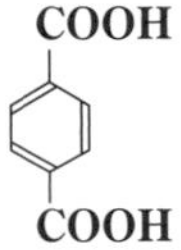

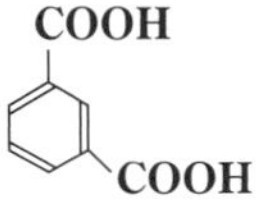

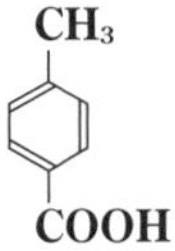

問3　A： $CH_3-\bigotimes-COOCH_2-\overset{CH_3}{\bigotimes}$　　B： $\underset{COOH}{\overset{CH_3}{\bigotimes}}$

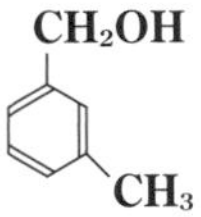

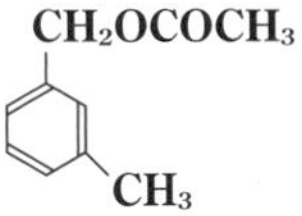

C： $\overset{CH_2OH}{\underset{CH_3}{\bigotimes}}$　　F： $\overset{CH_2OCOCH_3}{\underset{CH_3}{\bigotimes}}$

問4　$\overset{CH_2OH}{\underset{CH_3}{\bigotimes}}$ ＋ $\overset{CH_3CO}{\underset{CH_3CO}{\big>}}O$ → $\overset{CH_2OCOCH_3}{\underset{CH_3}{\bigotimes}}$ ＋ CH_3COOH

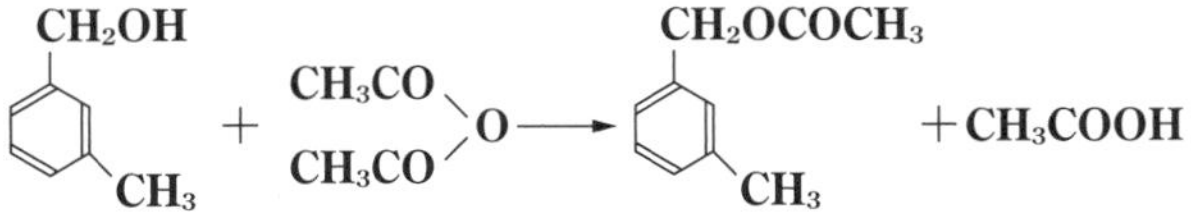

例題 29 ▶ **分子式 $C_{14}H_{18}O_4$ で表されるエステルの構造式** ◀

　　分子式が $C_{14}H_{18}O_4$ の化合物Xがある。Xを加水分解したところ，ベンゼン環をもつ二価の酸Aと，2種類のアルコールBおよびCが得られた。Aは加熱したところ環状の酸無水物となった。Bは濃硫酸と加熱したところエチレンの発生が確認された。Cには鏡像異性体（光学異性体）が存在し，酸化したところケトンが生成した。

　　問　上に述べた実験事実から，化合物A，B，CおよびXの構造を推定し，おのおのの構造式(示性式でよい)を記せ。

〔九州大・改〕

▶**ポイント**◀　エステルが分子中に酸素原子4個を含み，加水分解生成物中に2分子のアルコールが存在するときは，多くの場合，ジカルボン酸(たとえばフタル酸,テレフタル酸など)

のエステルである.

[解説]　分子式$C_{14}H_{18}O_4$の化合物Xは，加水分解によってベンゼン環をもつ二価の酸Aと
アルコールBおよびアルコールCが得られたことからエステル．アルコールBは脱水して
エチレンを発生するからエタノール．また，アルコールCは光学異性体が存在することか
ら炭素数4以上のアルコールで，酸化生成物がケトンであることから第二級アルコール．
Aは，アルコールBおよびアルコールCとエステルをつくるから二価のカルボン酸で，し
かも酸無水物をつくることからオルト化合物である．

　以上のことからAはフタル酸である．アルコールCは，AとBの炭素数から考えてブタ
ノールで，しかも不斉炭素原子(C^*)をもつ2-ブタノール$CH_3CH_2C^*H(OH)CH_3$である．

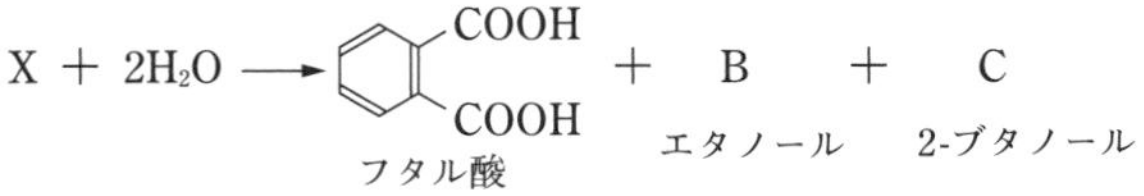

$$X\ +\ 2H_2O\ \longrightarrow\ \text{フタル酸}\begin{array}{c}COOH\\COOH\end{array}\ +\ \underset{\text{エタノール}}{B}\ +\ \underset{\text{2-ブタノール}}{C}$$

化合物Xの加水分解反応は次のとおりである．

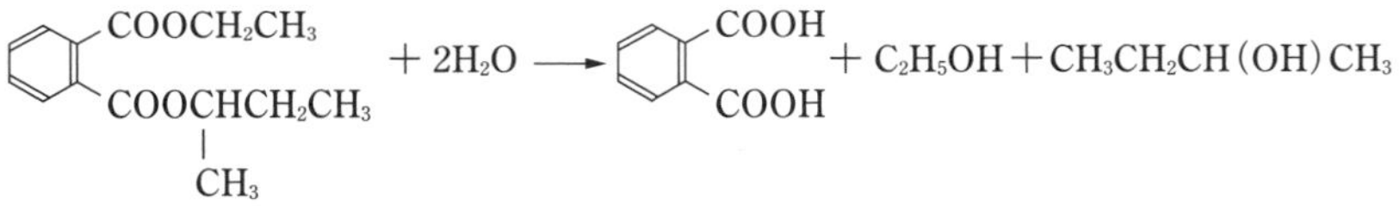

$$\begin{array}{c}COOCH_2CH_3\\COOCHCH_2CH_3\\|\\CH_3\end{array}\ +2H_2O\ \longrightarrow\ \begin{array}{c}COOH\\COOH\end{array}+C_2H_5OH+CH_3CH_2CH(OH)CH_3$$

[答]　A：$\begin{array}{c}COOH\\COOH\end{array}$　　　B：C_2H_5OH　　　C：$CH_3CH_2CH(OH)CH_3$

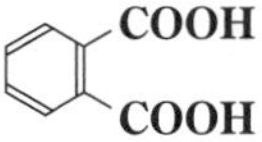

X：$\begin{array}{c}COOCH_2CH_3\\COOCHCH_2CH_3\\|\\CH_3\end{array}$

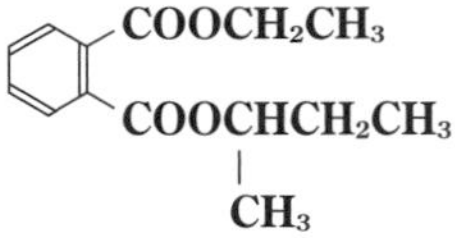

24 次の文(1)～(5)を読んで，以下の各問に答えよ．

ただし，原子量はC＝12.0 H＝1.0 O＝16.0とする．

(1) 炭素，水素，酸素からなるエステルAの分子量は，190～200の範囲であることがわかっている．Aの9.71 mgを完全に燃焼させると，二酸化炭素24.18 mgと水6.32 mgが得られる．

(2) Aを加水分解すると，カルボン酸Bと，分子式$C_4H_{10}O$のアルコールCが得られ，Bは塩化鉄(Ⅲ)水溶液で赤紫色を呈する．

(3) Bをメタノールと混ぜて少量の濃硫酸とともに加熱すると，液体Dが得られ，Dも塩化鉄(Ⅲ)水溶液で赤紫色を呈する．

(4) Bを無水酢酸と混ぜて加熱すると，Eが得られる．D，Eには，いずれもオルト位に置換基がある．

(5) Cを硫酸酸性の二クロム酸カリウム水溶液で酸化すると，中性化合物Fが得られ，Fはアンモニア性硝酸銀水溶液やフェーリング溶液を還元しない．

問1 分子式$C_4H_{10}O$で表されるアルコールについて，考えられるすべての構造異性体を構造式で示せ．

問2 化合物Cの名称を書け．

問3 酸を触媒に用いる脱水反応で，化合物Cから3種類の不飽和炭化水素が生成する．それらの構造式を書け．

問4 化合物DおよびEの構造式を書け．

問5 化合物Aの構造式を書け．

〔大阪大〕

25 下記の文章を読み，化合物A～Gの構造式を記せ．

(ア) 芳香族有機化合物A，B，およびCがある．AとBは液体であり，Cは結晶である．三者は同じ分子式$C_8H_8O_2$をもつ．

(イ) AとBは炭酸水素ナトリウム水溶液には溶けないが，Cは二酸化炭素を発生しながら溶けた．

(ウ) AとBは，冷たい希水酸化ナトリウム水溶液には溶けないが，加熱すると，どちらもしだいに溶けて，ついには均一な溶液になった．このようにしてAを溶かした溶液をS_Aとし，Bを溶かした溶液をS_Bとする．

(エ) S_Aを塩酸で酸性にしたらフェノールとDが生成した．

(オ) S_Bを塩酸で酸性にしたら，無色の結晶Eが析出し，同時にメタノールが生成した．

(カ) Eは，トルエンを過マンガン酸カリウムで酸化したとき生成する物質と同一物であった．

(キ) Cを過マンガン酸カリウムで酸化したら，$C_8H_6O_4$という分子式をもつ有機化合物Fが得られた．

(ク)　Fを加熱したら，1分子の水を失ってGに変化した．

(ケ)　Gは，ナフタレンを触媒を使って酸化したとき得られる物質と同一物であった．

〔長崎大〕

26　次の問に答えよ．ただし，原子量はH＝1，C＝12，O＝16とする．

　　炭素，水素，酸素からなる芳香族のエステルA(分子量240)がある．その元素分析値は炭素79.74％，水素6.82％であった．Aを過剰の水酸化ナトリウム水溶液中で温めると，^ア□□□が起きて化合物BとCが生成した．Bを少量の水に溶かしたのち，希塩酸を徐々に加えると化合物Dが結晶として析出した．Cをクロム酸でおだやかに酸化するとアルデヒドEを経由してDとなった．さらに，Dを過マンガン酸カリウムで強く酸化すると化合物Fとなった．Fとエチレングリコール(G)を^イ□□□重合させると合成繊維の1種である^ウ□□□が得られる．

問1　化合物Aの組成式，分子式，構造式を書け．(計算式も書くこと)

問2　下線の部分の化学変化を化学反応式で表せ．(B，Dは示性式で示すこと)

問3　化合物C，E，F，Gの構造式を書け．

問4　化合物Dの位置異性体の1つを構造式で示せ．

問5　空欄ア，イ，ウに入れるのに最も適当な語句を書け．

〔横浜市立大〕

27　分子式が，$C_{13}H_{16}O_4$である芳香族化合物Aがある．次の文(ア)〜(エ)を読み，下の問1〜5に答えよ．ただし，構造式は次の例にならい記せ．

[例]　CH₃−CH₂−◯−C⟨O OH

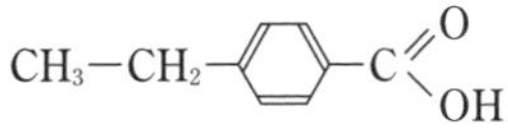

(ア)　(a)Aに水酸化ナトリウム水溶液を加え，しばらく加熱した．この反応により，中性物質Bと酸性物質CおよびDのナトリウム塩が得られた．

(イ)　Bに金属ナトリウムを加えたところ，水素が発生した．Bに硫酸酸性の二クロム酸ナトリウム水溶液を加え，おだやかに酸化したところ，分子式がC_3H_6OであるEが得られた．Eは銀鏡反応を示した．

(ウ)　Cは，上の(イ)のEの銀鏡反応によって，Eから生じた化合物と同一のものであった．

(エ)　Dは無色結晶性の化合物で，塩化鉄(Ⅲ)水溶液で赤紫色となった．(b)Dに少量の濃硫酸を加え，メタノールと反応させると，芳香臭のある化合物が得られた．また，ナトリウムフェノキシドに，二酸化炭素を加圧下に作用させたのち，塩酸を加えて酸性にすると，Dが得られた．

問1　下線部(a)は，Aの有するある官能基を塩基性水溶液で処理した操作であるが，一般にこの官能基をもつ化合物に，水酸化ナトリウム水溶液を作用させると，どんな変化が起きるか，次の例にならい，一般式で示せ．また，この反応を何というか．

[例]　R−OH ＋ R′−OH ⟶ R−O−R′ ＋ H₂O

問2　BとEの構造式をそれぞれ示せ.

問3　Cの構造式とCの異性体であるエステルの構造式1種をそれぞれ示せ.

問4　Aの構造式を示せ.

問5　下線部(b)の反応のように, (i)2つの分子から簡単な分子がとれて結合することを何というか. また, (ii)この反応によって高分子化合物が生成することを何というか.

〔三重大〕

28　次の文を読んで, 問1〜5に答えよ. ただし, 原子量はC＝12.0, H＝1.0, O＝16.0とする.

　　炭素, 水素, および酸素からなる中性化合物Aがある. Aに水酸化ナトリウム水溶液を加え, しばらく煮沸したのち, 室温まで冷却し, この水溶液をジエチルエーテルで抽出した. ジエチルエーテルの抽出液から化合物BおよびCが得られた. BおよびCは沸点は異なるが, いずれも$C_4H_{10}O$なる分子式で表され, 金属ナトリウムと反応して水素を発生した. 次に, BおよびCを二クロム酸ナトリウムでおだやかに酸化すると, それぞれの酸化生成物が得られたが, Bからの酸化生成物のみが銀鏡反応を呈した. また, Bを硫酸を用いて脱水すると直鎖状アルケンが得られた. 一方, 水層に濃塩酸を加えて酸性にすると, 白色の結晶Dが得られた. Dの構造を決定するために, まずDの元素分析を行ったところ, Dの元素分析値は炭素57.8％, 水素3.6％であった. 次に, Dを水に溶かすと酸性を示したので, その0.166gを水を溶かし, 0.100mol/Lの水酸化ナトリウム水溶液で中和したところ, 20.0mLを要した. さらに, Dには構造異性体の存在が考えられたので, その構造を決定するために, Dを加熱したところ, 容易に分子内脱水生成物が得られた. なお, Dは臭素水を脱色しなかった.

問1　B, Cの化合物名を記せ.

問2　Dの組成式を記せ.

問3　Dの分子式を記せ.

問4　Dの構造異性体の構造式を記せ.

問5　Aの構造式を記せ.

〔京都大〕

29　次の実験1〜7の文章を読み, 以下の問1〜問5に答えよ. ただし, 有機化合物の構造式は例にならって書け. また, 不斉炭素原子がある場合は不斉炭素原子に＊印をつけよ. 必要であれば, 原子量は以下の値を用いよ. H＝1.0, C＝12.0, O＝16.0

例

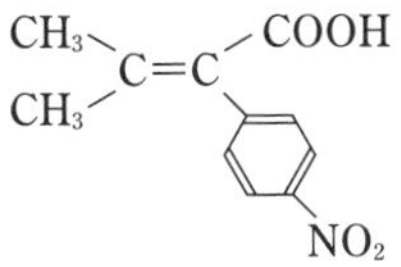

実験1　炭素, 水素, および酸素からなる化合物Aの23.6mgを完全燃焼させると, 二酸化炭素57.2mgと水14.4mgが得られた. 別の測定によって, 化合物Aの分子量は300以下であることがわかった.

実験2　化合物Aを加水分解したところ, 化合物B, Cおよび組成式$C_4H_3O_2$で表される化合物Dが得られた.

実験3　化合物Dは230℃で分子内脱水反応が起き，酸無水物Eに変化した．化合物Eは*o*-キシレンを触媒存在下，空気酸化することによっても得られる．

実験4　化合物Bは水と任意の割合で溶け合う液体で，白金触媒の存在下，空気酸化すると，化合物Fに変化した．化合物Fをさらに酸化したところ，無色，刺激臭の化合物G（沸点101℃）に変化した．化合物Gは，　ア　基をもつため，水に溶けて酸性を示した．また，　イ　基をもつため，赤紫色の硫酸酸性過マンガン酸カリウム水溶液を脱色した．

実験5　化合物Cに平面偏光を通したとき，偏光面が回転した．

実験6　化合物Cを適当な酸化剤で注意深く酸化したところ，化合物Hが得られた．化合物Hはフェーリング液を還元しなかった．

実験7　化合物Cに適量の濃硫酸を加えて加熱したところ，アルケンが生成した．

問1　化合物Aの分子式を記せ．

問2　化合物A，C，D，E，F，Hの構造式を例にならって記せ．

問3　実験4の文章中の空欄　ア　と　イ　に当てはまる適切な語句を記せ．

問4　実験6で用いる酸化剤として適切なものを(1)～(5)の中から選び，番号で記せ．

(1) $K_2Cr_2O_7$　　(2) $CuSO_4$　　(3) $KMnO_4$　　(4) $NaNO_2$　　(5) $FeSO_4$

問5　実験7で生成する可能性のあるすべてのアルケンを，例にならって構造式で記せ．

〔名古屋工業大〕

練習問題の解説と解答

24 (1)　C : $24.18 \times \dfrac{12.0}{44.0} = 6.59$ (mg)

H : $6.32 \times \dfrac{2.0}{18.0} = 0.70$ (mg)

O : $9.71 - (6.59 + 0.70)$
$= 2.42$ (mg)

C : H : O $= \dfrac{6.59}{12.0} : \dfrac{0.70}{1.0} : \dfrac{2.42}{16.0}$

$= 11 : 14 : 3$

組成式　$C_{11}H_{14}O_3$（式量194）

分子量が190〜200の範囲

分子式　$C_{11}H_{14}O_3$

(2), (3), (4)　カルボン酸Bは，塩化鉄(Ⅲ)反応が陽性であるからフェノール性ヒドロキシ基をもつ$C_6H_4(OH)COOH$．Aは$C_6H_4(OH)COOH$とブタノールC_4H_9OHとのエステル．EとDはオルト置換体であるからBはサリチル酸，Dはサリチル酸メチル，Eはアセチルサリチル酸．

(5)　Cは酸化生成物がケトンFであるから第二級アルコールの2-ブタノール．

問1　$CH_3-CH_2-CH_2-CH_2-OH$

$CH_3-CH-CH_2-OH$
$\qquad\;\; |$
$\qquad CH_3$

$CH_3-CH_2-CH-CH_3$
$\qquad\qquad\;\; |$
$\qquad\qquad OH$

$\qquad\quad CH_3$
$\qquad\quad\; |$
CH_3-C-OH
$\qquad\quad\; |$
$\qquad\quad CH_3$

問2　**2-ブタノール**

問3　$CH_3-CH_2-CH=CH_2$

$\underset{CH_3}{\overset{H}{\diagdown}}C=C\underset{CH_3}{\overset{H}{\diagup}}$

$\underset{CH_3}{\overset{H}{\diagdown}}C=C\underset{H}{\overset{CH_3}{\diagup}}$

問4　D :

E :

問5

25 (ア)　分子式$C_8H_8O_2$で表される芳香族化合物の数は多いから，問題文の記述から推定する．

(イ)　Cは，カルボキシ基をもつから①または②．

①

② $C_6H_4 \diagup^{CH_3}_{\diagdown COOH}$

(ウ)　AとBはけん化されるからエステルで，③〜⑥のいずれかである．

③ （安息香酸とメタノールとのエステル）

④ （ギ酸とベンジルアルコールとのエステル）

⑤ （酢酸とフェノールとのエステル）

⑥ $\overset{CH_3}{\underset{HCOO}{}} C_6H_4$ （ギ酸とクレゾールとのエステル）

(エ)　エステルAは，フェノールとDの縮

合生成物であるから⑤で，Dは酢酸.

(オ)　エステルBは，メタノールとEの縮合生成物であるから③で，Eは安息香酸.

(キ)　カルボン酸Cの酸化生成物 $C_8H_6O_4$ (F)は，ジカルボン酸と推定されるからCは②.

(ク)　Fを加熱したら 1 分子の水を失ってGに変化したことからFはオルト型ジカルボン酸すなわちフタル酸．Cはオルト型．Gは無水フタル酸.

(ケ)　無水フタル酸Gは，V_2O_5 を触媒としてナフタレンを酸化すると得られる.

A：(OCOCH₃構造図)　　B：(COOCH₃構造図)

C：(CH₃, COOH構造図)　　D：CH_3COOH

E：(COOH構造図)　　F：(COOH, COOH構造図)

G：(無水フタル酸構造図)

26 問 1　$C : H : O = \dfrac{79.74}{12} : \dfrac{6.82}{1} : \dfrac{13.44}{16}$

$\fallingdotseq 8 : 8 : 1$

組成式　C_8H_8O

$(C_8H_8O)_n = 240$　$\therefore n = 2$

分子式　$C_{16}H_{16}O_2$

Aは炭素数から考えて，芳香族モノカルボン酸＋芳香族一価アルコール，または，芳香族モノカルボン酸＋一価フェノール類のいずれかの組合せのエステル．Fをエチレングリコールと縮合重合させるとポリエチレンテレフタラートになることから，Fはテレフタル酸．したがって，Dは芳香族カル

ボン酸，Cは芳香族第一級アルコールのそれぞれパラ型化合物．結局Aは，

R—(ベンゼン環)—COOH

＋HOCH₂—(ベンゼン環)—R′

—→ R—(ベンゼン環)—COOCH₂—(ベンゼン環)—R′ (A)

＋H₂O

の芳香族エステルで，分子量(240)よりRおよびR′は CH_3—．したがって，構造式は，

CH_3—(ベンゼン環)—COOCH₂—(ベンゼン環)—CH_3

問 2　$C_6H_4(CH_3)COONa + HCl$
—→ $C_6H_4(CH_3)COOH + NaCl$

問 3　C：(CH₂OH, CH₃構造図)　E：(CHO, CH₃構造図)

F：(COOH, COOH構造図)　G：$\begin{matrix}CH_2OH\\|\\CH_2OH\end{matrix}$

問 4　(COOH, CH₃オルト構造図)　または

(COOH, CH₃メタ構造図)

問 5　アーけん化(**加水分解**)，イー縮合，ウーポリエチレンテレフタラート

27 (ア)　(a)の反応はけん化反応．Aはエステル.

(イ)　Bはアルコール．その酸化生成物E(C_3H_6O)は還元性物質のアルデヒドであるからBは1-プロパノール，Eはプロピオンアルデヒド C_2H_5CHO.

(ウ) CはEの酸化生成物のプロピオン酸 C_2H_5COOH.

(エ) Dは題意よりサリチル酸.

エステルAは次の反応によって生成される.

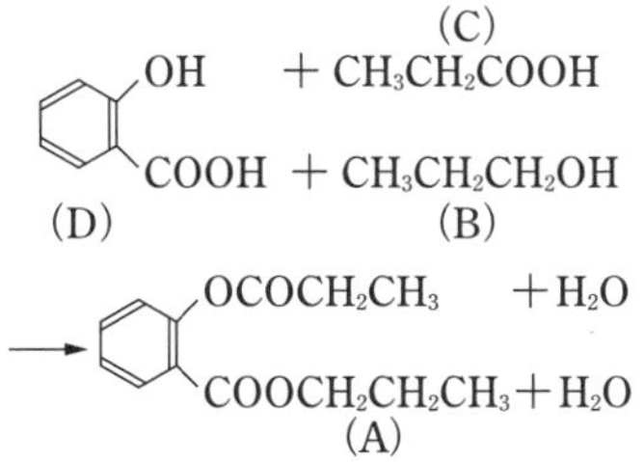

問1　**R－COO－R′＋NaOH**
⟶ R－COONa＋R′－OH
けん化

問2　B：**$CH_3-CH_2-CH_2-OH$**

E：**$CH_3-CH_2-C(=O)-H$**

問3　C：**$CH_3-CH_2-C(=O)-OH$**

異性体　**$CH_3-C(=O)-O-CH_3$**

（または　**$H-C(=O)-O-CH_2-CH_3$**）

問4

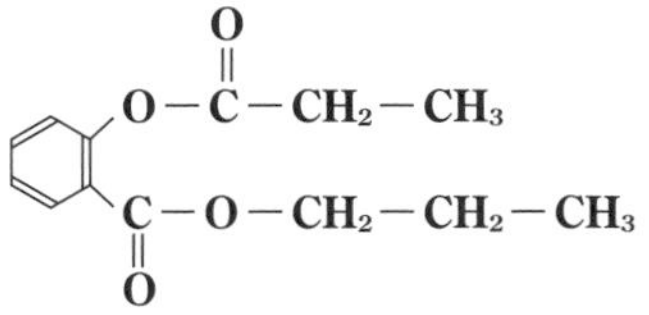

問5　(i)　**縮合**　(ii)　**縮合重合**

28　問1　中性化合物Aはけん化されてDのナトリウム塩(水溶性)，BおよびCを生じ，分子式$C_4H_{10}O$で表されるBとCはアルコールであるから，Aはエステル．Bは酸化生成物の還元性の有無と脱水反応から直鎖状の第一級アルコール，すなわち1-ブタノール，Cは第二級アルコールの2-ブタノール．

B：**1-ブタノール**
C：**2-ブタノール**

問2　$C:H:O=\frac{57.8}{12.0}:\frac{3.6}{1.0}:\frac{38.6}{16.0}$
$=4:3:2$

組成式　**$C_4H_3O_2$**（式量＝83）

問3　Dが一価のカルボン酸としてDの分子量Mを求めると，

$$1\times\frac{0.166}{M}=1\times0.1\times\frac{20}{1000}\quad M=83$$

分子量が83に相当するモノカルボン酸はない．さらに，脱水生成物ができやすいことや臭素水を脱色しないことなどから，Dはオルト型の二価のカルボン酸(フタル酸)と推測される．

分子式　**$C_8H_6O_4$**

問4

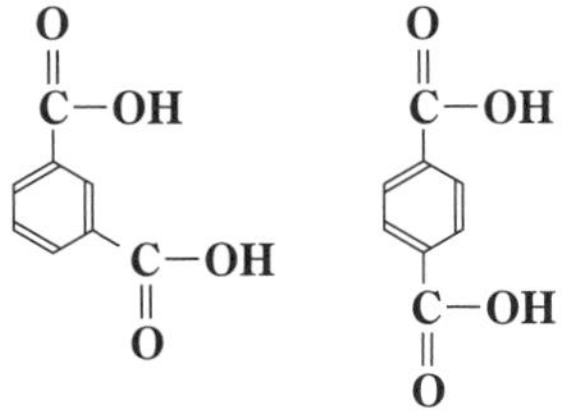

問5

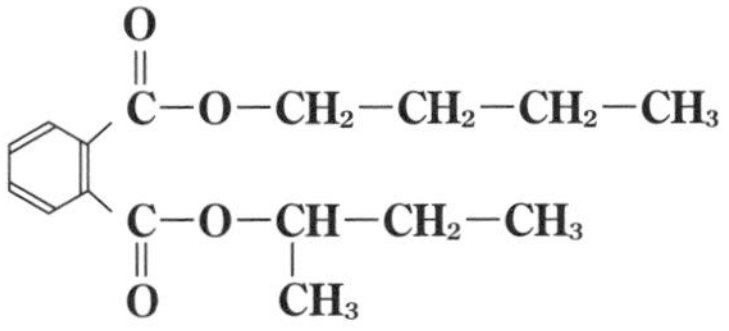

29　問1　$C:57.2\times\frac{12.0}{44.0}=15.6(mg)$

$H:14.4\times\frac{2.0}{18.0}=1.6(mg)$

$O:23.6-(15.6+1.6)$
$=6.4(mg)$

原子数の比

$$C : H : O = \frac{15.6}{12.0} : \frac{1.6}{1.0} : \frac{6.4}{16.0}$$
$$= 13 : 16 : 4$$

組成式　$C_{13}H_{16}O_4$（式量236）

$(C_{13}H_{16}O_4)_n \leqq 300$　∴　$n = 1$

分子式　$\mathbf{C_{13}H_{16}O_4}$

問2　実験2より，加水分解で3個の化合物を生じたことから，Aの中にエステル結合が2個存在する．実験3より，Eはo-キシレンの空気酸化（触媒存在）することによって得られるから無水フタル酸．したがって，Dはフタル酸である．BとCはいずれも一価アルコール．Aの構造式は

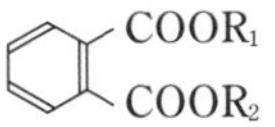

で$R_1 + R_2$は$C_{13}H_{16}O_4 - C_8H_4O_4 = C_5H_{12}$．これよりBとCの炭素原子数の合計は5個である．

　実験5より，Cは不斉炭素原子をもつから，炭素数4のアルコールC_4H_9OHで，第二級アルコールの2-ブタノール．Bは炭素数1のアルコール，すなわちメタノール．

　ここで，Fはホルムアルデヒド，Gはギ酸，Hはエチルメチルケトン．

A :

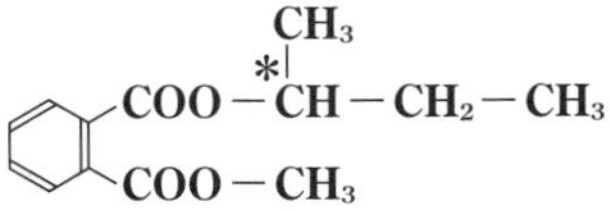

C : $CH_3 - CH_2 - \overset{*}{CH} - CH_3$
　　　　　　　　　　|
　　　　　　　　　　OH

D :

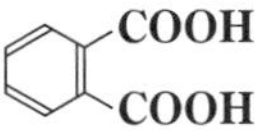

E :

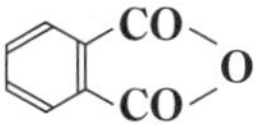

　　F : HCHO

H : $CH_3 - CH_2 - \underset{O}{\overset{\|}{C}} - CH_3$

問3　㋐　カルボキシ
　　　㋑　ホルミル

問4　(1)

問5

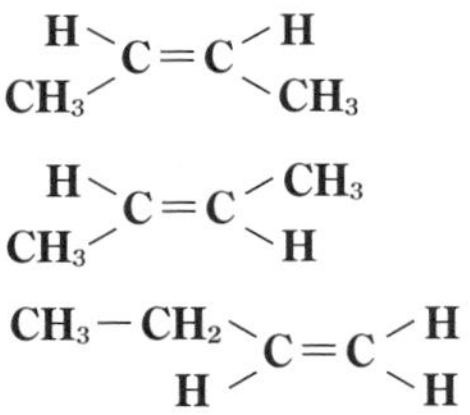

§6. 油　　　　脂

例題30 〈油　　　脂〉

油脂に関係する次の文を読んで問1〜3に答えよ.

油脂は, 三価アルコールの$^1\boxed{}$と炭素数の多い各種の$^2\boxed{}$の$^3\boxed{}$である. したがって, 高温で水蒸気によって$^4\boxed{}$される. また, アルカリの作用によって$^5\boxed{}$される. 油脂を構成する$^6\boxed{}$の$^7\boxed{}$を調べるものとしてけん化価がある. これは, 油脂$^8\boxed{}$を$^5\boxed{}$するのに要する$^9\boxed{}$の$^{10}\boxed{}$で表される. けん化価の大きいものは$^7\boxed{}$が$^{11}\boxed{}$ことを示す.

天然の油脂を$^4\boxed{}$して得られる$^2\boxed{}$には, パルミチン酸, ステアリン酸のような$^{12}\boxed{}$や, オレイン酸, リノール酸のように$^{13}\boxed{}$を1つあるいは2つもつ$^{14}\boxed{}$などが多い.

油脂中の分子の$^{15}\boxed{}$を調べるものとしてヨウ素価がある. これは油脂$^{16}\boxed{}$に付加するヨウ素の$^{17}\boxed{}$で表される. ヨウ素価の大きい油脂は, $^{15}\boxed{}$が大きく, 空気中に放置しておくと$^{18}\boxed{}$しやすい. ヨウ素価130以上のものは$^{19}\boxed{}$に, 100以下のものは$^{20}\boxed{}$に属する.

語群
- (ア) けん化
- (イ) 不飽和度
- (ウ) 不乾性油
- (エ) 乾性油
- (オ) エステル
- (カ) エーテル
- (キ) 加水分解
- (ク) グリセリンエステル(トリグリセリド)
- (ケ) グリセリン
- (コ) 1グラム
- (サ) 10グラム
- (シ) 100グラム
- (ス) ミリグラム
- (セ) 不飽和脂肪酸
- (ソ) 飽和脂肪酸
- (タ) 二重結合
- (チ) 三重結合
- (ツ) エチレングリコール
- (テ) グラム数
- (ト) ミリグラム数
- (ナ) 大きい
- (ニ) 小さい
- (ヌ) 平均分子量
- (ネ) アミノ酸
- (ノ) 脂肪酸
- (ハ) 水酸化ナトリウム
- (ヒ) 水酸化カリウム
- (フ) 固化
- (ヘ) 軟化

問1　$\boxed{}$内の語として適当なものを, 上記の語群から選んで記号(ア, イ, ウ, ……)で記入せよ. ただし, 空欄の同じ番号には同じ記号を, また, 異なった番号には異なった記号を用いること.

問2　油脂の構成酸がリノール酸($C_{17}H_{31}COOH$)1種であるとして, 水酸化ナトリウムでけん化する化学反応式を, 例にならって化学式(示性式)で示せ.

例　$C_2H_5OH + Na \longrightarrow C_2H_5ONa + \frac{1}{2}H_2$

問3　問2の油脂32.7gを完全に水素化して, 構成酸がステアリン酸である油脂にするには, 0℃, 1.0×10^5Pa(1atm)の水素何Lが必要か. ただし, 原子量はH=1, C=12, O=16, Na=23とする.

〔名古屋工業大〕

≫ポイント〉 油脂に関する基礎的知識をためす問題である．p.26の「油脂」の記述をよく理解してから解答すればよい．けん化価やヨウ素価の定義は，ふつう問題文中に記述してあるが，この問題のように記述していないものがあるから，けん化価やヨウ素価の定義と意味はよく記憶しておく必要がある．

解説　問1　油脂は，高級脂肪酸とグリセリンとのエステル（グリセリド）で，常温で固体のものを脂肪，液体のものを脂肪油とよんでいる．

　油脂は，触媒の存在下で，水蒸気によって加水分解される．油脂（エステル）を塩基の作用で加水分解することをけん化という．

　油脂の平均分子量はけん化価を使って求めることが多い．**けん化価は，油脂1gをけん化するのに要する水酸化カリウムのミリグラム数で表される．** 分子量に関係なく油脂1molのけん化にはアルカリ3molを要するから，けん化価の大きい油脂は分子量が小さくなる．

　油脂中の分子の二重結合数は，ヨウ素価を使って求めることができる．**ヨウ素価は，油脂100gに付加するヨウ素のグラム数で表される．** 油脂分子中に二重結合を多く含むと付加するヨウ素の量も多くなるから，ヨウ素価が大きい油脂ほど不飽和度が大きいことになる．また，不飽和度の大きい乾性油は空気中で酸化，重合して樹脂状の固体となる．

　けん化価と**ヨウ素価**は次のようにして求めることができる．

（例）

　リノール酸のみからなる油脂（分子量878）の**けん化価**は

$$C_3H_5(OCOC_{17}H_{31})_3 + 3KOH \longrightarrow C_3H_5(OH)_3 + 3C_{17}H_{31}COOK$$

　　（分子量878）　　　（3×56）

　　より

$$\frac{1}{878} \times 3 \times 56 \times 1000 = \mathbf{191}$$

　ヨウ素価はこの油脂1分子中に二重結合が2×3＝6個あるからその1molに付加するI_2（分子量254）は6molであるから，

$$\frac{100}{878} \times 6 \times 254 = \mathbf{174}$$

問3　リノール酸$C_{17}H_{31}COOH$は，分子中に二重結合が2個あるからリノール酸1分子には水素2分子が付加する．したがって，リノール酸のグリセリンエステル（油脂）1molには水素6molが付加する．

$$C_3H_5(OCOC_{17}H_{31})_3 + 6H_2 \longrightarrow C_3H_5(OCOC_{17}H_{35})_3$$

　$C_3H_5(OCOC_{17}H_{31})_3$の分子量は878で，その32.7gは32.7/878(mol)．付加する水素の物質量はその6倍であるからその体積（0℃, 1.0×10^5Pa）は，

$$\frac{32.7}{878} \times 6 \times 22.4 = 5.01(L)$$

答　問1　　1－ケ　　　2－ノ　　　3－オ　　　4－キ　　　5－ア　　　6－ク　　　7－ヌ
　　　　　　8－コ　　　9－ヒ　　　10－ト　　　11－ニ　　　12－ソ　　　13－タ　　　14－セ
　　　　　　15－イ　　　16－シ　　　17－テ　　　18－フ　　　19－エ　　　20－ウ
　　　問2　　$C_3H_5(OCOC_{17}H_{31})_3 + 3NaOH \longrightarrow C_3H_5(OH)_3 + 3C_{17}H_{31}COONa$
　　　問3　　**5.01L**

───── 例題31 （油脂の示性式の決定） ─────

〔1〕　次の文章を読み，下の問に答えよ．

　　1種類の不飽和脂肪酸のグリセリンエステルからなる油脂がある．この油脂1.00 g
をけん化するのに0.500 mol/Lの水酸化カリウム水溶液6.83 mLを要した．また，こ
の油脂1.00 gにヨウ素を反応させたところ，1.75 gのヨウ素が付加した．したがって，
この油脂の分子量は⁽ᵖ⁾☐☐☐で，この油脂分子中には⁽ⁱ⁾☐☐☐個の炭素-炭素二重結
合がある．以上のことより，前記の不飽和脂肪酸の示性式は⁽ᵘ⁾☐☐☐であることがわ
かる．

問1　上の文章中の(ア)～(ウ)の中に適切な整数値または示性式を入れよ．ただし，(ウ)に
　　　ついては二重結合の位置は問わない．また，原子量はH＝1，C＝12，O＝16，K＝
　　　39，I＝127とする．
問2　上の文章中の下線を付した部分の反応を，化学反応式で示せ．
問3　大豆油，あまに油は乾性油とよばれ，オリーブ油，やし油は不乾性油とよばれ
　　　ているが，その差異は何に起因しているか，30字以内で記せ．
問4　いわし油などの魚油は，水素付加してセッケンやマーガリンの原料として用い
　　　られている．このように，水素付加して得られる油脂は何とよばれるか．

〔長崎大〕

〔2〕　水酸化ナトリウムを触媒として油脂とメタノールを反応させると，高級脂肪酸
　　のメチルエステルとグリセリンが生じる．この脂肪酸メチルエステルはバイオディ
　　ーゼル燃料とよばれ，軽油の代替品として使用することができる．
問1　下線部の変化を，示性式を用いた化学反応式で表しなさい．ただし，油脂を構
　　　成する脂肪酸はすべてR－COOHとする．
問2　ある油脂43.6gをすべて脂肪酸メチルエステルに変換するのに，メタノール
　　　4.80gが必要であった．この油脂は同一の脂肪酸のみから構成され，脂肪酸には炭
　　　素原子間に二重結合が3個存在する．原子量はH＝1，C＝12，O＝16とする．
　（1）油脂の分子量を有効数字3桁で求めなさい．
　（2）油脂を構成する脂肪酸R－COOHのR－をC_nH_mとしたとき，n, mの値を求
　　　めなさい．
　（3）この油脂の示性式を書きなさい．

〔神戸大・改〕

》ポイント〉　ふつう油脂の分子量はけん化価，二重結合数はヨウ素価を使って求めることが多いが，この問題のようにけん化価やヨウ素価の定義を知らなくても解ける場合もある．硬化油は，不飽和油脂にニッケル触媒下で水素を付加してできる固体の飽和油脂．

〔1〕**解説**　不飽和脂肪酸の示性式をC_nH_mCOOHとすると，この油脂のけん化反応は次のとおりである．

$$C_3H_5(OCOC_nH_m)_3 + 3KOH \longrightarrow C_3H_5(OH)_3 + 3C_nH_mCOOK$$

いま，油脂の分子量をMとすれば，KOHの分子量は56であるから，

（油脂）　　　　　（KOH）

$$\frac{1.00\,(g)}{M\,(g)} = \frac{0.500 \times \dfrac{6.83}{1000} \times 56\,(g)}{3 \times 56\,(g)} \qquad M \fallingdotseq 878$$

油脂1molに付加するI_2（分子量254）の物質量をx(mol)とすると，

（油脂）　　　（I_2）

$$\frac{1\,(mol)}{\dfrac{1.00}{878}(mol)} = \frac{x\,(mol)}{\dfrac{1.75}{254}(mol)} \qquad x = 6\,(mol)$$

より，油脂1分子にI_2 6分子が付加する．二重結合1個にI_2 1分子が付加するから，油脂1分子あたりの二重結合の数は6個．油脂1分子には炭化水素基が3個あり，1個あたり二重結合が2個あるから炭化水素基C_nH_mは$C_nH_{2n+1-2\times2} = C_nH_{2n-3}$と書くことができる．

$$C_3H_5(OCOC_nH_{2n-3})_3 = 878$$

$$41 + (44 + 12n + 2n - 3) \times 3 = 878 \qquad \therefore \quad n = 17$$

油脂の示性式は$C_3H_5(OCOC_{17}H_{31})_3$，分子量は878．

答　問1　(ア) **878**　　(イ) **6**　　(ウ) **$C_{17}H_{31}COOH$**

　　　問2　**$C_3H_5(OCOC_{17}H_{31})_3 + 3KOH \longrightarrow C_3H_5(OH)_3 + 3C_{17}H_{31}COOK$**

　　　問3　**不飽和度の大小による．不飽和度は乾性油が大，不乾性油が小．**

　　　問4　**硬化油**

〔2〕**解説　答**

問1　油脂を構成する脂肪酸の示性式はRCOOH．この油脂のエステル化反応は次のとおりである．

$$C_3H_5(OCOR)_3 + 3CH_3OH \longrightarrow C_3H_5(OH)_3 + 3RCOOCH_3$$

問2　(1)　いま，油脂の分子量をMとすれば，CH_3OHの分子量は32であるから

（油脂）（メタノール）

$$\frac{43.6(g)}{M(g)} = \frac{4.80(g)}{3 \times 32(g)}$$

$$M = \mathbf{872}$$

　　　(2)　油脂1分子には炭化水素基が3個あり，1個あたり二重結合が3個あるから，Rは$C_nH_m = C_nH_{2n+1-2\times3} = C_nH_{2n-5}$．

$$C_3H_5(OCOC_nH_{2n-5})_3 の分子量 = 872$$

$$41 + (44 + 12n + 2n - 5) \times 3 = 872 \quad より$$

$n=17$, $m=29$

(3)　$C_3H_5(OCOC_{17}H_{29})_3$

例題32 セッケンと合成洗剤

油脂に関する以下の問に答えよ．原子量をH＝1.0，C＝12.0，O＝16.0とする．

問1　古代メソポタミア・エジプト時代からセッケンは人類に欠かせない物質であった．セッケンは油脂を　(1)　で加水分解してつくられる．ところで水と油脂とセッケンを混ぜると，油脂は細かい粒となるが，この状態を　(2)　液という．セッケンは1分子中に　(3)　性の炭化水素部分と　(4)　性の　(5)　基をもっている．(1)～(5)に適当な言葉を入れよ．

問2　セッケンが油脂と水中でコロイド粒子を形成する様子を描け．　　セッケンは　　　油脂は
で示すこと．

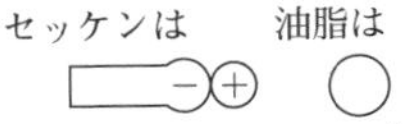

問3　Ca^{2+}，Mg^{2+}を含む硬水に対してセッケン水は泡立ちにくい．この理由を簡潔に述べよ．

問4　アルキルベンゼンスルホン酸ナトリウム(略称ABS)は硬水でも使用可能な合成洗剤である．この理由を簡潔に述べよ．

問5　ABSをアルキルベンゼンから合成したい．合成の反応式を書け．なお，アルキル基は$C_nH_{2n+1}-$で示せ．

問6　ある油脂1.0molを加水分解したところ，グリセリン，オレイン酸，ステアリン酸，リノール酸を各々1.0mol生じた．オレイン酸，ステアリン酸，リノール酸はいずれも炭素18個の脂肪酸である．この油脂の予想される構造式をすべて書け．ただし立体異性体は考慮しなくてよい．脂肪酸部分の構造は，$C_{17}H_xCOO-$のように書け．

問7　この油脂の分子量を求めよ．

問8　この油脂2.21gを触媒を用いて完全に飽和した油脂に変えるには，0℃，$1.0×10^5Pa$(1atm)に換算して何Lの水素が必要か．答えは小数点以下3桁目を四捨五入せよ．

問9　この油脂に水酸化ナトリウムを反応させてセッケンをつくると，油脂100gから何gのセッケンができるか．答えは整数で答えよ．

〔関西学院大・改〕

ポイント　セッケンと合成洗剤の比較(たとえば，液性，硬水に対する性質など)に注意する．

合成洗剤　高級アルコールの硫酸水素エステルのナトリウム塩R－O－SO₃Naやアルキルベンゼンスルホン酸ナトリウム　R－◯－SO₃Na

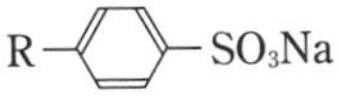

セッケンと合成洗剤の比較

	親水基と親油基をもつ	加水分解	硬　　水	水溶液に酸を加える	洗浄作用
セッケン	**R COONa** ⋮　　⋮ 疎水基　親水基 (親油基)	加水分解して塩基性	(RCOO)₂Mg (RCOO)₂Ca の不溶物質をつくるので使えない	水に溶けにくい高級脂肪酸を遊離	あ　り
合成洗剤	**R—⬡—SO₃Na** ⋮　　　⋮ 疎水基　　親水基 (親油基)	加水分解しない (中性)	不溶物質をつくらないから使える	変化なし	あ　り

【解説】　【答】　セッケンの性質は，①洗浄作用をもち，水溶液は加水分解して弱塩基性を呈する．②硬水中では(RCOO)₂Ca，(RCOO)₂Mgなどの不溶性物質をつくる．③酸を加えると高級脂肪酸を遊離する．

　また，セッケン水が白濁しているのは，数十個のセッケン分子が会合(ミセル)してコロイド粒子をつくっているためである．

問1　脂肪の細かい粒が水中に分散している牛乳のように，互いに溶け合わない液体でできているものを乳濁液という．

(1)　**水酸化ナトリウム**　　(2)　**乳濁**　　(3)　**疎水(または親油)**

(4)　**親水**　　(5)　**カルボキシ**

問2

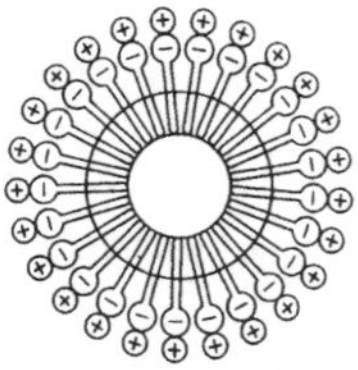

問3　**セッケンは，硬水中でCa²⁺やMg²⁺と不溶性物質をつくるから．**

問4　**ABSは，セッケンと同じように，親水基と疎水基(親油基)をもつので洗浄作用があり，また硬水中でもCa²⁺やMg²⁺と不溶性物質をつくらないから使える．**

問5　ABSは，アルキルベンゼンを濃硫酸と反応させてスルホン化する．これを水酸化ナトリウム水溶液で中和すれば得られる．

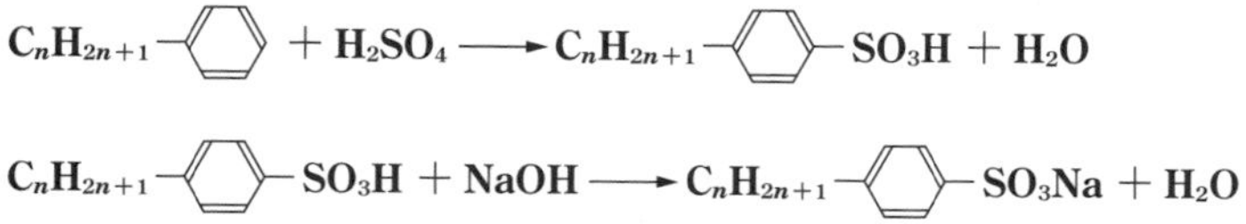

$$C_nH_{2n+1}-⬡ + H_2SO_4 \longrightarrow C_nH_{2n+1}-⬡-SO_3H + H_2O$$

$$C_nH_{2n+1}-⬡-SO_3H + NaOH \longrightarrow C_nH_{2n+1}-⬡-SO_3Na + H_2O$$

問 6　　$CH_2-OCOC_{17}H_{35}$　　　$CH_2-OCOC_{17}H_{35}$　　　$CH_2-OCOC_{17}H_{31}$

　　　　　$CH-OCOC_{17}H_{33}$　　　　$CH-OCOC_{17}H_{31}$　　　　$CH-OCOC_{17}H_{35}$

　　　　　$CH_2-OCOC_{17}H_{31}$　　　$CH_2-OCOC_{17}H_{33}$　　　$CH_2-OCOC_{17}H_{33}$

問 7　この油脂の加水分解反応を略記する.（　　）内は分子量を示す.

　　　　油脂＋$3H_2O \longrightarrow C_3H_5(OH)_3 + C_{17}H_{33}COOH + C_{17}H_{35}COOH + C_{17}H_{31}COOH$

　　　　(M)　　(18)　　　　(92)　　　　　(282)　　　　　(284)　　　　　(280)

$$M = 92 + 282 + 284 + 280 - (3 \times 18) = \mathbf{884}$$

問 8　オレイン酸$C_{17}H_{33}COOH$には，分子中に二重結合が 1 個，リノール酸$C_{17}H_{31}COOH$

　　　には 2 個あるから，油脂1molには水素3molが付加する．2.21gの油脂は$\dfrac{2.21}{884}$(mol)であ

　　　るから，必要な水素は$\dfrac{2.21}{884} \times 3$(mol). 0℃，$1.0 \times 10^5 Pa$(1atm)の体積(L)は

$$\frac{2.21}{884} \times 3 \times 22.4 = 0.168 \fallingdotseq \mathbf{0.17}(L)$$

問 9　けん化反応を略記する．（　）内は分子量

　　　　油脂＋$3NaOH \longrightarrow C_3H_5(OH)_3 + 3RCOONa$

　　　　(884)　　(40)　　　　　(92)

　　　より，油脂1molから生成するセッケンの質量(g)は

$$884 + (3 \times 40) - 92 = 912(g)$$

　　　したがって，油脂100gから得られるセッケンの質量(g)は

$$\frac{100}{884} \times 912 = 103.1 \fallingdotseq \mathbf{103}(g)$$

練　習　問　題

30 次の文中の□□□に適当な語句，数字または示性式を記入せよ．ただし，^{9}□□□，
^{10}□□□には分子式を記入し，計算値は四捨五入して有効数字3桁まで求めよ．原子量
はH＝1，C＝12，O＝16，K＝39，I＝127とする．

　単一組成の油脂A 10 gに^1□□□を触媒として，完全に水素を付加させたところ，
252.2mL（0℃，$1.0×10^5$Pa）の水素を吸収し，油脂Bが得られた．油脂B 1 gを脂肪酸の
カリウム塩である^2□□□とヒドロキシ基3個をもった^3□□□に完全に^4□□□する
のに，0.1mol/L水酸化カリウム水溶液33.7mLを要した．この混合溶液に希硫酸を加え
て酸性にすると，1種類の飽和脂肪酸が析出した．したがって，油脂Bのけん化価は
^{5}□□□で，分子量は^6□□□である．他方，油脂Aの分子量は^7□□□で，ヨウ素価
は^8□□□である．

　以上の結果から，油脂Aを構成している脂肪酸の分子式は^9□□□および^{10}□□□と
なる．これらの脂肪酸をRCOOHおよびR'COOHとすると，油脂AにはR，R'の組合せ
により^{11}□□□種類の異性体が存在しうる．ただし，立体異性体は考慮しなくてよい．

〔山口大・改〕

31 次の文章を読んで，問1～問5に答えよ．

　1種類の分子からなる油脂A（分子量888）を構成する脂肪酸は，飽和脂肪酸Bと不飽
和脂肪酸Cの2種類で，どちらも炭素数が18の直鎖型であった．不飽和脂肪酸の炭化
水素基には二重結合が存在するので，二重結合についた原子団の配置が異なる□ア□
異性体が生じる．ただし不飽和脂肪酸Cの二重結合は，多くの天然の不飽和脂肪酸と同
様に，水素原子が二重結合の同じ側に結合した□イ□型であった．

　油脂A100gに水素を□ウ□して，すべての脂肪酸を飽和するのに必要な水素は標準
状態で2.52Lであった．

　油脂Aに水酸化ナトリウム水溶液を加えて加熱するとグリセリン（分子量92）と脂肪
酸のナトリウム塩が生成した．

　グリセリンには鏡像異性体（光学異性体）は存在しない．しかし，グリセリンの炭素
原子（端から順に1位，2位，3位とよぶ）の1位と3位のどちらか一方についたヒドロ
キシ基を脂肪酸でエステル化すれば，□エ□位の炭素は□オ□炭素原子となり，この
化合物には2つの鏡像異性体が生じる．

　問1　□ア□～□オ□に適切な語句を記せ．
　問2　1分子の油脂Aに含まれる炭素と炭素の間の二重結合の数はいくつか．計算の過
　　　程も示せ．
　問3　下線部の反応が完全にすすんだとき，油脂A100 gから生成するセッケンの質量
　　　は何gか，有効数字3桁で答えよ．計算の過程も示せ．原子量はH＝1，C＝12，
　　　O＝16，Na＝23とする．
　問4　油脂Aと同じ脂肪酸組成の油脂には，それぞれの脂肪酸がエステル化しているグ

リセリンのヒドロキシ基の位置のちがいによって，何種類の分子が存在するか．鏡像
異性体も数に入れて答えよ．

問5 油脂Aと同じ脂肪酸組成の油脂で，鏡像異性体が存在しないものの構造式を書け．
ただし，脂肪酸の炭化水素基は，$-C_2H_5$のように，$-C_mH_n$の形で表せ．

〔三重大〕

32 次の表は，セッケンと合成洗剤についてまとめたものである．表中の文章を読み，
下の(1)～(6)の問に答えよ．

	セッケン	合成洗剤
成分と作用	汚れを落とす主成分である　ア　とその働きを助けて汚れ落ちをよくする添加剤からできている．　ア　は分子中に水和しやすい性質の　イ　基と水をはじく性質の　ウ　基をもつ．このような物質を水に溶かすと多数の　ア　分子が配列集合した　エ　をつくる．油汚れが　ア　分子と出合うと　ウ　基と油分が引き合い，油汚れが　エ　にとり込まれて水中に分散される．この現象を　オ　作用といい，洗浄作用の原理の1つである．	
原料と製法	(i)　カ　を水酸化ナトリウムでけん化し，　キ　と脂肪酸ナトリウムにする．これに(ii)食塩を加えてコロイド状のセッケンを分離する．	アルコール系洗剤は高級アルコールを硫酸でエステル化し，水酸化ナトリウムで中和してつくる．また，(iii)ABS系洗剤はアルキルベンゼンに硫酸を反応させ，水酸化ナトリウムで中和してつくる．
性質	(iv)セッケンの水溶液は塩基性である．　ク　イオンや　ケ　イオンを多く含む　コ　中では，(v)水に溶けにくい脂肪酸の塩をつくって沈殿するので，泡立ちが悪くなり洗浄効果が低下する．	(vi)アルコール系洗剤やABS系洗剤の水溶液は中性である．また，この　ク　塩や　ケ　塩は水によく溶けるので　コ　中でもセッケンほどは洗浄力が落ちない．

(1)　ア　～　コ　に適当な語を入れよ．

(2) 下線部(i)の反応を化学反応式で記せ．ただし，脂肪酸ナトリウムをR－COONaとする．

(3) 下線部(ii)の現象を何というか．

(4) 下線部(iii)について，下の　サ　・　シ　に適当な官能基を入れよ．ただし，Rはアルキル基を示す．

(5) 下線部(iv)と下線(vi)で，性質にちがいが生じる理由を簡潔に述べよ．

(6) 下線部(v)について，脂肪酸ナトリウム（R-COONa）から生じる沈殿の化学式を2つ記せ．

〔金沢大〕

練 習 問 題 の 解 説 と 解 答

30 5　油脂B1gのけん化に要したKOHは，

$$0.1 \times \frac{33.7}{1000} \times 56 = 0.1887 (g)$$

$$≒189 (mg)$$

6　油脂Bの分子量Mは，

$$\frac{1.00 (g)}{M (g)} = \frac{0.1 \times \dfrac{33.7}{1000} \times 56 (g)}{3 \times 56 (g)}$$

$$M = 890$$

7　油脂A1molに付加するH_2の物質量$x$molは，

$$\frac{10}{890 - 2x} = \frac{252.2/22400}{x}$$

$$\therefore \quad x = 1 (mol)$$

油脂Aの分子量は，

$$890 - 2 \times 1 = 888$$

8　油脂A1molに$I_2$1molが付加するからヨウ素価xは，

$$\frac{100}{888} (mol) = \frac{x}{254} (mol)$$

$$\therefore \quad x = 28.6$$

9〜11　油脂Bの化学式を$C_3H_5(OCOC_nH_{2n+1})_3$とすると，

$$41 + (44 + 12n + 2n + 1) \times 3 = 890$$

$$\therefore \quad n = 17$$

油脂Aの1分子中に二重結合が1個あるから，油脂Aの1分子はステアリン酸$C_{17}H_{35}COOH$2分子とオレイン酸$C_{17}H_{33}COOH$1分子がグリセリン1分子とエステル化してできたもの．

異性体は次の2種類

$CH_2OCOC_{17}H_{35}$
$|$
$CHOCOC_{17}H_{35}$
$|$
$CH_2OCOC_{17}H_{33}$

$CH_2OCOC_{17}H_{35}$
$|$
$CHOCOC_{17}H_{33}$
$|$
$CH_2OCOC_{17}H_{35}$

1．ニッケル　　　2．セッケン
3．グリセリン　　4．けん化
5．**189**　　　　6．**890**
7．**888**　　　　8．**28.6**
9．$C_{18}H_{36}O_2$　　10．$C_{18}H_{34}O_2$
11．**2**

31　問1　ア．シス-トランス（幾何）
　　　　　イ．シス　ウ．付加
　　　　　エ．**2**　オ．不斉
　問2　油脂A1mol中の$C=C$結合数を$x$molとすると

$$\frac{100}{888} \times x = \frac{2.52}{22.4} \qquad x = 1 mol$$

油脂1分子中に$C=C$結合が1個

　問3　$C_3H_5(OCOR)_3 + 3NaOH$
　　　　（分子量888）　　（40）

$$\longrightarrow C_3H_5(OH)_3 + 3RCOONa$$
　　　　　　　　　　　（92）

油脂1mol（888g）から生成するセッケンの質量（g）は

$$888 + (3 \times 40) - 92 = 916 (g)$$

したがって，油脂100gから得られるセッケンの質量（g）は

$$\frac{100}{888} \times 916 = 103.6 ≒ \mathbf{103} (g)$$

　問4　問2より，油脂1分子中に$C=C$結合が1個あるから，油脂Aに水素付加してできた油脂の分子量は，888＋2＝890，脂肪酸の分子式を$C_nH_{2n+1}COOH$とおくと，

$C_3H_5(OCOC_nH_{2n+1})_3 = 890$ より

$41 + (44 + 12n + 2n + 1) \times 3 = 890$

$\therefore \quad n = 17$

飽和脂肪酸Bは$C_{17}H_{35}COOH$（ステアリン酸）

不飽和脂肪酸Cは$C_{17}H_{33}COOH$（オレイン酸）

$$
\begin{array}{l}
CH_2-OCO-C_{17}H_{35} \\
{}^{*}CH-OCO-C_{17}H_{35} \\
CH_2-OCO-C_{17}H_{33}
\end{array}
$$
（2種類）

$$
\begin{array}{l}
CH_2-OCO-C_{17}H_{35} \\
CH-OCO-C_{17}H_{33} \\
CH_2-OCO-C_{17}H_{35}
\end{array}
$$
（1種類）

計　**3種類**

問5
$$
\begin{array}{l}
CH_2-OCO-C_{17}H_{35} \\
CH-OCO-C_{17}H_{33} \\
CH_2-OCO-C_{17}H_{35}
\end{array}
$$

32 (1) セッケンのように，水と油の境界面に配列して，境界面の性質を変える働きをもつ物質を界面活性剤という．

ア．**界面活性剤**　イ．**親水**　ウ．**疎水**

エ．**ミセル**　オ．**乳化**　カ．**油脂**

キ．**グリセリン**

ク．**カルシウム（またはマグネシウム）**

ケ．**マグネシウム（またはカルシウム）**

コ．**硬水**

(2) $C_3H_5(OCOR)_3 + 3NaOH$

$\longrightarrow C_3H_5(OH)_3 + 3RCOONa$

(3) 水溶液中では，セッケン分子は数十個会合してミセルをつくり，親水基を外側に向けているから，親水コロイドになっている．親水コロイドが，多量の電解質によって沈殿することを塩析とよんでいる．　　　**塩析**

(4) ABS（アルキルベンゼンスルホン酸ナトリウム）の合成法

$$R-\!\!\bigcirc\!\!-\xrightarrow[\text{スルホン化}]{H_2SO_4} R-\!\!\bigcirc\!\!-SO_3H$$

$$\xrightarrow[\text{中和}]{NaOH} R-\!\!\bigcirc\!\!-SO_3Na$$

サ．**SO_3H**　シ．**SO_3Na**

(5) セッケンは，弱酸の脂肪酸と強塩基の水酸化ナトリウムの塩であるから，その水溶液は加水分解して塩基性を示すが，アルコール系洗剤やABS系洗剤は，強酸であるアルキル硫酸やスルホン酸と強塩基の水酸化ナトリウムの塩であるから，加水分解しないので中性である．

セッケンの水溶液中では，塩の加水分解が起きるが，アルコール系洗剤やABS系洗剤の水溶液中では，加水分解が起きないから．

(6) **$(RCOO)_2Ca$**　　**$(RCOO)_2Mg$**

§7. 糖類（炭水化物）

例題33 糖 類

次の文を読み，問(1)〜(6)の答えを記せ.

糖類（炭水化物）は，タンパク質，油脂と並んで三大栄養素の1つである．食品としての糖類（炭水化物）は穀物やいも類から得られ，その主成分はデンプンである．デンプンはα-グルコースが重合した多糖であり，その構造はらせん状となっている．ヨウ素デンプン反応が起こるのは，ヨウ素分子が，らせん状のデンプン分子の中へはいり込むからである．また，デンプンは熱水に溶けてコロイド溶液になる.

セルロースは木綿や紙などに含まれる植物繊維の主成分である．セルロースは，β-グルコースが重合した多糖であるが，ヨウ素デンプン反応を示さず，(A)丈夫な繊維をつくる構造をもっている．セルロースは，熱水に溶けない.

(B)セルロースに濃硝酸と濃硫酸の混合溶液を作用させるとニトロセルロースが得られ，セルロースと無水酢酸との反応からはアセチルセルロースが得られる．これらの化合物は，火薬やコロジオンもしくはアセテート繊維の原料として用いられる.

デンプンやセルロースを希酸で加水分解するとグルコースが得られる．グルコースは（　あ　）ともよばれる．(C)グルコースは水溶液中では3つの異性体が平衡状態になっており，還元性を示す．たとえば，グルコースの水溶液は（　い　）液を還元して赤色の酸化銅（Ⅰ）を生成する．酵母菌に含まれる（　う　）とよばれる酵素群をグルコースに作用させると，アルコール発酵が起こり，エタノールと二酸化炭素が生じる．グルコースの異性体である（　え　）は果糖ともよばれる．(D)果糖の水溶液は還元性を示す.

二糖の（　お　）はグルコースと（　え　）が脱水縮合したものとみなされ，ショ糖ともよばれる．デンプンをアミラーゼを用いて加水分解すると二糖の（　か　）が得られる．また，(E)セルロースをセルラーゼにより加水分解すると二糖のセロビオースが得られる.

(1) 文中の空欄（　あ　）〜（　か　）に最も適する化合物名または語句を記入せよ.

(2) 下線部(A)について，セルロースが丈夫な繊維をつくる理由を，セルロースの構造上の特徴と関連させて簡潔に説明せよ.

(3) 下線部(B)に関する次の化学反応式中の空欄 ア 〜 ウ に最も適する化学式を入れて，トリニトロセルロースをつくる反応の化学反応式を完成させよ．なお，化学式は左辺のセルロースの化学式にならって示し，必要ならば係数もつけること.

$$[C_6H_7O_2(OH)_3]_n + \boxed{ア} \longrightarrow \boxed{イ} + \boxed{ウ}$$

　　　　セルロース　　　　　　　　トリニトロセルロース

(4) 下線部(C)の平衡状態を表した右の式中の空欄 エ および オ に最も適する構造式を入れて式を完成させよ．なお，構造式は α-グルコースの構造式にならって示せ．

α-グルコース　　グルコース（鎖式構造）　β-グルコース

(5) 下線部(D)について，還元性を示す原子団の構造を例にならって示せ．

(6) 下線部(E)について，セルラーゼを用いて200gのセルロースを加水分解したところ，用いたセルロースの40.5%がセロビオースになった．セロビオースは何gできたか．有効数字3桁で答えよ．

ただし，原子量はH＝1，C＝12，O＝16とする．

〔同志社大〕

原子団の構造の例

$$-CH_2-\overset{\displaystyle O}{\overset{\displaystyle \|}{C}}-OH$$

▶ポイント　P.27～P.29の「糖類」の記述（たとえば，還元性の有無，加水分解酵素と加水分解生成物など）を読んでおく．グルコース，スクロース，デンプン，セルロースなどの出題が多い．グルコースでは α-グルコースと β-グルコースの区別とグルコースの水溶液中での平衡状態，アルコール発酵．デンプンではアミロースとアミロペクチンの区別，セルロースではヒドロキシ基の硝酸エステル化，アセチル化などに注意する．

解説　① デンプンはアミロースとアミロペクチンから構成されている．アミロースは，α-グルコースの1位の炭素原子のOH基と，隣接する α-グルコースの4位の炭素原子のOH基との間から水がとれて縮合重合した，直鎖状の高分子化合物である．アミロペクチンは，その α-グルコース間の結合の大部分は1位と4位の結合であるが，直鎖構造のところどころで枝分かれ（1位と6位の結合）した構造をもっている．ヨウ素溶液（ヨウ素ヨウ化カリウム溶液）との呈色反応はアミロースが青色，アミロペクチンが赤紫色．

② セルロースは，β-グルコースの直鎖状（1位と4位の結合）の高分子化合物である．セルロースは直線状の高分子であるため，多くの個所で分子どうしが水素結合で強く結びついた結晶構造をとっているために丈夫な繊維をつくっている．

セルロースは，グルコース単位1個にヒドロキシ基が3個あるから，$[C_6H_7O_2(OH)_3]_n$ と書くことができる．セルロースを硝酸エステル化するとトリニトロセルロースが得られる．

$$[C_6H_7O_2(OH)_3]_n + 3nHNO_3 \longrightarrow [C_6H_7O_2(ONO_2)_3]_n + 3nH_2O$$

また，アセチル化すると，トリアセチルセルロースが得られる．

$$[C_6H_7O_2(OH)_3]_n + 3n(CH_3CO)_2O \longrightarrow [C_6H_7O_2(OCOCH_3)_3]_n + 3nCH_3COOH$$

③ グルコース（ブドウ糖）は，デンプンやセルロースを希酸で加水分解すれば得られる．

$$(C_6H_{10}O_5)_n + nH_2O \longrightarrow nC_6H_{12}O_6$$

グルコースは，ホルミル基をもつので還元性がある．たとえば，フェーリング液を還元

して赤色の酸化銅(Ⅰ)Cu_2O を生成する．また，グルコースは，フルクトースやマンノースのような単糖と同様に，酵母菌中に存在する酵素群チマーゼによってエタノールと二酸化炭素を生成する(アルコール発酵)．

$$C_6H_{12}O_6 \longrightarrow 2C_2H_5OH + 2CO_2$$

　グルコースは，水溶液中では鎖式構造と α-グルコースの環式構造と β-グルコースの環式構造が一定の割合で混じって平衡状態を保っている．

④　二糖のスクロース(ショ糖)を加水分解すると，グルコースとフルクトースが生成する．二糖のマルトース(麦芽糖)は，デンプンをアミラーゼで，また二糖のセロビオースはセルロースをセルラーゼでそれぞれ加水分解すれば得られる．

⑤　単糖類と，スクロースを除いた二糖類は，－CHOをもつので還元性がある．ただし，フルクトースは－CHOをもたないが還元性を示す．それは鎖式構造中に点線で囲まれた $-\underset{\underset{O}{\|}}{C}-CH_2OH$ が存在するからである．(この構造がエノール型を経てアルデヒド型になる)

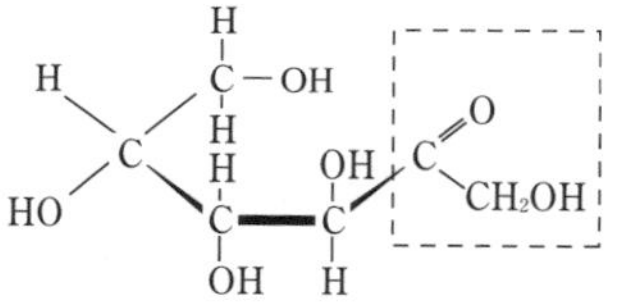

（フルクトースの鎖式構造）

答　(1)　(あ) ブドウ糖　　(い) フェーリング　　(う) チマーゼ
(え) フルクトース　　(お) スクロース　　(か) マルトース

(2)　セルロースは直線状の高分子で，分子どうしが多くの個所で水素結合で強く結びついた結晶構造をとっているので丈夫な繊維をつくっている．

(3)　ア. $3nHNO_3$　　イ. $[C_6H_7O_2(ONO_2)_3]_n$　　ウ. $3nH_2O$

(4)　エ. 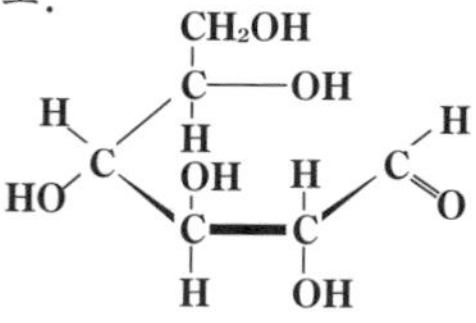
オ.

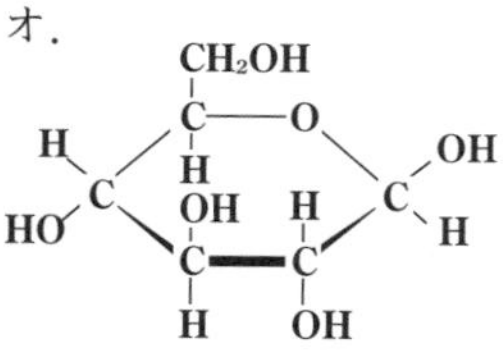

(5)　$-\underset{\underset{O}{\|}}{C}-CH_2OH$

(6)　$2[C_6H_7O_2(OH)_3]_n + nH_2O \longrightarrow nC_{12}H_{22}O_{11}$

　セルロースの分子量は $162n$ で，その 200 g は $\dfrac{200}{162n}$ (mol)．生成するセロビオースの物質量は $\dfrac{200}{162n} \times \dfrac{n}{2}$ (mol)．用いたセルロースの40.5％がセロビオースになったのであるから，セロビオース(分子量342)の生成量は

$$\frac{200}{162n} \times \frac{n}{2} \times \frac{40.5}{100} \times 342 = \mathbf{85.5}\,(g)$$

例題34　二　糖　類

　糖類は分子の大きさによって分類される．単糖はそれ以上小さな糖単位に加水分解されない糖類である．二糖は加水分解で2つの単糖を生じる．単糖は分子の炭素数によって分類され，炭素数6個の糖はヘキソースとよばれる．右に代表的なヘキソースであるフルクトースAとα-グルコースBの構造を示す．

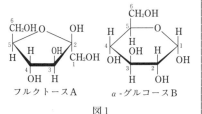

フルクトースA　　α-グルコースB

図1

問1　図1のα-グルコースの表記法にならって，β-グルコース，鎖式グルコースの構造を書け．

問2　スクロースCはフルクトースの2位のOHとα-グルコースの1位のOHの間で脱水縮合した構造をもつ．スクロースの構造を図2(イ)〜(ホ)の中から選んで記号で答えよ．

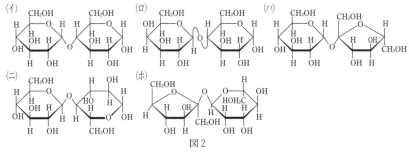

図2

問3　セロビオースDは2分子のβ-グルコースが1位のOHと4位のOHの間で脱水縮合した構造の二糖であり，マルトースEは2分子のα-グルコースが1位のOHと4位のOHの間で脱水縮合した構造の二糖である．セロビオースDおよびマルトースEの構造を図2(イ)〜(ホ)の中から選んでそれぞれ記号で答えよ．

問4　上記の糖類A〜Eのうち水に溶かしたとき還元性を示さないものはどれか．理由も簡潔に説明せよ．

問5　ある二糖5.13gを完全に加水分解して得られる単糖のフェーリング反応において，生成する赤色沈殿の化学式を書き，その生成量を有効数字3桁で答えよ．ただし，単糖1molより赤色沈殿が1mol得られるものと仮定する．

　　　原子量はH＝1，C＝12，O＝16，Cu＝63.5とする．

問6　デンプンは単糖が多く縮合重合した化合物の1つである．デンプン100gに希塩酸を加えて完全に加水分解して得られた糖に，適当な量の酵母を加えてアルコール発酵させると，エタノールは何g得られるか．得られた糖が100％アルコール発酵したとして，有効数字3桁で答えよ．

〔千葉大・改〕

▶ポイント 二糖類には，スクロース（ショ糖），マルトース（麦芽糖），ラクトース（乳糖），セロビオースがある．これらの構造はp.28およびp.29を参照するとよい．二糖類のうち，スクロースだけが還元性を示さないのは，グルコースとフルクトースがそれぞれ還元性を示す部分で縮合した構造をとっているからである．

解説 **答** スクロースは α-グルコースと β-フルクトース，マルトースは α-グルコースと α-グルコース，ラクトースは α-グルコースと β-ガラクトース，セロビオースは β-グルコースと β-グルコースのそれぞれ脱水縮合体である．

問1

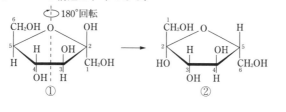

問2　スクロースは，α-グルコースの1位のOHと β-フルクトース（下記の①の同一平面上にある五員環のOを含めた点線を軸として180°回転した②）の2位のOHの間で脱水縮合した構造をもっている．ここで，炭素原子に結合している原子や原子団は紙面の上下にあるが，180°の回転によってその上下の位置が逆になることに注意する．したがって，スクロースの構造は（ハ）である．

（ハ）

問3　D（ニ）　　　E（イ）

問4　**C**（理由）**スクロース分子は，グルコースとフルクトースがそれぞれ還元性を示す部分で縮合した構造をしているから．**

問5　二糖の加水分解の反応式は

$$C_{12}H_{22}O_{11} + H_2O \longrightarrow 2C_6H_{12}O_6$$

二糖1molから単糖2molを生じるから，二糖1molから赤色沈殿（Cu_2O）2molが得られる．分子量は $C_{12}H_{22}O_{11} = 342$，$Cu_2O = 143$．二糖5.13gは $\frac{5.13}{342}$（mol），生成した Cu_2O の物質量は $\frac{5.13}{342} \times 2$（mol），その質量は

$$\frac{5.13}{342} \times 2 \times 143 = 4.29 \text{(g)}$$

Cu_2O，4.29(g)

問6　デンプンに希塩酸を加えて加水分解する反応式は

$$(C_6H_{10}O_5)_n + nH_2O \longrightarrow nC_6H_{12}O_6$$

アルコール発酵の反応式は

$$C_6H_{12}O_6 \longrightarrow 2C_2H_5OH + 2CO_2$$

結局 　　$(C_6H_{10}O_5)_n \longrightarrow 2nC_2H_5OH$
　　　　（分子量162n）　　（分子量46）

デンプン100gは$\dfrac{100}{162n}$（mol），生成したエタノールの物質量は$\dfrac{100}{162n} \times 2n$（mol），その質量は

$$\frac{100}{162n} \times 2n \times 46 = 56.79 \fallingdotseq \mathbf{56.8}(g)$$

例題35 デンプンとセルロース

　次の文を読み，以下の問1から問8に答えよ．原子量はH＝1，C＝12，N＝14，O＝16とする．

　デンプンとセルロースは，どちらも(a)多数のグルコース（α-グルコースまたはβ-グルコース）が繰り返し縮合した構造をもつ．α-グルコースとβ-グルコースの分子構造と炭素原子の番号①～⑥を図に示した．デンプンは，アミロースとアミロペクチンから構成される．アミロースは，α-グルコースどうしが炭素①と炭素④の位置のヒドロキシ基の間で縮合（α-1,4-グリコシド結合）した構造をしており，アミロペクチンは，アミロースの構造に加えてα-グルコースの炭素①と炭素 ア の位置のヒドロキシ基の間でも縮合した枝分かれ構造を有する．一方，セルロースも多数のグルコースが繰り返し縮合した構造をもつが，こちらはβ-グルコースどうしが炭素①と炭素④の位置のヒドロキシ基の間で縮合している（β-1,4-グリコシド結合）．

　このように分子構造が異なることから，デンプンとセルロースの性質には大きな違いが見られる．例えば，デンプンは(b)ヒトがもつアミラーゼなどの消化酵素のはたらきによって，最終的にα-グルコースまで加水分解される．これに対し，セルロースのβ-1,4-グリコシド結合はこれらの消化酵素では加水分解されない．また，(c)デンプンはヨウ素と反応して青～青紫色に呈色する（ヨウ素デンプン反応）が，セルロースは反応しない．このヨウ素に対する反応性の差は，デンプンのアミロースやアミロペクチンのグルコース鎖が イ 構造を形成する一方，セルロースは直線に近い構造をとるためと考えられる．

　セルロースには様々な利用法がある．セルロースに ウ と エ の混合物を反応させると，ヒドロキシ基の一部または全部が硝酸エステル化されたニトロセルロースが得られる．得られた化合物は窒素含有量によって分類され，それぞれ異なる目的に利用される．すべてのヒドロキシ基が硝酸エステル化されたトリニトロセルロースを主成分とするものは強綿薬などと呼ばれ，無煙火薬の原料として用いられるが，窒素含有量が低いものはセルロイドの原料などとして利用される．

問1　下線部(a)について，分子量160万のセルロース分子は，何個のβ-グルコース単位からできているか答えよ．

問2　□ア□にあてはまる適切な番号を①〜⑥から選び，答えよ．

問3　□イ□〜□エ□にあてはまる適切な語句を答えよ．

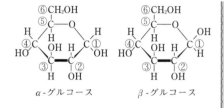

α-グルコース　　　β-グルコース

問4　下線部(b)について，以下の式中の□オ□，□カ□にあてはまる適切な語句を答えよ．

$$\text{デンプン} \xrightarrow[\text{加水分解}]{\text{アミラーゼ}} \boxed{\text{オ}} \xrightarrow[\text{加水分解}]{\boxed{\text{カ}}} \alpha\text{-グルコース}$$

問5　下線部(c)について，以下のA〜Cからヨウ素デンプン反応の呈色が見られるものをすべて選び，記号で答えよ．該当するものがない場合は，「なし」と記せ．

A：デンプン水溶液を穏やかに加熱しながら，ヨウ素ヨウ化カリウム溶液を加えた．

B：デンプン水溶液を穏やかに加熱したのち，室温まで放冷し，ヨウ素ヨウ化カリウム溶液を加えた．

C：デンプン水溶液に希硫酸を加えて煮沸後，室温まで放冷し，炭酸ナトリウムを加えて中和したのち，ヨウ素ヨウ化カリウム溶液を加えた．

問6　デンプンに対し，以下の操作D〜Fを行った．この中から赤色沈殿の生成が見られるものをすべて選び，記号で答えよ．該当するものがない場合は，「なし」と記せ．

D：デンプン水溶液を穏やかに加熱しながら，フェーリング液を加えた．

E：デンプン水溶液を穏やかに加熱したのち，室温まで放冷し，フェーリング液を加え，再度加熱した．

F：デンプン水溶液に希硫酸を加えて煮沸後，室温まで放冷し，炭酸ナトリウムを加えて中和したのち，フェーリング液を加え，再度加熱した．

問7　次の文の□キ□〜□ケ□にあてはまる適切な語句を答えよ．

セルロースはアミラーゼなどの消化酵素では加水分解されないが，酵素□キ□で加水分解すると二糖□ク□へと変換され，さらに酵素□ケ□で加水分解を行うと最後にはβ-グルコースへと変換される．

問8　32.4gのセルロースに□ウ□と□エ□の混合物を作用させると51.3gのニトロセルロースが得られた．このニトロセルロースは，すべてのヒドロキシ基のうち何％のヒドロキシ基が硝酸エステル化しているか答えよ．

〔岐阜大・改〕

▶ポイント　デンプンとセルロースの構造はP.29を参照．デンプンはアミロースとアミロペクチンから構成されている．アミロースはα-グルコースどうしが1位の炭素原子と4位の炭素原子についているヒドロキシ基の間で縮合した鎖状構造をしており，アミロペク

チンはこの構造のほかに1位の炭素原子と6位の炭素原子についているヒドロキシ基の間でも縮合した枝分かれ構造をもっている．また，セルロースはβ-グルコースどうしの1位の炭素原子と4位の炭素原子についているヒドロキシ基の間で縮合した直鎖状構造をしている．アミロースもアミロペクチンもヒドロキシ基どうしが水素結合によってらせん状になっている．このらせん構造の中にヨウ素分子が入ると呈色する（ヨウ素デンプン反応）．セルロースはグルコース単位1個にヒドロキシ基が3個あるから，化学式は $[C_6H_7O_2(OH)_3]_n$ と書くことができる．

[解説]　[答]　問1　セルロースの繰返し単位の式量は $C_6H_{12}O_6-H_2O=C_6H_{10}O_5=162$ であるから，求める値は

$$\frac{160\times10^4}{162}=9.87\times10^3個$$

問2　**⑥**

問3　イ．**らせん**　　ウ．**濃硝酸（または濃硫酸）**　　エ．**濃硫酸（または濃硝酸）**

問4　デンプン，セルロースの加水分解は次のとおり．

デンプン $\xrightarrow[\text{加水分解}]{\text{アミラーゼ}}$ マルトース $\xrightarrow[\text{加水分解}]{\text{マルターゼ}}$ α-グルコース

セルロース $\xrightarrow[\text{加水分解}]{\text{セルラーゼ}}$ セロビオース $\xrightarrow[\text{加水分解}]{\text{セロビアーゼ}}$ β-グルコース

オ．**マルトース**　　カ．**マルターゼ**

問5　**B**

Aでは加熱によってヨウ素分子がらせん構造から出てしまう．Cではデンプンが加水分解されて，α-グルコースになってしまう．

問6　**F**

Fだけが加水分解されて，α-グルコースを生成している．D，Eは加水分解されない．

問7　キ．**セルラーゼ**　　ク．**セロビオース**　　ケ．**セロビアーゼ**

問8　セルロースの繰返し単位となるβ-グルコースの3個のヒドロキシ基のうち，x個が硝酸エステル化されたとすると

$$[C_6H_7O_2(OH)_3]_n+xnHNO_3 \longrightarrow [C_6H_7O_2(OH)_{3-x}(ONO_2)_x]_n+xnH_2O$$

（分子量 $162n$）　　　　　　　　（分子量 $(162+45x)n$）

より，セルロースの物質量と生成するニトロセルロースの物質量は等しいから

$$\frac{32.4}{162n}=\frac{51.3}{(162+45x)n}$$

$$x=2.1$$

ヒドロキシ基のうち硝酸エステル化されたヒドロキシ基の割合は

$$\frac{2.1}{3}\times100=70(\%)$$

練 習 問 題

33　α-グルコース($C_6H_{12}O_6$,分子量＝180)4.5gを酢酸に溶解して，
さらに過剰量の無水酢酸と少量の濃硫酸を加えて加熱したとこ
ろ，①分子内の5つのヒドロキシ基がすべてアセチル化された
生成物が7.8g得られた．この生成物を臭化水素を飽和させた
酢酸溶液に溶解して室温で5時間反応させると，分子内の特定
のアセトキシ基(CH_3COO-)1つだけが臭素原子に置き換わっ

図1　α-グルコース

た臭素誘導体が得られた．この化合物中の臭素原子は金属触媒を用いた水素による還元
反応により，効率よく水素原子に置換することができた．得られた化合物にメタノール
中で水酸化ナトリウムを作用させて，すべてのエステル結合を加水分解し，
②目的化合物を得た．この目的化合物は銀鏡反応に対して陰性であった．

〔問〕　(ア)　下線部①の収量は理論的に求められる量の何パーセントにあたるか．有効数
　　　　字2桁で答えよ．ただし，原子量は$H=1$，$C=12$，$O=16$とする．

　　(イ)　下線部②の化合物の構造を図1の例にならって示せ．

〔東京大〕

34　次の記述を読み，下記の問に答えよ．ただし，原子量は$H=1$，$C=12$，$O=16$とす
る．

　　デンプンの水溶液に^{ア}□□□溶液を加えると青紫色を呈する．デンプンを希硫酸溶液
中で加熱すると化合物Aが生成した．この反応液を中和したのち，フェーリング液を加
えて加熱すると酸化銅(Ⅰ)が得られた．この反応はAの^{イ}□□□基によってCu^{2+}が
^{ウ}□□□されて，酸化銅(Ⅰ)の赤色の沈殿を生じる反応である．また，デンプンを酵素
アミラーゼで十分に処理して生成物Bを得た．Bもフェーリング液で処理すると酸化銅
(Ⅰ)を得たが，Aと異なる化合物であった．なお，このBの元素分析値は炭素42.10％，
水素6.48％であった．Bを希硫酸中で加水分解したが，反応が不十分で未反応のBと生
成物Aの混合物が得られた．この混合物の炭素の含有率は40.42％であった．

問1　化合物A，Bは何か，名称を記せ．

問2　下線を付したところの化学反応式を記せ．

問3　^{ア}□□□，^{イ}□□□，および^{ウ}□□□に適当な語を入れよ．

問4　分子量$4.0×10^4$のデンプンは何個のAが結合しているか．有効数字2桁で示せ．

問5　化合物Bの加水分解反応における反応混合物中のAの含有率を有効数字2桁で示
せ．

〔岐阜大〕

35　次の文を読み，下記の各問に答えよ．

　　セルロース($C_6H_{10}O_5$)$_n$は植物の細胞壁の主成分で，植物のおよそ30～50％を占めて
いる．綿，パルプ，ろ紙などは比較的純粋なセルロースである．セルロースはβ-グル

コースが$3×10^3$〜$6×10^3$個縮合重合した構造をもっていて，ほとんどの溶媒に溶けにくい．(イ)セルロースは希硫酸または希塩酸と長時間煮沸すると，加水分解してβ-グルコースになり，また，酵素で加水分解するとβ-グルコースが2個縮合した構造のセロビオースを生ずる．(ロ)セルロース，セロビオースともにフェーリング溶液を還元しない．

問1　β-グルコースの異性体でデンプンやマルトースを構成するものは何か．その物質名を書け．

問2　β-グルコースには不斉炭素原子が何個含まれるか．

問3　グルコースが水に溶けやすい理由を述べよ．

問4　下線の部分(イ)の化学反応式を書け．

問5　セルロースでは，β-グルコースが次のどの結合または分子間力でつながっているか．最も適当なものを番号で記入せよ．
　　1．イオン結合　　　　2．エステル結合　　　　3．エーテル結合
　　4．水素結合　　　　　5．金属結合　　　　　　6．ファンデルワールス力

問6　セロビオースの分子式を書け．

問7　下線の部分(ロ)に誤りがある．正しい文章に直せ．

問8　11％の水分と1％の不純物を含むセルロース100gを酸によって加水分解したところ，用いたセルロースの60％がβ-グルコースになった．β-グルコースは何gできたか．答は有効数字3桁で示せ．ただし，原子量はH＝1，C＝12，O＝16とする．

〔熊本大・改〕

36 次の文を読んで，問1〜問5に答えよ．

グルコースの各炭素原子に図1のように1〜6の番号を付ける．グルコースは，水溶液中では，図1に示したように2種の六員環の環状グルコースと，鎖状のグルコースの3種の異性体の平衡混合物として存在する．

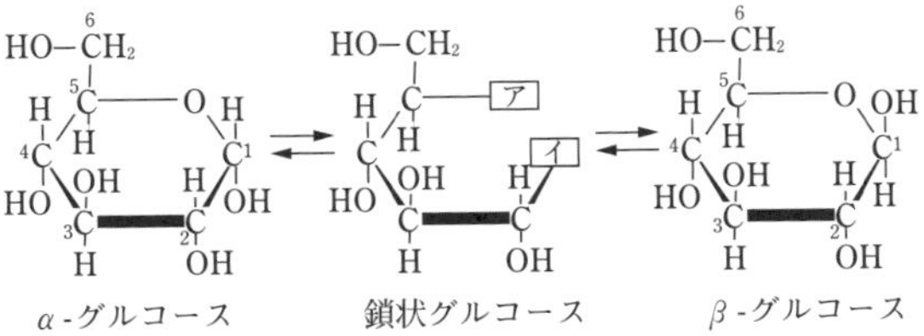

図1

グルコース水溶液は，鎖状グルコースが　ウ　基をもつため，フェーリング液を還元して，　エ　の赤色沈殿を生成させる．また，環状グルコースの1位の炭素原子上のヒドロキシ基は，反応性に富み，酸触媒の存在下，糖類やアルコール類のヒドロキシ基と脱水縮合してエーテル結合を形成することができる．このエーテル結合を，特に　オ　結合とよぶ．

グルコースやアルコール類のヒドロキシ基の水素原子をメチル基に置換し，メチルエーテルとすることを，ヒドロキシ基のメチル化という．環状グルコースのすべてのヒドロキシ基をメチル化することも可能で

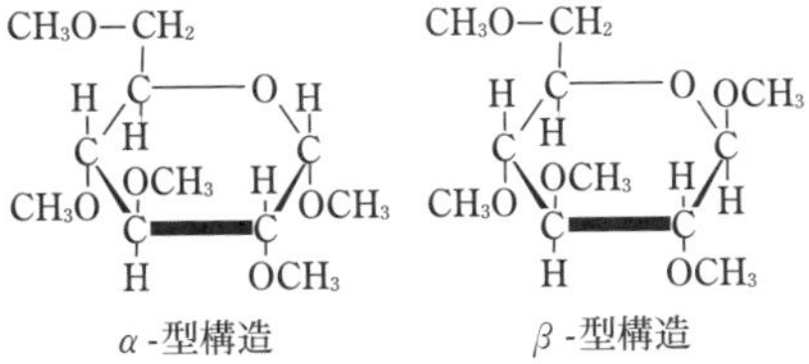

図2

ある．図2に，すべてのヒドロキシ基がメチル化された環状グルコースの構造を示す．

　図2のメチル化されたグルコースを希硫酸で処理すると，酸素原子が2個結合した1位の炭素原子上のメチルエーテルだけが加水分解され，2，3，4および6位のヒドロキシ基がメチル化されたグルコースとメタノールが生成する．

　六員環のβ-グルコース，化合物AおよびBの3種の化合物が縮合した構造の化合物Cがある．化合物Cの分子式は$C_{14}H_{18}O_6$であり，Cは五員環構造をもたない．1molのCを希硫酸で加水分解すると，A，Bおよびグルコースがそれぞれ1mol生成する．

　化合物Aは　ウ　基をもち，Aを酸化すると化合物Dが得られる．化合物Dは，トルエンを過マンガン酸カリウムで酸化しても得られる．

　化合物Eは，Cのすべてのヒドロキシ基がメチル化された構造の化合物である．1molのEを希硫酸で加水分解すると，1molの化合物Aおよび1molの化合物Bのほかに，2および3位のヒドロキシ基がメチル化されたグルコースが1mol生成する．

記入例：

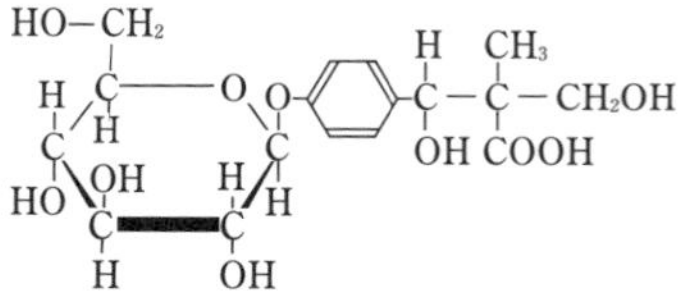

問1　図1中の空欄　ア　，　イ　に適切な原子あるいは原子団を，文中の空欄　ウ　～　オ　に適切な語句を記せ．

問2　化合物AおよびBの構造式を，記入例にならって記せ．

問3　化合物Cの構造式を，問2の記入例にならって記せ．

問4　化合物Cに存在する不斉炭素原子の数を記せ．

問5　1molの化合物Aを大過剰の化合物Bと混合し，塩化水素を吹き込むと，1molの化合物Fと1molのH_2Oが生成する．一方，1molのFを希硫酸で加水分解すると，1molのAおよび2molのBが生成する．化合物Fの構造式を，問2の記入例にならって記せ．

〔京都大〕

練 習 問 題 の 解 説 と 解 答

33 (ア)　α-グルコース（$C_6H_{12}O_6$）はC_6H_7O(OH)$_5$と書くことができる.

$$C_6H_7O(OH)_5 \longrightarrow C_6H_7O(OCOCH_3)_5$$

（分子量180）　　　　（分子量390）

α-グルコース4.5gから得られるアセチル化生成物の質量を求める.

α-グルコースの物質量は$\dfrac{4.5}{180}$(mol),

アセチル化生成物の物質量も$\dfrac{4.5}{180}$(mol)で, その質量は$\dfrac{4.5}{180}\times 390$(g)

したがって, 収率は

$$\dfrac{7.8}{\dfrac{4.5}{180}\times 390}\times 100 = 80.0 \fallingdotseq 80(\%)$$

(イ)　本文の最後に記述されているように, 目的化合物は銀鏡反応が陰性であったことから, グルコースの1位の炭素原子に結合していたヒドロキシ基が最終的に水素置換したことがわかる.

$$-Ac\cdots\cdots-COCH_3$$

34　デンプンから得られるAはα-グルコース, Bはマルトース. マルトースは元素分析値から次のようにして推定できる.

$$C:H:O = \dfrac{42.10}{12}:\dfrac{6.48}{1}:\dfrac{51.42}{16}$$
$$= 12:22:11$$

組成式　$C_{12}H_{22}O_{11}$

問1　A－α-グルコース
　　　B－マルトース

問2　$(C_6H_{10}O_5)_n + nH_2O$
$$\longrightarrow nC_6H_{12}O_6$$

問3　アーヨウ素（ヨウ素ヨウ化カリウム）
　　　イーホルミル　　ウー還元

問4　$C_6H_{10}O_5$の式量は162.

グルコース単位の数$=\dfrac{4.0\times 10^4}{162}$
$$\fallingdotseq 2.5\times 10^2$$

問5　A, B混合物の全量を100gとし, Aの質量をxgとするとBの質量は$(100-x)$g.

xgのA中の炭素は$(12\times \dfrac{6}{180})x$(g),
$(100-x)$gのBの炭素は,

$(12\times \dfrac{12}{342})\times (100-x)$(g).

$$\dfrac{12\times 6}{180}x + \dfrac{12\times 12}{342}(100-x)$$
$$= 100\times \dfrac{40.42}{100}$$
$$\therefore\quad x\fallingdotseq 80(g)$$

$$\dfrac{80}{100}\times 100 = 80(\%)$$

35　問1　α-グルコース

問2　**4個（環状構造のときは5個）**

問3　**グルコースは分子中に極性のあるヒドロキシ基をもち水の分子を強く引き**

つける（水和）ためによく混じりあう．

問4　$(C_6H_{10}O_5)_n + nH_2O \longrightarrow nC_6H_{12}O_6$

問5　**3**

問6　$C_{12}H_{22}O_{11}$

問7　**セロビオースはフェーリング溶液を還元するが，セルロースは還元しない．**

問8　$(C_6H_{10}O_5)_n + nH_2O \longrightarrow nC_6H_{12}O_6$

セルロースの分子量は$162n$，その100gは

$$\frac{100-11-1}{162n} \text{(mol)}$$

生成するβ-グルコースの物質量は

$$\frac{100-11-1}{162n} \times n \text{(mol)}$$

用いたセルロースの60%がβ-グルコースになったのであるから，β-グルコース（分子量180）の生成量は

$$\frac{100-11-1}{162n} \times n \times \frac{60}{100} \times 180$$
$$= \mathbf{58.7}\text{(g)}$$

36　問1　ア. **OH**　イ. **CHO**
　　　ウ. **ホルミル**
　　　エ. **酸化銅(I)**
　　　オ. **グリコシド**

問2　Dはトルエンの酸化生成物であるから安息香酸．したがって，Aはベンズアルデヒド（C_6H_5CHO）．Cの加水分解反応式は，次のとおり．

$C(C_{14}H_{18}O_6) + 2H_2O$
$\longrightarrow A(C_7H_6O) + C_6H_{12}O_6 + B\cdots\cdots$①

①より，Bの分子式はCH_4Oでメタノール

A：（CHO ベンゼン環）　　B：**CH_3OH**

問3　Cのすべてのヒドロキシ基がメチル化された構造をもつEの1molを希硫酸で加水分解すると，1molのAと1molのBのほかに，2位と3位の炭素のヒドロキシ基がメチル化されたグルコース1molが生成したことは，グルコースの1位，4位，6位の炭素のヒドロキシ基が結合していたことになる．

　希硫酸によって1位の炭素原子上のメチルエーテルだけが加水分解されてメタノールができるから，メタノールは，β-グルコースの1位のヒドロキシ基と結合していたことを示している．したがって，Aはβ-グルコースの4位と6位の2個所で結合していると考えられる．

（注）アルデヒドと2分子のアルコールから水がとれるとアセタールになる．

$$R-C\underset{H}{\overset{O}{\diagdown\!\!/}} + 2R'-OH$$

$$\longrightarrow R-\underset{OR'}{\overset{OR'}{\underset{|}{\overset{|}{C}}}}-H + H_2O$$

この反応は，ポリビニルアルコールのアセタール化にもみられる．

構造式を使って①式を書くと

（構造式）$+2H_2O$
(C)

加水分解$\longrightarrow$（CHO ベンゼン環）　$+$
(A)

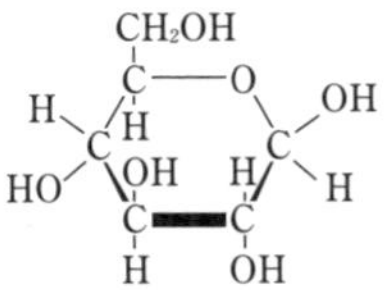

$+CH_3OH$

(B)

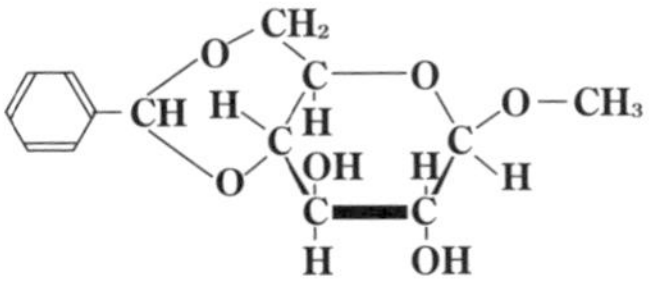

(C)

問4　上式のCの構造を参照．不斉炭素原子は＊をつけてある．　**6個**

問5　F 1 mol を加水分解すると，A 1 mol と B 2 mol が生成することから，A 1 mol と B 2 mol が反応していることがわかる．

Fの生成反応式は，

$A + 2B \longrightarrow F + H_2O$，すなわち

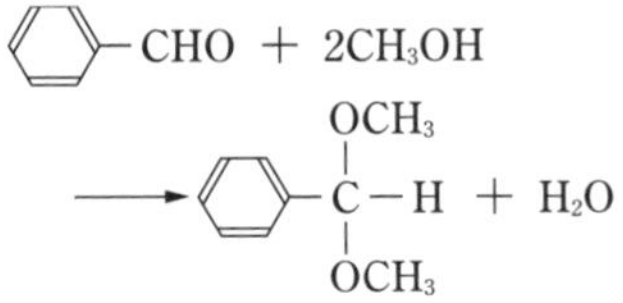

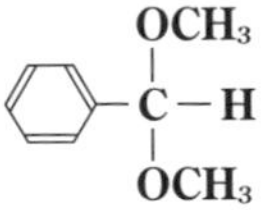

§8. アミノ酸，タンパク質・酵素，核酸，医薬品

─◆例題36◆─ アミノ酸の反応・構造式

次の文を読み，問1～問6に答えよ．

α-アミノ酸は，一分子中に2種の原子団 ア 基と イ 基をもっている． ア は酸性を， イ は塩基性を示すので，α-アミノ酸は酸と塩基の両方の性質を示す ウ 化合物である．また，α-アミノ酸は，結晶中や中性溶液中でH⁺が移動して エ イオンになっている．

炭素，水素，酸素，窒素原子のみを含む分子量100以下のα-アミノ酸Aがある．その元素分析値は炭素40.5%，水素8.0%，窒素16.0%であった．氷酢酸にAを加え，加熱して溶かし，これに無水酢酸を加えて反応させたところ化合物Bが生成した．ただし，原子量はH＝1.0，C＝12.0，N＝14.0，O＝16.0とする．

問1　上の文中の空欄にあてはまる適当な語句を記せ．

問2　α-アミノ酸Aの分子式を示し，その名称を記せ．

問3　化合物Bの構造式を示せ．

問4　酸溶液，純水ならびに塩基溶液中におけるAの電離状態をイオンの化学式で示せ．

問5　Aを検出する反応を次の中から1つ選べ．

　　フェーリング反応，キサントプロテイン反応，ヨードホルム反応，
　　ビウレット反応，銀鏡反応，ニンヒドリン反応

問6　次の文章の下線の部分の化学反応式を記せ．また，空欄にあてはまる適当な語句を記せ．

　　α-アミノ酸Aの2分子が反応すると オ 結合が生成する．このような反応の反応名は，一般に カ 反応とよばれる．

〔高知大・改〕

▶ポイント　天然有機化合物の問題では，アミノ酸・タンパク質（酵素を含める）の出題率が最も高い．アミノ酸の中では，アラニン（不斉炭素原子をもつアミノ酸の中では最も簡単なアミノ酸）の出題が多い．また，アミノ酸の酸性・中性・塩基性溶液中での電離状態，ペプチド結合によるジペプチドの生成についての問題も多い．

解説 答　問1　α-アミノ酸は，酸性基のカルボキシ基と塩基性基のアミノ基をもつ両性化合物で，結晶中や中性溶液中では－COOHのH⁺が－NH₂に移動し，COO⁻とNH₃⁺をもつ双性イオンの状態にある．

(ア) カルボキシ　(イ) アミノ　(ウ) 両性　(エ) 双性

問2　原子数の比は

$$C:H:N:O=\frac{40.5}{12.0}:\frac{8.0}{1.0}:\frac{16.0}{14.0}:\frac{35.5}{16.0}=3:7:1:2$$

組成式　$C_3H_7NO_2$（式量89）

$(C_3H_7NO_2)_n \leqq 100$　∴　$n=1$　分子式 $\mathbf{C_3H_7NO_2}$

α-アミノ酸の一般式 R－CH(NH$_2$)－COOH より，R は CH$_3$，α-アミノ酸ならば CH$_3$－CH(NH$_2$)－COOH の**アラニン**

問3　アラニンをアセチル化してBを生成する反応式は

$$
\underset{\text{A (アラニン)}}{\overset{\displaystyle \overset{\text{H}}{\underset{\text{NH}_2}{\text{CH}_3-\text{C}-\text{COOH}}}}{}} + (CH_3CO)_2O \longrightarrow \underset{\text{B}}{\overset{\displaystyle \overset{\text{H}}{\underset{\text{NHCOCH}_3}{\text{CH}_3-\text{C}-\text{COOH}}}}{}} + CH_3COOH
$$

問4　アラニンは酸溶液で陽イオン，純水中では双性イオン，塩基溶液では陰イオンになっている．

$$
\underset{\text{(酸溶液)}}{\overset{\displaystyle \overset{\text{H}}{\underset{\text{NH}_3^+}{\text{CH}_3-\text{C}-\text{COOH}}}}{}} \overset{\text{H}^+}{\longleftarrow} \underset{\text{(純水)}}{\overset{\displaystyle \overset{\text{H}}{\underset{\text{NH}_3^+}{\text{CH}_3-\text{C}-\text{COO}^-}}}{}} \overset{\text{OH}^-}{\longrightarrow} \underset{\text{(アルカリ溶液)}}{\overset{\displaystyle \overset{\text{H}}{\underset{\text{NH}_2}{\text{CH}_3-\text{C}-\text{COO}^-}}}{}}
$$

問5　**ニンヒドリン反応**（アミノ酸およびペプチドが呈色）

問6　アミノ酸2分子から水1分子がとれた縮合体をジペプチドという．

$$2H_2NCH(CH_3)COOH \longrightarrow H_2NCH(CH_3)CONHCH(CH_3)COOH + H_2O$$

(オ)　**ペプチド**　　(カ)　**縮合**

例題37　アミノ酸の電離平衡と等電点

　タンパク質を加水分解して得られる α-アミノ酸の中で，最も簡単な化学構造をもつグリシンは，[　ア　]炭素原子をもたないので[　イ　]異性体が存在しない．グリシンの水溶液中では，陽イオン（G$^+$），双性イオン（G$^\circ$），陰イオン（G$^-$）が下記に示すような電離の平衡状態にあり，pHの変化によりそれらの比率が変わる．これらの平衡混合物の電荷が全体としてゼロになるpHは[　ウ　]とよばれ，アミノ酸の特性を示す重要な値である．

$$
\underset{(G^+)}{H_3N^+-CH_2-COOH} \underset{K_1}{\rightleftharpoons} \underset{(G^\circ)}{H_3N^+-CH_2-COO^-} + H^+
$$

$$
\underset{(G^\circ)}{H_3N^+-CH_2-COO^-} \underset{K_2}{\rightleftharpoons} \underset{(G^-)}{H_2N-CH_2-COO^-} + H^+
$$

このとき $K_1 = \dfrac{[G^\circ][H^+]}{[G^+]}$ および $K_2 = \dfrac{[G^-][H^+]}{[G^\circ]}$ である．

問1　文中の空欄に適当な語句を記せ．

問2　下線部におけるpHを求めよ．ただし，電離定数は $K_1 = 4.0 \times 10^{-3}$ (mol/L)，$K_2 = 2.5 \times 10^{-10}$ (mol/L) とする．また，電荷がゼロとなるpHではG$^+$とG$^-$のモル濃度は等しい（[G$^+$] ＝ [G$^-$]）．

> 問3　pH＝7.0の水溶液中で存在する3種のイオンの濃度比 $[G^+]:[G^°]:[G^-]＝$
> $\boxed{a}:\boxed{b}:\boxed{c}$ を求めよ．最も濃度の低いイオンの濃度を1として表せ．
>
> 〔福岡大・改〕

▶ポイント　等電点についての問題である．アミノ酸水溶液中の陽イオン，双性イオン，陰イオンの平衡混合物の電荷の総和がゼロになるpHを，アミノ酸の等電点とよぶ．等電点では，陽イオンも陰イオンも少しは存在するが，ほとんどすべてが双性イオンになっている．等電点は，アミノ酸によって異なるので，アミノ酸の特性を示す重要な値である．

解説　答　等電点は，中性アミノ酸は中性付近(pH5.5～6.3)，酸性アミノ酸は酸性側(pH3付近)，塩基性アミノ酸は塩基性側(pH10付近)にある．また，アミノ酸水溶液に電極を入れて直流を通すと，等電点ではほとんど中性の双性イオンだけであるから電気泳動しない．しかし，等電点より低いpH溶液中では，陽イオンになっているから陰極に移動し，等電点より高いpH溶液中では，陰イオンになっているから陽極に移動する．

問1　ア．**不斉**　　イ．**鏡像（光学）**　　ウ．**等電点**

問2　$K_1＝\dfrac{[G^°][H^+]}{[G^+]}$ ……(1)　　　$K_2＝\dfrac{[G^-][H^+]}{[G^°]}$ ……(2)

等電点では $[G^+]＝[G^-]$ であるから，(1)式，(2)式より $[G^+]$，$[G^-]$ を求めると，

$$\frac{[G^°][H^+]}{K_1}＝\frac{K_2[G^°]}{[H^+]}$$

これより　　$[H^+]^2＝K_1K_2$　　　　$[H^+]＝\sqrt{K_1K_2}$

これにK_1，K_2の値を代入すると，

$$[H^+]＝\sqrt{4.0\times10^{-3}\times2.5\times10^{-10}}＝\sqrt{1.0\times10^{-12}}＝1.0\times10^{-6}\,(mol/L)$$

$$pH＝-\log[H^+]＝-\log(1.0\times10^{-6})＝\mathbf{6}$$

問3　pH＝7.0のとき，(1)式，(2)式へ$K_1＝4.0\times10^{-3}\,(mol/L)$，$K_2＝2.5\times10^{-10}\,(mol/L)$，$[H^+]＝10^{-7.0}\,(mol/L)$ を代入すると

$$\frac{[G^°]}{[G^+]}＝\frac{K_1}{[H^+]}＝\frac{4.0\times10^{-3}}{10^{-7.0}}＝4.0\times10^4 ……(3)$$

$$\frac{[G^-]}{[G^°]}＝\frac{K_2}{[H^+]}＝\frac{2.5\times10^{-10}}{10^{-7.0}}＝2.5\times10^{-3} ……(4)$$

(3)式×(4)式より

$$\frac{[G^-]}{[G^+]}＝1.0\times10^2 ……(5)$$

(3)式，(5)式より

$$[G^+]:[G^°]:[G^-]＝1:4.0\times10^4:1.0\times10^2$$

a.　1　b.　4.0×10⁴　c.　1.0×10²

となる．また，等電点 (pH＝6.0) で同じ計算をすると，$[G^+]:[G^°]:[G^-]＝1:4.0\times10^3:1$ となり，等電点においては，ほとんど双性イオンになっていることがわかる．

例題38 〈アミノ酸とペプチド〉

次の問1～問3に答えよ.

A～Eは，タンパク質の構成成分であるα-アミノ酸である. ただし，( )内はα-アミノ酸をR－CH(NH$_2$)－COOHで表したときの側鎖Rを示す.

A：アラニン　　　B：グリシン　　　C：グルタミン酸
（CH$_3$－）　　　　（H－）　　　　　（HOOC－(CH$_2$)$_2$－）

D：リシン　　　　　　　　E：チロシン
（H$_2$N－(CH$_2$)$_4$－）　　　　（HO－〈 〉－CH$_2$－）

問1　α-アミノ酸は，塩基性を示す〔(a)〕基と酸性を示す〔(b)〕基をもつため，水溶液中ではイオンとして存在する. (ア)この水溶液のpHを適当に調節すると正と負の電荷が等しくなり，分子全体としての電荷はゼロとなる. このpHを〔(c)〕とよぶ. すなわち，電気泳動の実験においてα-アミノ酸は，この〔(c)〕より低いpHでは〔(d)〕極側に移動する. また，〔(e)〕を除くα-アミノ酸は不斉炭素原子をもち，〔(f)〕異性体が存在する.

(1) 文中の〔(a)〕～〔(f)〕に適切な語句を入れよ.

(2) α-アミノ酸A～Eの中から下線部(ア)の状態になるpHが最も高いものを選び，A～Eの記号で答えよ.

(3) イソロイシンはα-アミノ酸であり，組成式C$_6$H$_{13}$NO$_2$で表され2個の不斉炭素原子をもつ. 下線部(ア)の状態において主に存在するイソロイシンの構造を記せ. ただし，化学構造の表記法は右の例にしたがえ.

例：
$$CH_3-\underset{H}{\overset{OH}{CH}}\underset{H}{\overset{}{C}}=\underset{H}{\overset{}{C}}\underset{}{\overset{}{CH_2-CH_3}}$$

(4) アラニンに無水酢酸を作用させ，化合物Fを合成した. A～Fについて，アラニンが下線部(ア)の状態になるpHで電気泳動の実験をした. このとき，化合物Fに最も近い位置に移動するα-アミノ酸をA～Eの中から選び記号で答えよ.

問2　アラニン2分子から1分子の水がとれ縮合したペプチドGを合成した. このペプチドGをある量はかりとり，濃硫酸と加熱して完全に分解した. これを塩基性にして生成したアンモニアを10.0 mLの0.050 mol/L硫酸水溶液に捕集した. この溶液を0.10 mol/Lの水酸化ナトリウム水溶液で中和滴定したところ，4.0 mLの水酸化ナトリウム水溶液が必要であった. 最初にはかりとったペプチドGの量(mg)を有効数字2桁で答えよ. ただし，原子量はH=1，C=12，N=14，O=16とする.

問3　化合物FとペプチドGのほかに，グリシン1分子とチロシン1分子から1分子の水がとれ縮合したペプチドH，アラニン3分子から2分子の水がとれ縮合したペプチドIを合成した.

F～Iの中から，以下の(1)～(4)のそれぞれの反応を示す化合物をすべて選び，F～Iの記号で答えよ. あてはまるものがない場合は，「なし」と記入せよ.

(1) ニンヒドリン水溶液を加えて加熱すると赤紫～青紫に呈色する.

(2)　濃硝酸を加えて加熱し，冷やしてからアンモニア水を加えて塩基性にすると橙黄色に呈色する．

(3)　固体の水酸化ナトリウムを加えて加熱し，酢酸鉛(Ⅱ)水溶液を加えると黒色沈殿が生成する．

(4)　水酸化ナトリウム水溶液で塩基性にして，硫酸銅(Ⅱ)水溶液を加えると赤紫に呈色する．

〔九州大・改〕

▶**ポイント**〉　天然に存在するアミノ酸はすべて α-アミノ酸である．α-アミノ酸2分子がペプチド結合したものがジペプチド，3分子がペプチド結合したものがトリペプチドである．ニンヒドリン反応はアミノ酸とペプチドの呈色反応，キサントプロテイン反応はベンゼン環をもつペプチドの呈色反応，硫黄反応は硫化物イオンによる沈殿反応，ビウレット反応はトリペプチド以上にみられる反応である．

解説　**答**　問1　(1)　アミノ酸は，等電点より低いpH溶液中では陽イオンになっているから陰極側に移動し，また，等電点より高いpH溶液中では陰イオンになっているから陽極側に移動する．グリシン以外の α-アミノ酸は，不斉炭素原子(C^*)をもっているので一対の鏡像異性体がある．

(a)　**アミノ**　　(b)　**カルボキシ**　　(c)　**等電点**　　(d)　**陰**　　(e)　**グリシン**

(f)　**鏡像（光学）**

(2)　等電点が塩基性側にある塩基性アミノ酸のリシン**D**

(3)　イソロイシン（組成式 $C_6H_{13}NO_2$）は，α-アミノ酸の一般式 $R-CH(NH_2)-COOH$ で，2個の不斉炭素原子(C^*)をもつから $R-$ は $CH_3-CH_2-CH(CH_3)-$ である．その構造式は

$$CH_3-CH_2-\overset{*}{C}H-\overset{*}{C}H-COOH$$
$$\qquad\qquad\ \ |\qquad |$$
$$\qquad\qquad\ CH_3\ \ NH_2$$

で，等電点では双性イオンになっている．

$$CH_3-CH_2-CH-CH-CO^-$$
$$\qquad\qquad\quad |\qquad |\quad \ |$$
$$\qquad\qquad\ CH_3\ \ NH_3^+\ O$$

(4)　アラニンをアセチル化すると，塩基性の $-NH_2$ が $-NHCOCH_3$ となってしまうから，アセチル化生成物Fは，等電点が低いpH側にある酸性アミノ酸すなわちグルタミン酸Cと同じふるまいをすることになる．　　　　　　　　　　　**C**

問2　アラニンの分子量は89．ペプチドGの分子量は $89 \times 2 - 18 = 160$．G1molはN原子2molを含むから，G1molから NH_3 2molを生じる．求めるGの質量を $x(mg)$ とすると，

$$H_2SO_4 の（価数 \times 物質量）= NH_3 の（価数 \times 物質量）+ NaOH の（価数 \times 物質量）$$

より

$$2 \times 0.050 \times \frac{10.0}{1000} = 1 \times \frac{x / 1000}{160} \times 2 + 1 \times 0.10 \times \frac{4.0}{1000}$$

$$x = \textbf{48} (mg)$$

問3　(1)　アミノ酸ではないFだけが呈色しない．　**G，H，I**
　　　(2)　ベンゼン環をもつHだけが呈色する．　**H**
　　　(3)　どれも硫黄原子をもたないから該当するものはない．　**なし**
　　　(4)　ペプチド結合を2つもつトリペプチドのIだけが呈色する．　**I**

例題39　アミノ酸の配列

　次の文章を読んで，問1〜問3の答を記せ．
　α-アミノ酸は，図1に示すように あ 性を示すアミノ基， い 性を示すカルボキシ基，および各α-アミノ酸固有の置換基Rが同一炭素に結合している有機化合物であり，ペプチドやタンパク質の重要な構成要素である．ペプチド結合は，一つのアミノ酸分子のアミノ基と別のアミノ酸分子のカルボキシ基が う して水が1分子とれることによって形成される． え タンパク質は，α-アミノ酸のみで構成されている お である．n個のα-アミノ酸が う して生成したペプチドの一般式は図2のようになり，末端にアミノ基がある方をN末端，カルボキシ基がある方をC末端と呼ぶ（なお，R^1〜R^nは各アミノ酸固有の置換基を示す）．α-アミノ酸の結合順序（一次構造）は，タンパク質の立体構造や機能に密接に関係しており，これを決定することは重要である．

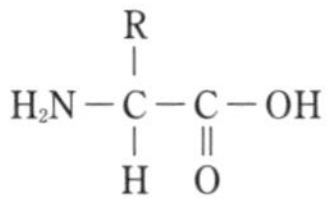

$$H_2N-\overset{\overset{\text{R}}{|}}{\underset{\underset{\text{H}}{|}}{C}}-\overset{\overset{\text{O}}{\|}}{C}-OH$$

図1　α-アミノ酸の一般式

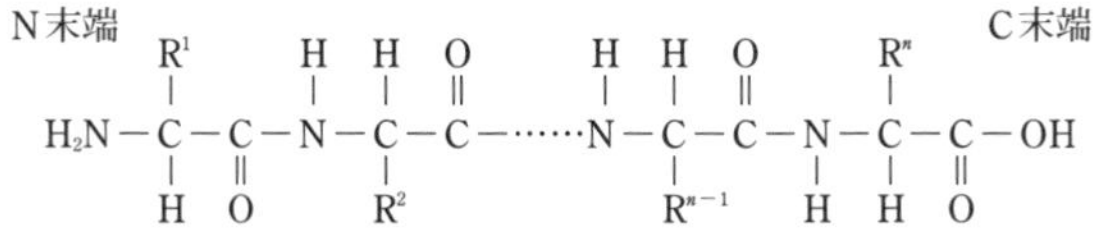

N末端
$$H_2N-\overset{\overset{\text{R}^1}{|}}{\underset{\underset{\text{O}}{|}}{C}}-\overset{\overset{\text{H}}{|}}{C}-\overset{\overset{\text{H}}{|}}{\underset{\underset{\text{R}^2}{|}}{N}}-\overset{\overset{\text{O}}{\|}}{C}\cdots\cdots N-\overset{\overset{\text{H}}{|}}{\underset{\underset{\text{R}^{n-1}}{|}}{C}}-\overset{\overset{\text{H}}{|}}{\underset{\underset{\text{H}}{|}}{C}}-\overset{\overset{\text{R}^n}{|}}{\underset{\underset{\text{O}}{|}}{C}}-OH$$
C末端

図2　n個のα-アミノ酸からなるペプチドの一般式

　タンパク質の立体構造は， お 鎖が折りたたまれることによって形成される．この折りたたみは， お 鎖間における か 結合の形成によりなされる．例えばα-ヘリックス構造では，あるペプチド結合のC＝O基とそこから4番目のα-アミノ酸のN－H基の間に か 結合が形成されて，らせんを形作る．このような立体構造（二次構造）は加熱や化学薬品の作用により変化し，その結果，タンパク質が凝固することがある．このような変化をタンパク質の き という．

問1．文章中の空欄 あ 〜 き に当てはまる最も適した語句を次の語群の中から選び，記せ．
　【語群】　置換，縮合，付加，ジペプチド，変性，トリペプチド，失活，塩基，ポリペプチド，共有，水素，エステル，アミド，酸，イオン，溶解，単純，複合

問2．タンパク質やペプチドに関する次のア〜オの記述のうち，正しいものを1つ選び，記号で答えよ．
ア．タンパク質を加熱するとその立体構造はこわれるが，冷やすと元に戻る．
イ．タンパク質に酸や塩基を加えても立体構造は変化しない．
ウ．キサントプロテイン反応は，硫黄を含むタンパク質の検出に用いられる．
エ．卵白にエタノールを加えると透明な溶液になる．
オ．ビウレット反応は，α-アミノ酸が3個以上つながったペプチドで見られる．

問3．ペプチドAは，11個の α-
アミノ酸が直鎖状につながっ
た鎖状ペプチドであり，その

N末端　　　　　　　　　　　　　　　　　　　　　　C末端
Met―②―Leu―④―⑤―⑥―⑦―Ala―⑨―⑩―Leu
図3　ペプチドAの一次構造

一次構造の一部が図3に示されている（図3中の番号はN末端側から数えたときの
α-アミノ酸の位置を表す）．ペプチドAの一次構造を調べた結果，表1に示す7種
類のアミノ酸が含まれており，(a)～(c)のことが分かった．これらの結果に基づい
てペプチドAの一次構造を推定し，N末端から数えて2，7，10番目に位置する α-
アミノ酸を表1中の略号で答えよ．

(a)　芳香族アミノ酸のカルボキシ基側のペプチド結合のみを切断する加水分解酵素
をペプチドAに作用させると，分解生成物として3種類の鎖状ペプチドを与えた．
そのうちの2つは，4個のアミノ酸からなるペプチドであった．

(b)　N末端から数えて2，6，9番目に位置するアミノ酸中の置換基 R^2, R^6, R^9 には，
ニンヒドリンと反応する官能基が含まれていた．

(c)　N末端から数えて4，5番目に位置するアミノ酸中の置換基 R^4, R^5 には，水溶液
中で水素イオンが電離して弱酸性を示す官能基が含まれていた．

表1　ペプチドAに含まれる α-アミノ酸の名称，略号，固有の置換基Rの構造式および含まれ
ている個数

名称	略号	置換基R	個数	名称	略号	置換基R	個数
メチオニン	Met	$-(CH_2)_2-S-CH_3$	1	リシン	Lys	$-(CH_2)_4-NH_2$	3
グルタミン酸	Glu	$-(CH_2)_2-COOH$	1	アラニン	Ala	$-CH_3$	1
チロシン	Tyr	$-CH_2-\langle\!\bigcirc\!\rangle-OH$	1	フェニルアラニン	Phe	$-CH_2-\langle\!\bigcirc\!\rangle$	1
ロイシン	Leu	$-CH_2-CH\!\!<^{CH_3}_{CH_3}$	3				

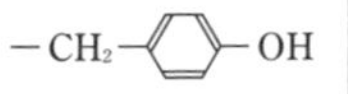

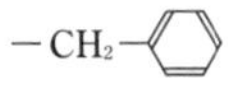

〔群馬大〕

▶ポイント　アミノ酸の配列の問題はしばしば出題される．このような問題では，次の事項
を考慮して解いていく．①アミノ酸のうち，グリシンだけが不斉炭素原子をもたない．②
ニンヒドリン反応の青紫色の呈色はアミノ基－NH₂をもつアミノ酸とタンパク質の存在を
示す．③グルタミン酸やアスパラギン酸は酸性アミノ酸，リシンは塩基性アミノ酸．④ビ
ウレット反応の赤紫色の呈色はトリペプチド以上の存在を示す．⑤キサントプロテイン反
応の黄色の呈色は，ベンゼン環をもつチロシンやフェニルアラニンの存在を示す．⑥硫黄
反応の黒色沈殿生成は，硫黄原子をもつメチオニンやシステインの存在を示す．

解説　答　問1．タンパク質の立体構造はポリペプチド鎖が折りたたまれることによ
って形成され，ポリペプチド鎖間の水素結合によってらせん構造（α-ヘリックス構造）
や波形構造（β-シート構造）をとっている．

　　あ．塩基　　　い．酸　　　う．縮合　　　え．単純　　　お．ポリペプチド
　　か．水素　　　き．変性
問2．オ

問3．(a) 芳香族アミノ酸のカルボキシ基側のペプチド結合のみを切断する加水分解酵素
をペプチドAに作用させると分解生成物としてトリペプチド1個，テトラペプチ
ド2個が得られた．Leu(ロイシン)とAla(アラニン)は芳香族アミノ酸ではない
からLeu－④，Ala－⑨の切断は考えられない．また⑤－⑥，⑥－⑦の切断も題
意に合わない(5個のアミノ酸からなるペプチドができる)．結局この加水分解酵
素は④－⑤と⑦－Alaのペプチド結合を切断したことがわかる．ここで④と⑦は
チロシン，フェニルアラニンのいずれかである．

(b) N末端から数えて②，⑥，⑨番目に位置するアミノ酸中の置換基R^2，R^6，R^9に
はニンヒドリンと反応するアミノ基が含まれていたことから②，⑥，⑨はRにア
ミノ基をもつリシンである．

(c) N末端から数えて④，⑤番目に位置するアミノ酸中の置換基R^4，R^5には水溶液
中でH^+が電離して弱酸性を示す官能基のカルボキシ基やフェノール性ヒドロキ
シ基が含まれていたことから④と⑤はグルタミン酸，チロシンのいずれかである．
(a)と(c)で④はチロシン，⑤はグルタミン酸，⑦はフェニルアラニンと確定する．
残りの⑩は表1のアミノ酸の個数から考えてLeu(ロイシン)である．

　　②**Lys**　　　　⑦**Phe**　　　　⑩**Leu**

例題40　トリペプチドの異性体

　右の表に示したアミノ酸の1
～3種類を用いてできたトリペ
プチドがある．このトリペプチ
ドについて以下の問いに答えな
さい．ただし，このトリペプチ
ドは環状にはなっていないものとする．

アミノ酸の構造式

$$H_2N-\underset{\underset{R}{|}}{\overset{\overset{O}{\|}}{C}}-C-OH$$
(H)

アミノ酸	－R
グリシン	－H
アスパラギン酸	$-CH_2-\overset{\overset{O}{\|}}{C}-OH$
システイン	$-CH_2-SH$
チロシン	$-CH_2-$⬡$-OH$

1．グリシン2個とアスパラギン酸1個でできる
トリペプチドは何種類あるか．そのうち，アス
パラギン酸のアミノ基が遊離しているトリペプチドの構造式を上記アミノ酸の構
造式の描き方に従って中性分子の形ですべて描きなさい．ただし，不斉炭素原子
には＊を付せ．

2．このトリペプチド水溶液に，水酸化ナトリウム水溶液を加えた後，硫酸銅(Ⅱ)
水溶液を少量加えると赤紫色になった．この呈色はジペプチド水溶液では生じない．
その理由を答えなさい．

3．表中の異なる3種のアミノ酸からなる，あるトリペプチドに以下の実験を行った．
〈実験〉このトリペプチド水溶液に水酸化ナトリウムを加えて加熱した．その後酢
酸によって中和し，酢酸鉛(Ⅱ)水溶液を加えたが変化は起こらなかった．

(1) このトリペプチドは何種類存在するか．ただし，鏡像異性体（光学異性体）
は考慮しないものとする．

(2) このトリペプチドの水溶液は，酸性，中性，塩基性のいずれを示すか．また，
その理由を答えなさい．

4. 上記3のトリペプチド$2.00×10^{-2}$gに濃硫酸，硫酸銅(Ⅱ)，および硫酸カリウムを入れ加熱し，含有される窒素原子をすべて硫酸アンモニウムとした．これに濃水酸化ナトリウム水溶液を加えて蒸留し，発生した気体を$1.00×10^{-2}$mol/Lの希硫酸40.0mLに完全に吸収させた．この後，残った硫酸を$2.00×10^{-1}$mol/Lの水酸化ナトリウム水溶液で中和滴定した．この時に要した水酸化ナトリウム水溶液は何mLか答えなさい．ただし，原子量はH＝1，C＝12，N＝14，O＝16，S＝32とする．

〔慶應義塾大（医）〕

》ポイント》　トリペプチドの異性体の問題である．トリペプチドの構造には鎖状構造のほかに環状構造がある．特にトリペプチドを構成するアミノ酸のなかに酸性アミノ酸や塩基性アミノ酸がある場合にはペプチド結合の形成に注意する．

解説　答　1. 問題では，このトリペプチドは環状にはなっていないと明記しているから鎖状構造だけを考えればよい．グリシンはアミノ基($α$位)1個とカルボキシ基($α$位)1個をもち，アスパラギン酸はアミノ基($α$位)1個とカルボキシ基($α$位と$β$位)2個をもっている．これらの原子団はいずれもペプチド結合の形成に関与していることに注意する．

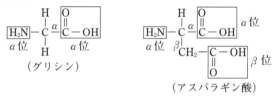

（グリシン）　　　　　　　　（アスパラギン酸）

Asp($α$)はアスパラギン酸の$α$位のカルボキシ基が，Asp($β$)はアスパラギン酸の$β$位のカルボキシ基がペプチド結合を形成することを示す．

まず，$α$位のアミノ基と$α$位のカルボキシ基によるトリペプチドを，アミノ基末端を左に，カルボキシ基の末端を右にして表すと，グリシン(Gly)2個とアスパラギン酸(Asp)1個から成るトリペプチドのアミノ酸配列には

　　① Gly － Gly － Asp
　　② Gly － Asp($α$) － Gly
　　③ Asp($α$) － Gly － Gly

の3種類がある．さらにアスパラギン酸の$β$位のカルボキシ基によるトリペプチドを②，③について考えると

　　④ Gly － Asp($β$) － Gly
　　⑤ Asp($β$) － Gly － Gly

の2種類がある．

また，アスパラギン酸の2個のカルボキシ基と2個のグリシンそれぞれのアミノ基が縮合したトリペプチドが1種類(⑥とする)考えられる．結局合計6種類が考えられる．これらのすべてに不斉炭素が1個ずつあるから光学異性体も考えて，6×2＝**12種類**

アスパラギン酸のアミノ基の遊離しているトリペプチドは③, ⑤, ⑥である. それらの構造式を次に記す.

$$H_2N-\overset{*}{C}H-\overset{O}{\overset{\|}{C}}-NH-CH_2-\overset{O}{\overset{\|}{C}}-NH-CH_2-\overset{O}{\overset{\|}{C}}-OH$$
$$CH_2-\overset{O}{\underset{\|}{C}}-OH$$

$$H_2N-\overset{*}{C}H-CH_2-\overset{O}{\overset{\|}{C}}-NH-CH_2-\overset{O}{\overset{\|}{C}}-NH-CH_2-\overset{O}{\overset{\|}{C}}-OH$$
$$\overset{|}{C}-OH$$
$$\underset{\|}{O}$$

$$HO-\overset{O}{\overset{\|}{C}}-CH_2-NH-\overset{O}{\overset{\|}{C}}-\overset{*}{C}H-CH_2-\overset{O}{\overset{\|}{C}}-NH-CH_2-\overset{O}{\overset{\|}{C}}-OH$$
$$\underset{|}{NH_2}$$

2. ビウレット反応は分子内の2個のペプチド結合が銅(Ⅱ)イオンと錯体をつくることによって起こる呈色反応で, ペプチド結合1個をもつジペプチドにはこの反応はない.

3. (1) 実験の結果, このトリペプチド水溶液には硫化物イオンが存在しないからシステインは含まれていない. したがってグリシン(Gly), アスパラギン酸(Asp), チロシン(Tyr)各1個から成るトリペプチドである.

このトリペプチドの場合も, まず α 位のアミノ基と α 位のカルボキシ基によるアミノ酸配列(アミノ基末端を左, カルボキシ基末端を右に記す)には

①　Gly－Asp(α)－Tyr　　　④　Asp(α)－Tyr－Gly

②　Gly－Tyr－Asp　　　　　⑤　Tyr－Gly－Asp

③　Asp(α)－Gly－Tyr　　　⑥　Tyr－Asp(α)－Gly

の6種類がある.

次に1と同様にアスパラギン酸の β 位のカルボキシ基によるトリペプチドを①, ③, ④, ⑥について考えると

⑦　Gly－Asp(β)－Tyr　　　⑨　Asp(β)－Tyr－Gly

⑧　Asp(β)－Gly－Tyr　　　⑩　Tyr－Asp(β)－Gly

の4種類がある.

また, 1と同様にアスパラギン酸の2個のカルボキシ基とグリシン, チロシンのアミノ基がそれぞれ縮合したトリペプチドが2種類(⑪, ⑫とする)考えられる. 今回は光学異性体は考慮しなくてよいから合計**12種類**

(2) **酸性**

(理由) **このトリペプチドにはアミノ基よりもカルボキシ基のほうが多く存在するから.**

4. このトリペプチドの分子量は353. このトリペプチド1molはN原子3molを含むから, このトリペプチド1molからNH$_3$ 3molを生じる. 中和に要した 2.00×10^{-1}mol/L NaOH

水溶液をxmLとすると

H_2SO_4(価数×物質量)

$= \text{NH}_3$(価数×物質量)＋NaOH(価数×物質量)

$2 \times 1.00 \times 10^{-2} \times \dfrac{40.0}{1000}$

$= 1 \times \dfrac{2.00 \times 10^{-2}}{353} \times 3 + 1 \times 2.00 \times 10^{-1} \times \dfrac{x}{1000}$

$x = \mathbf{3.15}\text{(mL)}$

例題41　タンパク質の性質と検出・分析，酵素

〔1〕次の文を読み，問に答えよ．

　タンパク質は生命現象にとって重要な物質で約　a　種の　b　－アミノ酸が，縮合重合して　c　結合した高分子化合物である．タンパク質には，加水分解すると，(ア)アミノ酸だけを生じるタンパク質と(イ)アミノ酸およびそれ以外の物質を生じるタンパク質とがある．

　タンパク質の水溶液は，　d　溶液の性質をもつ．タンパク質の分離・精製には，次のような性質を利用する．すなわち，(ウ)この水溶液に多量の硫酸アンモニウムを加えると，沈殿を生じ，また，(エ)セロハン膜を用いて低分子化合物を除くことができる．さらに，タンパク質は，　e　電解質であるため，(オ)この水溶液に電場をかけると荷電に応じて正または負の電極方向に移動する．また，イオン交換樹脂やゲルに吸着される．

　タンパク質の水溶液に水酸化ナトリウム水溶液と硫酸銅(Ⅱ)水溶液を加えると　f　色を呈するが，これは　g　反応とよばれている．タンパク質に，濃硝酸を加えて加熱すると　h　色になり，さらに，アンモニア水などを加えて，塩基性にすると　i　色まで変色するが，これを　j　反応という．また，(カ)タンパク質の水溶液に，水酸化ナトリウム水溶液を加えて加熱し，酢酸鉛水溶液を加えると，　k　色の沈殿が生じることから構成アミノ酸には，メチオニンなどのように　l　を含むものがあることがわかる．

　なお，タンパク質の水溶液は，加熱，酸または塩基などによって，　m　を起こすことがあるので，取り扱いには注意を要する．

問1　文中の　a　～　m　に適切な語句を入れよ．

問2　下線部(ア)，(イ)のタンパク質はそれぞれ何とよばれるか．

問3　下線部(ウ)，(エ)および(オ)の現象，または操作をそれぞれ何とよぶか．

問4　　g　および　j　の反応は，それぞれタンパク質の構造の，どの部分に起因するかを説明せよ．

問5　下線部(カ)で生じる沈殿は何か．沈殿の名称と化学式を記せ．

〔弘前大・改〕

〔2〕タンパク質を含む食品50gに6mol/Lの硫酸を十分に加えて加熱し，分解したのち，濃い水酸化ナトリウム水溶液を加えるとアンモニアが発生した．分析の結果，発生したアンモニアの質量は0.68gであった．このタンパク質は16%の窒素を含むもの

とすると，この食品には何%のタンパク質が含まれているか．有効数字2桁まで求め
よ．ただし，アンモニアはすべて食品中に含まれるタンパク質の分解によるものとし，
原子量はH=1，N＝14とする．

〔3〕次の文章の　A　～　L　に適切な語句を記入せよ．
　酵素は主にタンパク質からなり，生体内で起こる化学反応の　A　として働く．酵
素は特定の分子の特定の反応だけの　A　となる．これを酵素の　B　という．
　　C　に含まれるペプシンは，　D　を　E　に加水分解する．すい液に含まれる
トリプシンは，　D　を　E　や　F　に加水分解する．だ液に含まれるアミラーゼは，
　G　をデキストリンや　H　に加水分解する．さらに，　H　は，マルターゼによ
り　I　へと加水分解される．すい液に含まれるリパーゼは，　J　を　K　と　L
に加水分解する．

〔九州大・改〕

▶ポイント〉〔1〕はタンパク質の種類と性質，タンパク質の検出反応とその原因となる結合
や構造について問うもの．〔2〕はタンパク質を含む食品の分析．〔3〕は酵素についての問
題．

〔1〕解説　答
○　天然に存在する約20種類のα-アミノ酸によってタンパク質は構成されている．
○　タンパク質には加水分解によってα-アミノ酸だけを生ずる単純タンパク質とα-アミ
　ノ酸のほかに核酸，糖，色素，リン酸などを生ずる複合タンパク質がある．
○　タンパク質の水溶液はコロイド溶液の性質をもち，特徴的な現象を示す．たとえば塩
　析(多量の電解質によって沈殿する現象)，透析，電気泳動，吸着など．
○　タンパク質は加熱，酸またはアルカリによって凝固し，もとの状態に戻らない(変性
　という)．これは水素結合で保たれていた立体構造が壊れるからである．
　問1　a. **20**　　b. **α**　　c. **ペプチド**　　d. **コロイド**　　e. **両性**
　　　　f. **赤紫**　　g. **ビウレット**　　h. **黄**　　i. **橙黄**
　　　　j. **キサントプロテイン**　　k. **黒**　　l. **硫黄**　　m. **変性**
　問2　(ア)　**単純タンパク質**　　(イ)　**複合タンパク質**
　問3　(ウ)　**塩析**　　(エ)　**透析**　　(オ)　**電気泳動**
　問4　ビウレット反応はペプチド結合－**CONH**－による反応で，トリペプチド以上が
　　　陽性.
　　　　キサントプロテイン反応はベンゼン環がニトロ化されて発色する反応で，ベンゼン
　　　環をもつタンパク質が陽性.
　問5　**硫化鉛，PbS**
〔2〕解説　答
　　NH₃ 0.68g 中のNは $0.68 \times \frac{14}{17}$(g)
　この質量のNを含むタンパク質は
$$0.68 \times \frac{14}{17} \times \frac{100}{16}(g)$$

したがって，タンパク質の質量パーセントは

$$\frac{0.68 \times \dfrac{14}{17} \times \dfrac{100}{16}}{50} \times 100 = \textbf{7.0(\%)}$$

〔3〕 **解説** **答**

　酵素は，生体内の複雑な反応を促進させる働き（触媒作用）をもつ物質で，その本体はタンパク質である．酵素のもつ主な特徴は，①特定の基質にだけ働く（基質特異性），②最適温度（35～40℃）で働く．③最適pH（ペプシンを除くと多くは5～8）で働くことなどである．体内にある主な加水分解酵素とその働きを次に記す．

ペプシン（胃液）　　　　　：タンパク質──→ペプチド
トリプシン（すい液）　　　：タンパク質──→ペプチド──→アミノ酸
アミラーゼ（だ液）　　　　：デンプン──→デキストリン──→マルトース
マルターゼ（腸液，だ液）：マルトース──→グルコース
リパーゼ（胃液，すい液）：油脂──→脂肪酸＋グリセリン

A. 触媒　　B. 基質特異性　　C. 胃液　　D. タンパク質　　E. ペプチド
F. アミノ酸　　G. デンプン　　H. マルトース　　I. グルコース
J. 油脂　　K. 脂肪酸（またはグリセリン）　　L. グリセリン（または脂肪酸）

例題42 核 酸

〔1〕次の文を読み，以下の問いに答えよ．

　細胞には，糖類，タンパク質，脂質などの他，核酸とよばれる酸性の高分子化合物が存在する．核酸は大きく分けて2種類あり，一方はデオキシリボ核酸（DNA），もう一方はリボ核酸（RNA）という．核酸は ア を構成単位とし， ア は塩基，糖， イ より構成されている．DNAは ウ 構造を形成している．その構造では，アデニンと エ ， オ と カ がそれぞれ キ 結合を形成している．DNAは ク を伝える働きがあるのに対し，RNAは ケ 合成に関与している．

問1　文中の ア ～ ケ に当てはまる最適な語句を，以下の語群から選んで書け．
　語群：アラニン，ウラシル，グアニン，シトシン，チミン，α-ヘリックス，β-シート，二重らせん，水素，共有，配位，塩酸，酢酸，リン酸，ヌクレオチド，遺伝情報，タンパク質，アミノ酸，糖類
問2　核酸を構成する元素名を全て書け．
問3　RNAを構成する糖とDNAを構成する糖の構造の違いを，50字程度で説明せよ．
〔鳥取大〕

〔2〕次の文章を読んで，問1～問4に答えよ．

　生物の遺伝をつかさどる核酸は，五炭糖に塩基とリン酸が結合した構造をもつヌクレオチドを構成単位とした高分子化合物である．(a)ひとつのヌクレオチドの五炭糖のヒドロキシ基と，別のヌクレオチドのリン酸部分が結合して鎖状分子となっている．(b)DNAとRNAでは，構成する五炭糖の構造が異なる．また，DNAには略号でA，C，

GおよびTと表す4種類の塩基があり, その配列順序が遺伝情報となる. RNAにも4種類の塩基があるが, 1種類だけがDNAとは異なっており, DNAの $\boxed{(1)}$ のかわりにRNAには $\boxed{(2)}$ が含まれている. DNAは, (c)2本のポリヌクレオチド鎖の塩基が特定の組み合わせで対をつくって存在している.

問1　下線部(a)の共有結合の名称を書け.
問2　下線部(b)について, DNAおよびRNAを構成する五炭糖のそれぞれの名称を書け.
問3　空欄 $\boxed{(1)}$ および $\boxed{(2)}$ にあてはまる塩基の名称を書け.
問4　下線部(c)について, 対となる塩基間の結合の名称を書け.

〔新潟大・改〕

〔3〕以下の文章を読んで問1, 問2に答えよ.

　生物は, さまざまな物質を体内に取り入れて変化させることにより, 生命の維持に必要な物質やエネルギーを生み出している. 生体内におけるこのような化学変化を(ア)という. 植物では太陽光を利用して, 水と二酸化炭素からグルコースを合成しており, これを光合成とよぶ. グルコースは分子式 $C_6H_{12}O_6$ で示され, 糖類のなかでもそれ以上加水分解されない(イ)に分類される. また, 炭素原子を6個含むことから(ウ)とよばれる. 一方, 多くの生物は, 食物として摂取した有機化合物を呼吸で取り入れた(エ)と反応させることによって, 生命活動のためのエネルギーを得ている. 例えば, (1)グルコースの酸化反応では, 二酸化炭素および水の生成とともに, グルコース1molあたり 2.8×10^3 kJのエネルギーが発生し, そのうちの60%は熱として放出され, 残りの40%がアデノシン二リン酸(ADP)のアデノシン三リン酸(ATP)への変換に用いられる. 1molのADPがATPに変換されるには30kJのエネルギーを要する. ATPにいったん保存されたエネルギーは, 必要に応じてATPがADPに変換されるのと同時に放出され, あらゆる生命活動に利用される.

問1　(ア)～(エ)にあてはまる語句または物質名を書け.
問2　体内でADP1molがすべてATPへと変換されるためには, 下線部(1)の反応において何gのグルコースが必要となるか. 有効数字2桁で答えよ. 計算過程も示せ. 必要があれば次の原子量を用いよ.
　　 H＝1, C＝12, O＝16

〔奈良女子大・改〕

▶ポイント　核酸の出題は最近増えている. P.32の説明を読んでから問題を解くとよい. 核酸にはデオキシリボ核酸(DNA)とリボ核酸(RNA)がある. いずれもヌクレオチドを単量体とするポリヌクレオチドである. ヌクレオチドは糖, 塩基, リン酸から構成されている. DNAは遺伝情報の伝達の働きがあり, RNAはタンパク質の合成に関与している. DNAとRNAの相違点に注意する.

　ATP(アデノシン三リン酸)はアデニンとリボースが結合したアデノシンにリン酸3分子が結合したもので, 生物に共通なエネルギー貯蔵物質である.

解説　答　〔1〕RNAを構成する糖はリボース, DNAを構成する糖はデオキシリボース. その構造は次の通り.

リボース　　　　　デオキシリボース

問1　ア. ヌクレオチド　　イ. リン酸　　　ウ. 二重らせん　　　エ. チミン
　　　オ. シトシン(またはグアニン)　　カ. グアニン(またはシトシン)
　　　キ. 水素　　　ク. 遺伝情報　　　ケ. タンパク質
問2　水素, 炭素, 窒素, 酸素, リン (窒素は塩基の構成元素)
問3　上の構造式からわかるようにリボースの2位のC原子につくOH基がデオキシリ
　　ボースではH原子になっている.
　　RNAを構成する糖の2位の炭素原子についているヒドロキシ基がDNAを構成する糖
　　では水素原子となっている.

〔2〕DNAにはアデニン(A), シトシン(C), グアニン(G), チミン(T)の4種類の塩基が
　あり, RNAにはアデニン(A), シトシン(C), グアニン(G), ウラシル(U)の4種類の塩
　基がある.
　　問1　エステル結合
　　問2　(DNA)デオキシリボース　　　(RNA)リボース
　　問3　(1) チミン　　(2) ウラシル
　　問4　水素結合

〔3〕生物が生命維持のため行う同化(物質の合成), 異化(物質の分解)などの生体内の化
　学反応を代謝という.
　　ADP(アデノシン二リン酸)とリン酸からATP(アデノシン三リン酸)を合成する反応

　　　　$ADP + H_3PO_4 \longrightarrow ATP + H_2O(液)$　　　$\Delta H = 30kJ$

　でATPにいったん貯蔵されたエネルギーは, ATPがADPに変わるとき放出され, 生命
　を維持するあらゆる反応に利用される.

　　　　$ATP + H_2O \longrightarrow ADP + H_3PO_4$　　　$\Delta H = -30kJ$

　　問1　ア. 代謝　　イ. 単糖　　ウ. 六炭糖　　エ. 酸素
　　問2　必要なグルコースをxgとすると, グルコース$(C_6H_{12}O_6)$の分子量は180であるか
　　　らグルコースは$x/180(mol)$, グルコース1molから発生する熱量は2.8×10^3 kJで, こ
　　　のうち40%がADPからATPへの変換に使われるから,

$$2.8 \times 10^3 \times \frac{x}{180} \times \frac{40}{100} = 30(kJ)$$
$$x = 4.82 ≒ 4.8(g)$$

例題43 医 薬 品

次の文章を読み, 問1〜問3に答えよ.

生薬は, 私たちが病気の治療のために, 経験的に自然界の植物, 動物, 鉱物など
を薬として利用したものである. ヤナギの樹皮は解熱作用の生薬として知られており,
その薬効成分がサリチル酸であることがわかった. しかしながら, サリチル酸は胃
腸障害などの副作用があるため, これを硫酸酸性条件で無水酢酸と反応させて(ア)
化することで副作用の少ない①解熱鎮痛剤が開発された. 一方, 同条件で無水酢酸の
代わりにメタノールと反応させると(イ)結合により, 筋肉痛や関節痛に対する
②外用塗布剤として利用される化合物が生成する.
　(ウ)は, アオカビから発見された最初の抗生物質である. (ウ)は, 細菌
がもつ細胞壁の合成を阻害して効果を示すので, 細胞壁をもたないヒトには影響が
少ない. したがって, (ウ)は細菌に対して強い(エ)を示すといえる. 抗生
物質は細菌の感染症の治療に多大な貢献を果たしてきたが, 細菌の中には突然変異
などにより抗生物質が効かない(オ)が出現するという問題が生じている.
　サルファ剤は, 染料の一種プロントジルが抗菌作用をもつことから発見された抗菌
物質で, ③スルファニルアミドの骨格をもつ. これは細菌の生命活動に必須な(カ)
の一種である葉酸の合成を阻害することで抗菌効果を示す. 葉酸はヒトにおいても
必須な物質であるが, ヒトはこれを体内で合成できず食物から摂取しているので,
サルファ剤の影響をほとんど受けない. このため, サルファ剤も(エ)を示す.
問1　(ア)〜(カ)に入る適切な語句を記せ.
問2　下線部①の解熱鎮痛剤および下線部②の外用塗布剤の構造式を, それぞれ記せ.
問3　下線部③の構造式を次の中から一つ選び, 記号で記せ.

(a) $HO-\!\!\!\bigcirc\!\!\!-\underset{H}{N}-\underset{O}{C}-CH_3$

(b) $H_2N-\!\!\!\bigcirc\!\!\!-SO_2NH_2$

(c) $\bigcirc\!\!\!-\underset{H}{N}-\underset{O}{C}-CH_3$

(d) $CH_3CH_2-O-\!\!\!\bigcirc\!\!\!-\underset{H}{N}-\underset{O}{C}-CH_3$

(e)

〔岡山大・改〕

▶ポイント　医薬品では, アセチルサリチル酸, サリチル酸メチルなどのサリチル酸系医薬
品やアセトアミノフェン(アセトアミドフェノール)などのアミド系医薬品, さらにまた
スルファニルアミドおよびその誘導体などのサルファ剤やペニシリン, ストレプトマイ
シンなどの抗生物質に注意する.

【解説】 【答】

問 1　ア．**アセチル**　　イ．**エステル**　　ウ．**ペニシリン**　　エ．**選択毒性**
　　　オ．**耐性菌**　　　カ．**ビタミン**

問 2　①の解熱鎮痛剤はアセチルサリチル酸，②の外用塗布剤はサリチル酸メチル．

①
$$\underset{\underset{\displaystyle O}{\parallel}}{C}-O-H$$

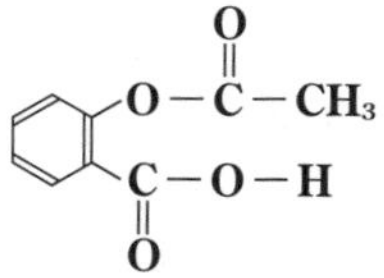

②

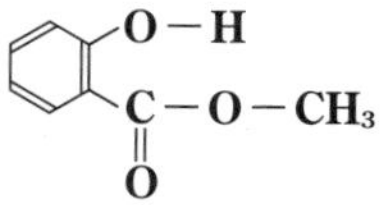

問 3　(a)はアセトアミノフェン，(b)はスルファニルアミド，(c)はアセトアニリド
　　　(d)はフェナセチン，(e)はペニシリン
　　　(**b**)

練 習 問 題

37 分子式 $C_8H_{16}N_2O_3$ のジペプチドAの構造を決定する
ために下記の実験1〜実験5を行った．以下の
問1〜問6に答えよ．構造式は右記の例にならっ
て書け．ただし，立体構造は区別しなくてよい．

(例)

$$CH_2=CH-\bigcirc-\underset{\underset{CH_3}{|}}{CH}-\overset{\overset{O}{\|}}{C}-NH_2$$

実験1　Aを加水分解すると2種類の α-アミノ酸，BとCが生成した．BとCの分子式
はそれぞれ，$C_6H_{13}NO_2$ および $C_2H_5NO_2$ であった．また，Bには不斉炭素原子が2個存
在し，Cには不斉炭素原子が存在しないことがわかった．

実験2　Bに無水酢酸を反応させて，化合物Dを合成した．

実験3　Cに酸を触媒としてメタノールを反応させて，化合物Eを合成した．

実験4　Dの1分子とEの1分子から，水1分子を取り除く反応を行ってアミド結合を
形成させ，化合物Fを合成した．

実験5　Aに無水酢酸を反応させて，化合物Gを合成した．Gに対し，酸を触媒として
メタノールを反応させたところ，化合物Hが生成した．化合物Fと化合物Hの性質を
比較した結果，FとHの分子量は同じであったが，両者は別の化合物であることがわ
かった．

問1　α-アミノ酸の構造式を右に示した一般式で表したとき，中
性付近，酸性および塩基性の水溶液中では，それぞれ主としてど
のようなイオンとして存在するか，構造式を用いて書け．

$$R-\underset{\underset{NH_2}{|}}{\overset{\overset{H}{|}}{C}}-\overset{\overset{O}{\|}}{C}-OH$$

問2　α-アミノ酸にある化合物の水溶液を加えて温めると，青紫
色を呈する．アミノ酸の検出に広く用いられているこの化合物の名称を答えよ．

問3　実験1に基づいて，BおよびCの構造式を書け．

問4　実験2および実験3で生成したDおよびEの構造式を書け．

問5　実験4の下線部のように，2分子から水などの簡単な化合物がとれて新しい結合
ができる反応は一般に何反応とよばれるか．その反応の名称を書け．また，生成した
化合物Fの構造式を書け．

問6　実験5に基づき，ジペプチドAの構造として適当な構造式を書け．　〔東北大〕

38 次の文章を読み，問1〜問5に答えよ．なお，構造式は記入例にならって記せ．
(記入例)

$$\bigcirc-\overset{\overset{O}{\|}}{C}-O-CH_2-CH_3$$

化合物Aは，下に示すように5つのアミノ酸分子が脱水縮合して生成したペプチドで
あり，アラニン，チロシン，アルギニン，システイン，グリシンの順に並んでいる．A
に酵素Iを作用させたところ，下に示す矢印のいずれか1個所のみで加水分解が起こり
化合物BとCが生じた．また，Aを酵素IIで加水分解した場合には，別の1箇所で結合
が切れて化合物DとEが得られた．

$$H_2N-\underset{\underset{W}{}}{\overset{\overset{CH_3}{|}}{\underset{|}{C}}}-\overset{H}{N}-\underset{\underset{X}{}}{\overset{\overset{CH_2}{|}}{\underset{|}{C}}}-\overset{H}{N}-\underset{\underset{Y}{}}{\overset{\overset{(CH_2)_3}{|}}{\underset{|}{C}}}-\overset{H}{N}-\underset{\underset{Z}{}}{\overset{\overset{CH_2}{|}}{\underset{|}{C}}}-\overset{H}{N}-CH_2-\underset{O}{\overset{}{C}}-OH$$

（上部置換基：フェノール性 OH を持つベンゼン環、NH₂-C(=NH)-NH 基、SH 基）

化合物Aの構造式

化合物B〜Eのそれぞれについて以下の実験結果が得られた.

(ア)　濃硝酸を加えて加熱したのち，アンモニア水を加えることによりBとEは橙黄色になった.

(イ)　水酸化ナトリウム水溶液を加えて加熱し，酸を加えて中和したのちに酢酸鉛(Ⅱ)水溶液を加えるとCとDから黒色沈殿が生じた.

(ウ)　水酸化ナトリウム水溶液を加え，さらに少量の硫酸銅(Ⅱ)水溶液を加えると，BとDは赤紫色になった.

問1　ある試薬を化合物A〜Eに加えて加熱したところ，A〜Eのすべてが青紫色になった. その試薬の名称を答えよ.

問2　(ア)の反応の名称を答えよ.

問3　(イ)の反応により，CとDに共通して含まれていることがわかる構成アミノ酸の名称を答えよ.

問4　酵素ⅠおよびⅡにより切断された結合の位置を記号W〜Zで答えよ.

問5　グリシンが希塩酸溶液中でどのような形をとっているか. 構造式で記せ.

〔北海道大〕

39　次の有機化合物および高分子化合物に関する文を読み，以下の問1〜問4に答えよ.

化合物Aは示性式が $C_6H_5CH(NH_2)COOH$ で，その等電点は5.5である. この化合物Aは pH3.0 の水中では　(a)　の構造になっている. また，pH5.5 では　(b)　の構造になり，pH8.0 では　(c)　の構造になっている. Aのように1分子中に -NH₂ と -COOH を含む化合物は　(ア)　とよばれ，多数の化合物Aが　(イ)　して　(ウ)　結合をもつ鎖状の高分子化合物Bが生成する.

この高分子Bに濃硝酸を加えて加熱すると　(エ)　色になり，さらにアンモニア水を加えると橙黄色になった. この変化は　(オ)　反応とよばれ，高分子B中に含まれるベンゼン環が硝酸により　(カ)　化されるために起こる変色である.

問1　(a)　〜　(c)　に適切な示性式を，　(ア)　〜　(カ)　に適切な語句を入れよ.

問2　n分子の化合物Aが反応して得られる鎖状の高分子Bの両末端にはそれぞれ官能基が存在する. この末端官能基の反応性を利用すると，この高分子Bの分子量が分かり，重合度を決定することができる.

(1) 塩酸存在下でこの高分子Bと過剰のメタノールを反応させ，その後塩基性にした．その結果，一方の末端基がエステル化された高分子Cが得られた．このエステル化された高分子Cの分子量を，n を用いた数式で表せ．

(2) 5.49gの高分子Cと無水酢酸1.02gを適当な溶媒に溶解後，加熱して他方の末端基を完全にアセチル化した．その後，この溶液に水を加えて過剰の無水酢酸を完全に加水分解し，この溶液を 0.500 mol/L の水酸化ナトリウム水溶液を用いて中和滴定したところ39.0mLを要した．ただし，原子量はH＝1，C＝12，O＝16とする．

(a) 高分子Cを添加しないで，同量の無水酢酸のみを加水分解して得られる溶液を中和するためには，0.500 mol/L の水酸化ナトリウム水溶液が何mL必要か．有効数字3桁で答えよ．

(b) 高分子Bの重合度を求めよ．　　　　　　　　　　　　　　　〔横浜国立大・改〕

40 問1　下の文中の空欄を埋めよ．

　　タンパク質を希塩酸で加水分解すると，一般に構造式ア□□□で示される α −アミノ酸になる．アミノ酸は分子内に酸性のイ□□□基と塩基性のウ□□□基をもつ両性化合物であり，中性の水溶液では構造式エ□□□のような分子内塩になっている．また，希塩酸中では，構造式オ□□□に示す状態になっており，水酸化ナトリウム水溶液中では，構造式カ□□□に示す状態になっている．タンパク質分子内では，アミノ酸はキ□□□結合をつくって結合しており，タンパク質の呈色反応の1つであるク□□□反応はこの結合に起因する．

問2　タンパク質を含む天然物を硫酸で加水分解したのち，濃い水酸化ナトリウム水溶液を加えて加熱すると気体が発生する．この気体を希硫酸に吸収させてから，中和滴定により発生した気体の量を求め，天然物中のタンパク質の量を算出することができる．ある天然物試料について，この実験を行ったところ，もとの試料1g当たり0.0136gの気体が希硫酸に吸収された．タンパク質の窒素含量を16.0％とすると，この試料には何％のタンパク質が含まれているか，小数点以下1桁まで示せ．ただし，原子量はH＝1，N＝14とする．　　　　　　　　　　　　　　　　　　　　　　　　　〔名古屋大〕

41 アミノ酸がペプチド結合で2個結びついた物質をジペプチドといい，多数結びついた物質をポリペプチドとよぶ．グリシン（CH$_2$（NH$_2$）COOH）のみからなるポリペプチドXの0.580gに含まれるすべての窒素原子をアンモニアに変化させ，0.250 mol/L の硫酸水溶液100mLに完全に吸収させた．この溶液は酸性を示したので1.00 mol/L の水酸化ナトリウム水溶液で滴定したところ40.0mLを要した．

　　次の(1)〜(3)の問に対する答えを記せ．ただし，計算に原子量を必要とするときは次の値を使用せよ．H＝1，C＝12，N＝14，O＝16

(1) グリシンからなるジペプチドの構造式を書き，ペプチド結合の部分を破線で囲んでわかりやすく示せ．

(2) ポリペプチドXから発生したアンモニアは何gか．主な計算式と答えを書け．

(3) ポリペプチドXはいくつのグリシンからなっているか．主な計算式と答えを書け．

〔早稲田大〕

練習問題の解説と解答

37　問1

中性付近：$\underset{\underset{\text{NH}_3{}^+}{|}}{\overset{\overset{\text{H}}{|}}{\text{R}-\text{C}}}-\overset{\overset{\text{O}}{\|}}{\text{C}}-\text{O}^-$

酸性：$\underset{\underset{\text{NH}_3{}^+}{|}}{\overset{\overset{\text{H}}{|}}{\text{R}-\text{C}}}-\overset{\overset{\text{O}}{\|}}{\text{C}}-\text{OH}$

塩基性：$\underset{\underset{\text{NH}_2}{|}}{\overset{\overset{\text{H}}{|}}{\text{R}-\text{C}}}-\overset{\overset{\text{O}}{\|}}{\text{C}}-\text{O}^-$

問2　ニンヒドリン

問3　実験1より，α-アミノ酸の一般式は $\text{RCH}(\text{NH}_2)\text{COOH}$. 分子式 $C_6H_{13}NO_2$ のBは，$\text{R}=\text{C}_4\text{H}_9$ で，不斉炭素原子を2つもつから

$$\text{CH}_3-\text{CH}_2-\overset{\overset{\text{CH}_3}{|}}{\overset{*}{\text{CH}}}-\underset{\underset{\text{NH}_2}{|}}{\overset{*}{\text{CH}}}-\overset{\overset{\text{O}}{\|}}{\text{C}}-\text{OH} \quad (\text{B})$$

分子式 $C_2H_5NO_2$ は，$\text{R}=\text{H}$ で，不斉炭素原子をもたないから

$$\text{H}_2\text{N}-\text{CH}_2-\overset{\overset{\text{O}}{\|}}{\text{C}}-\text{OH} \quad (\text{C})$$

問5　**縮合反応**

実験4より

$$\text{D}+\text{E} \xrightarrow[\text{縮合}]{} \text{CH}_3-\text{CH}_2-\underset{\underset{\underset{\text{O}}{\|}}{\underset{\text{H}-\text{N}-\text{C}-\text{CH}_3}{|}}}{\overset{\overset{\text{CH}_3}{|}}{\text{CH}}}-\text{CH}-\overset{\overset{\text{O}}{\|}}{\text{C}}-\overset{\overset{\text{H}}{|}}{\text{N}}-\text{CH}_2-\overset{\overset{\text{O}}{\|}}{\text{C}}-\text{O}-\text{CH}_3 \quad +\text{H}_2\text{O}$$

$$(\text{F})$$

問6　実験5より，Aのアセチル化生成物Gを，さらにメタノールと反応させて得られたHが，Fの異性体であることは，ジペプチドAがC（グリシン）

問4　実験2より，Bと無水酢酸の反応式は

$$\text{CH}_3-\text{CH}_2-\underset{\underset{\text{NH}_2}{|}}{\overset{\overset{\text{CH}_3}{|}}{\text{CH}}}-\text{CH}-\overset{\overset{\text{O}}{\|}}{\text{C}}-\text{OH}$$

$$+\,(\text{CH}_3\text{CO})_2\text{O} \xrightarrow[\text{アセチル化}]{}$$

$$\text{CH}_3-\text{CH}_2-\underset{\underset{\underset{\text{O}}{\|}}{\underset{\text{H}-\text{N}-\text{C}-\text{CH}_3}{|}}}{\overset{\overset{\text{CH}_3}{|}}{\text{CH}}}-\text{CH}-\overset{\overset{\text{O}}{\|}}{\text{C}}-\text{OH}$$

$$(\text{D})$$

$$+\,\text{CH}_3\text{COOH}$$

実験3より，Cとメタノールの反応式は

$$\text{H}_2\text{N}-\text{CH}_2-\overset{\overset{\text{O}}{\|}}{\text{C}}-\text{OH}\,+\,\text{CH}_3\text{OH}$$

$$\xrightarrow[\text{エステル化}]{} \text{H}_2\text{N}-\text{CH}_2-\overset{\overset{\text{O}}{\|}}{\text{C}}-\text{O}-\text{CH}_3$$

$$(\text{E})$$

$$+\,\text{H}_2\text{O}$$

のカルボキシ基とB（イソロイシン）のアミノ基の縮合によってできていることになる.

$$H_2N-CH_2-\overset{\underset{\|}{O}}{C}-\overset{\underset{H}{|}}{N}-\overset{\overset{CH_3-CH-CH_2-CH_3}{|}}{CH}-\overset{\underset{\|}{O}}{C}-OH$$

(A)

(ウ)　ペプチド　　(エ)　黄

(オ)　キサントプロテイン

(カ)　ニトロ

38　問1　ニンヒドリン試薬

問2　キサントプロテイン反応

問3　硫黄を含むアミノ酸である**システイン**

問4

$$A+H_2O \xrightarrow{酵素I} B+C$$

$$A+H_2O \xrightarrow{酵素II} D+E$$

{ B……ビウレット反応陽性，キサントプロテイン反応陽性であるから，トリペプチド以上で，ベンゼン環をもつチロシンを含む．

C……硫黄をもつシステインを含む．

∴　Aは酵素Iによって**Y**で切断．

{ D……トリペプチド以上で，硫黄をもつシステインを含む．

E……ベンゼン環をもつチロシンを含む．

∴　Aは酵素IIによって**X**で切断．

酵素I……Y

酵素II……X

問5　陽イオンとして存在する．

$$H_3N^+-CH_2-\overset{\underset{\|}{O}}{C}-OH$$

39　問1　アミノ酸は，等電点よりpHが低いときは陽イオン構造．等電点では双性イオン構造．等電点より高いときは陰イオン構造をとる．

(a)　$C_8H_9CH(NH_3^+)COOH$

(b)　$C_8H_9CH(NH_3^+)COO^-$

(c)　$C_8H_9CH(NH_2)COO^-$

(ア)　**アミノ酸**　　(イ)　**縮合重合**

問2

$$n H_2N-\overset{\underset{C_8H_9}{|}}{CH}-COOH \xrightarrow{縮合重合}$$

(A)

$$H-\left(\overset{\underset{H}{|}}{N}-\overset{\underset{C_8H_9}{|}}{CH}-\overset{\underset{\|}{O}}{C}\right)_n OH + (n-1)H_2O$$

(B)

(1)　Bのエステル化反応は

$$H-\left(\overset{\underset{H}{|}}{N}-\overset{\underset{C_8H_9}{|}}{CH}-\overset{\underset{\|}{O}}{C}\right)_n OH + CH_3OH$$

(B)

$$\longrightarrow H-\left(\overset{\underset{H}{|}}{N}-\overset{\underset{C_8H_9}{|}}{CH}-\overset{\underset{\|}{O}}{C}\right)_n OCH_3 + H_2O$$

Cの分子量は構造式から求めると，

$161n+32$

(2)　Cのアセチル化反応は

$$H-\left(\overset{\underset{H}{|}}{N}-\overset{\underset{C_8H_9}{|}}{CH}-\overset{\underset{\|}{O}}{C}\right)_n OCH_3 + (CH_3CO)_2O$$

(C)

$$\longrightarrow CH_3CO\left(\overset{\underset{H}{|}}{N}-\overset{\underset{C_8H_9}{|}}{CH}-\overset{\underset{\|}{O}}{C}\right)_n OCH_3$$

$$+ CH_3COOH$$

(a)　高分子Cを添加しないで，同量の無水酢酸のみを加水分解した溶液の，中和に要した水酸化ナトリウム水溶液の滴下量をxmLとすると，無水酢酸の分子量＝102であるから，

$$2\times\frac{1.02}{102}=1\times0.500\times\frac{x}{1000}$$

$$x=\mathbf{40.0(mL)}$$

(b)　(a)で求めた値より，無水酢酸の全物質量は

$$0.500 \times \frac{40.0}{1000} \times \frac{1}{2} \ (\text{mol})$$

高分子Cと反応後、中和に要した水酸化ナトリウム溶液は過剰の無水酢酸を完全に加水分解した溶液と生成した酢酸に使われている。

したがって，高分子Cと反応した無水酢酸は

$$0.500 \times \frac{(40.0 - 39.0) \times 2}{1000} \times \frac{1}{2}$$
$$= 5.00 \times 10^{-4} (\text{mol})$$

高分子Cの5.49gは

$$\frac{5.49}{161n + 32} (\text{mol})$$

アセチル化反応式より，高分子Cと無水酢酸は，同じ物質量比で反応するから

$$\frac{5.49}{161n + 32} = 5.00 \times 10^{-4}$$

$$n = 68$$

40　問1

ア；
$$R - \overset{\overset{\displaystyle H}{|}}{\underset{\underset{\displaystyle NH_2}{|}}{C}} - COOH$$

イ：　カルボキシ

ウ：　アミノ

エ：
$$R - \overset{\overset{\displaystyle H}{|}}{\underset{\underset{\displaystyle NH_3^+}{|}}{C}} - COO^-$$

オ：
$$R - \overset{\overset{\displaystyle H}{|}}{\underset{\underset{\displaystyle NH_3^+}{|}}{C}} - COOH$$

カ：
$$R - \overset{\overset{\displaystyle H}{|}}{\underset{\underset{\displaystyle NH_2}{|}}{C}} - COO^-$$

キ：　ペプチド

ク：　ビウレット

問2　ここで発生する気体はNH_3である。NH_3 0.0136g中のNは $0.0136 \times \frac{14}{17}$ (g)。

この質量のNを含むタンパク質は，

$$0.0136 \times \frac{14}{17} \times \frac{100}{16.0} \ (\text{g})$$

タンパク質の質量パーセントは，

$$\frac{0.0136 \times \frac{14}{17} \times \frac{100}{16.0}}{1} \times 100$$
$$= 7.0 (\%)$$

41　(1)

$$H - \overset{\overset{\displaystyle H}{|}}{\underset{\underset{\displaystyle H}{|}}{N}} - \overset{\overset{\displaystyle H}{|}}{\underset{\underset{\displaystyle O}{\|}}{C}} - \overset{}{\underset{\underset{\displaystyle H}{|}}{N}} - \overset{\overset{\displaystyle H}{|}}{\underset{\underset{\displaystyle H}{|}}{C}} - \overset{}{\underset{\underset{\displaystyle O}{\|}}{C}} - O - H$$

(2)　発生したNH_3をx gとすると，

$$2 \times 0.250 \times \frac{100}{1000}$$
$$= 1 \times \frac{x}{17} + 1 \times 1.00 \times \frac{40.0}{1000}$$
$$\therefore \ x = 0.17 (\text{g})$$

(3)　$n[CH_2(NH_2)COOH] - (n-1)H_2O$

　　$\longrightarrow X$　　　より X の分子量は，

$$75n - (n-1) \times 18 = 57n + 18$$

$$X \longrightarrow n(\text{グリシン}) \longrightarrow nNH_3$$

X の0.580gは $\dfrac{0.580}{(57n + 18)}$ mol.

NH_3の物質量は $\left[\dfrac{0.580}{(57n + 18)}\right] \times n$ mol

であるから，次式が成り立つ。

$$\frac{0.580}{57n + 18} \times n = \frac{0.17}{17}$$

$$\therefore \ n = 18 \qquad \textbf{18個}$$

§9.　合成高分子化合物

例題44〈合成高分子化合物〉

次の文章を読み，問1～問5に答えよ．

今日，合成高分子化合物は繊維や樹脂などとして日常生活に欠かせないものであり，これらは石油などを原料にして化学反応によって合成される．高分子化合物はその構造によって性質が異なり，合成高分子化合物の中でも加熱すると軟らかくなる樹脂を（　1　）樹脂とよぶ．一方，加熱によって硬くなる樹脂を（　2　）樹脂とよぶ．

（　1　）樹脂の代表的なものには，ポリ塩化ビニル，ナイロン66およびポリエチレンテレフタラートがあり，ポリ塩化ビニルは（　a　）の（　3　）により，ナイロン66は（　b　）と（　c　）の（　4　）により，ポリエチレンテレフタラートは（　d　）と（　e　）の（　5　）により合成される．一方，（　2　）樹脂の代表的なものにはフェノール樹脂および尿素樹脂があり，フェノール樹脂は（　f　）と（　g　）の（　6　）により，尿素樹脂は（　h　）と（　g　）の（　7　）により合成される．

問1　（　1　）～（　7　）にあてはまる語句を下記の語群(ア)～(サ)の中から選び，例にならって記せ．ただし，同じものをくり返し選んでもよい．**例**：(8)—(シ)

(ア) 加硫　　(イ) 縮合重合　　(ウ) 酸化　　(エ) 還元　　(オ) 置換

(カ) 付加重合　　(キ) 開環重合　　(ク) 熱硬化性　　(ケ) 付加縮合

(コ) 熱可塑性　　(サ) 潮解性

問2　（　a　）～（　h　）に適切な名称と構造式を例にならって記せ．

　　　例：(i)—安息香酸　

問3　文章中の合成高分子化合物の中で，一般にポリアミドとよばれるものはどれか．

問4　アミド結合をもつ高分子化合物の中で，その原料単量体のアミド結合が開いて重合し，得られる高分子化合物名を記せ．また，その原料単量体から高分子化合物への反応を記せ．

問5　塩化ビニルなどビニル基をもつ単量体を一般にビニル化合物とよぶ．以下の化合物(ア)～(ケ)の中からビニル化合物を3つ選び記号で記せ．

(ア) アセトアルデヒド　　(イ) アクリロニトリル　　(ウ) サリチル酸メチル

(エ) メタクリル酸メチル　　(オ) アセチレン　　(カ) プロペン（プロピレン）

(キ) シクロプロパン　　(ク) トルエン　　(ケ) スチレン

〔山形大・改〕

▶**ポイント**　合成高分子化合物(合成樹脂,合成繊維,合成ゴム)に関する出題は増加している．重合体(ポリマー)に対する単量体(モノマー)の名称と構造式，熱可塑性樹脂と熱硬化性樹脂の比較，重合形式(付加重合,共重合,縮合重合,開環重合,付加縮合)の区別などに注意する．

【解説】 【答】 問1　熱可塑性樹脂は，付加重合体のものが多く，長い鎖状構造の高分子である．熱硬化性樹脂は，付加縮合体のものが多く，三次元の立体網目構造の高分子である．ナイロン66やポリエチレンテレフタラートなどは縮合重合体であるが，鎖状分子であるため加工の違いにより合成繊維にも熱可塑性樹脂にもなる．

(1)(コ)　(2)(ク)　(3)(カ)　(4)(イ)　(5)(イ)　(6)(ケ)　(7)(ケ)

問2　(a)　塩化ビニル　$CH_2=CHCl$

(b)　アジピン酸　$HOOC-(CH_2)_4-COOH$

(c)　ヘキサメチレンジアミン　$H_2N-(CH_2)_6-NH_2$　((b)(c)順不同)

(d)　エチレングリコール　$HO-CH_2-CH_2-OH$

(e)　テレフタル酸　$HOOC-\langle\!\bigcirc\!\rangle-COOH$　((d)(e)順不同)

(f)　フェノール　$\langle\!\bigcirc\!\rangle-OH$

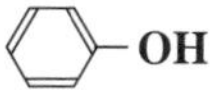

(g)　ホルムアルデヒド　$H-\underset{\underset{O}{\|}}{C}-H$

(h)　尿素　$O=C\diagup^{NH_2}_{\diagdown NH_2}$

問3　単量体がアミド結合$-CONH-$でつながってできた高分子化合物を，ポリアミドという．タンパク質のフィブロイン，ケラチン，アルブミンやグロブリンなどは，天然ポリアミドであり，ナイロン66やナイロン6は，合成ポリアミドである．

ナイロン66

問4　高分子化合物の構成単位となっている化合物を単量体(モノマー)，単量体を重合させてつくった高分子化合物を，重合体(ポリマー)という．

ナイロン6は，単量体のカプロラクタムを開環重合させたポリアミドである．

ナイロン6

$$n\,H_2C\diagup^{CH_2-CH_2-CO}_{\diagdown CH_2-CH_2-NH}+H_2O \longrightarrow H\!\left[HN-(CH_2)_5-CO\right]_n\!OH$$

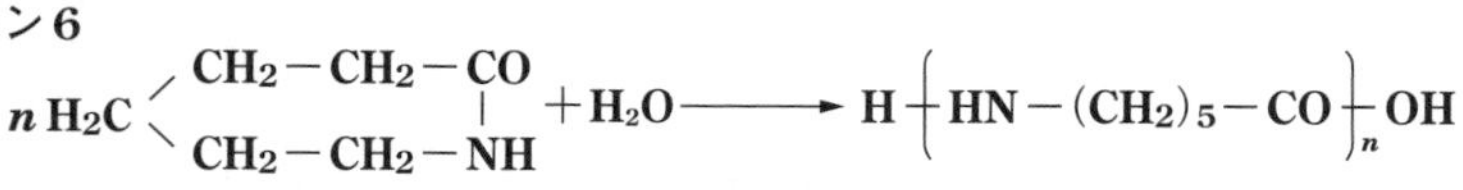

問5　ビニル化合物は，アクリロニトリル，プロペン(プロピレン)，スチレン．メタクリル酸メチルはビニリデン化合物．

(イ)，(カ)，(ケ)

例題45　化学繊維

次の文章を読んで，以下の問いに答えよ．原子量はH＝1，C＝12，N＝14，O＝16とする．

高分子化合物である繊維には，(ア)繊維と(イ)繊維がある．(ア)繊維には綿(木綿)や麻などの(ウ)繊維と絹や毛などの(エ)繊維がある．絹は(オ)と(カ)からできており，(カ)を熱水や塩基の水溶液で溶かして除くことで絹糸を得る．(イ)繊維にはナイロン6や(a)ポリアクリロニトリル(アクリ

ル繊維)，ビニロンなどの(キ)繊維とレーヨンなどの(ク)繊維などがある.
(b)ナイロン6はカプロラクタムに水を加え加熱することで(ケ)させて得られた溶
液より紡糸して繊維にする.
問1　文中の(ア)～(ケ)に当てはまる最も適切な語句を下の語群から選んで記せ.
　　ケラチン，セリシン，合成，フィブロイン，植物，イオン，石炭，再生，石油，
　　縮合重合，化学，開環重合，付加重合，天然，動物，細菌
問2　(ウ)繊維と(エ)繊維は主成分が異なる. それぞれの主成分を記せ.
問3　下線部(a)のポリアクリロニトリルについて，1molのアクリロニトリルから得ら
　　れるポリアクリロニトリルの質量(g)を有効数字2桁で答えよ.
問4　下線部(b)の反応は以下の反応式で表される. (A)と(B)に当てはまる
　　構造式を記せ.
$$n(A)+H_2O \longrightarrow (B)$$
問5　以下の文章はビニロンとレーヨンについて説明したものである. 文中の(コ)
　　～(チ)に当てはまる適切な語句を記せ.
　　　酢酸ビニルを付加重合したポリ酢酸ビニルをけん化すると，(コ)が得られる.
　　(コ)のヒドロキシ基を部分的に(サ)化するとビニロンが得られる. この
　　ようにして得られたビニロンは，水に(シ)となり，耐摩耗性に優れる.
　　　レーヨンには銅アンモニアレーヨンとビスコースレーヨンの2種がある. 銅ア
　　ンモニアレーヨンは(ス)に(セ)を溶かした(ソ)試薬にセルロースを
　　浸して(タ)水溶液を加えることで得られるコロイド溶液からつくられる. 一方，
　　ビスコースレーヨンはセルロースを濃(タ)水溶液に溶かした後，(チ)と
　　反応させて希(タ)水溶液を加えて得られるコロイド溶液からつくられる.
問6　レーヨンは吸湿性がよいので，タオルや肌着などに利用される. なぜ吸湿性
　　が高いのか50字以内で記せ.
問7　ポリ酢酸ビニル1kgを完全にけん化して(コ)にしたのち，その(コ)分
　　子中のヒドロキシ基の30%をホルムアルデヒドの40%水溶液で(サ)化して水
　　に溶けないビニロンをつくりたい. これに必要なホルムアルデヒドの40%水溶液
　　の質量は何gか. 有効数字3桁で答えよ.

〔富山大・改〕

≫ポイント≫　繊維には天然繊維と化学繊維とがある. 天然繊維には植物繊維と動物繊維が
あり，化学繊維には合成繊維，半合成繊維，再生繊維がある. ナイロン，ビニロンは合
成繊維，アセテートは半合成繊維，銅アンモニアレーヨン(キュプラ)，ビスコースレー
ヨンは再生繊維である. 合成繊維のなかではビニロン，ナイロン，ポリエチレンテレフ
タラートの出題が多い.

解説　答
　問1　ア. 天然　　イ. 化学　　ウ. 植物　　エ. 動物　　オ. フィブロイン
　　　　カ. セリシン　　キ. 合成　　ク. 再生　　ケ. 開環重合
　問2　ウ. セルロース　　エ. タンパク質
　問3　アクリロニトリル$CH_2=CHCN$の分子量は53であるから1molの質量は53g. 付

加重合させて得られるポリアクリロニトリルの質量も同じ.

53(g)

問4

A $H_2C \begin{cases} CH_2-CH_2-CO \\ CH_2-CH_2-NH \end{cases}$

B $H \left[\underset{H}{N}-(CH_2)_5-\underset{O}{C} \right]_n OH$

問5   コ. **ポリビニルアルコール**   サ. **アセタール**   シ. **不溶**
ス. **濃アンモニア水**   セ. **水酸化銅(Ⅱ)**   ソ. **シュバイツァー**
タ. **水酸化ナトリウム**   チ. **二硫化炭素**

問6   **レーヨンの分子構造がセルロースと同じで，親水性のヒドロキシ基が多く存在
するから吸湿性がよい.**

問7   ポリ酢酸ビニルをけん化してポリビニルアルコールとする反応式①およびポリビ
ニルアルコールをアセタール化してビニロンとする反応式②は次の通り.

$$\left[CH_2-\underset{OCOCH_3}{CH} \right]_n + nNaOH \longrightarrow \left[CH_2-\underset{OH}{CH} \right]_n + nCH_3COONa \quad \cdots ①$$

（分子量86n）   （分子量44n）

$$\left[CH_2-\underset{OH}{CH}-CH_2-\underset{OH}{CH} \right]_n + nHCHO \quad （分子量30）$$

（分子量×2, 88n）

$$\longrightarrow \left[CH_2-\underset{O}{CH}-CH_2-\underset{O}{CH} \underset{CH_2}{} \right]_n + nH_2O \quad \cdots ②$$

①式よりポリ酢酸ビニルおよびポリビニルアルコールの分子量はそれぞれ$86n$，
$44n$であるから1000gのポリ酢酸ビニルは$1000/86n$(mol)，生成するポリビニルアル
コールの質量は$(1000/86n) \times 44n$(g).

②式よりポリビニルアルコール$88n$(g)中のヒドロキシ基をアセタール化するのに
ホルムアルデヒド$30n$(g)必要である．ポリビニルアルコール中のヒドロキシ基の
30%をアセタール化するのに必要なホルムアルデヒドの40%水溶液の質量をx(g)と
すると，次の関係が成り立つ.

$$\frac{30n}{88n} = \frac{x \times \frac{40}{100}}{\frac{1000}{86n} \times 44n \times \frac{30}{100}}$$

$x = 130.8 \fallingdotseq \textbf{131}$(g)

例題46　ナイロンとポリエチレンテレフタラート

〔1〕ナイロンについて，次の文の〔 a 〕～〔 f 〕および〔 h 〕にあてはまる語句を書き，〔 i 〕は有効数字3桁で，〔 g 〕，〔 j 〕～〔 l 〕は整数値で答えよ．ただし，原子量はH＝1.0，C＝12.0，N＝14.0，O＝16.0とする．

　蚕のまゆから生産される繊維である〔 a 〕は，〔 b 〕のアミノ基とカルボキシ基とが反応して生成した〔 c 〕結合をもつタンパク質の一種である．この軽くて丈夫な繊維をモデルとして合成されたのがナイロン66であり，〔 d 〕と〔 e 〕との縮合重合により得られた．いま，ナイロン66の平均分子量が$8.82×10^3$であったとすれば，ナイロン66の1分子あたりに含まれる〔 f 〕結合の数は〔 g 〕個である．

　同様な高分子化合物であるナイロン6は，下式のように環状化合物である〔 h 〕の開環重合により合成される．

$$n H_2C \begin{matrix} CH_2-CH_2-CO \\ | \\ CH_2-CH_2-NH \end{matrix} + H_2O \longrightarrow H\left[\begin{matrix} N-(CH_2)_5-C \\ | \quad\quad\quad || \\ H \quad\quad\quad O \end{matrix} \right]_n OH$$

　2.26gのナイロン6を水に混じり合う溶媒100mLに溶解し，0.10mol/Lの塩酸で中和滴定したところ，2.26mLを要した．この結果からナイロン6の片方の末端に1つ存在するアミノ基の量は〔 i 〕$×10^{-3}$molであったことがわかる．したがってナイロン6の平均分子量は〔 j 〕である．また，環状化合物〔 h 〕の分子量が〔 k 〕であるので，このナイロン6の重合度は，約〔 l 〕である．

〔工学院大・改〕

〔2〕化学繊維は 　(1)　繊維，　(2)　繊維，　(3)　繊維に分類される．このうち　(3)　繊維は，おもに石油から得られる比較的小さな分子を重合させた高分子化合物からつくられる．テレフタル酸と　(4)　を　(5)　重合させてつくられるポリエチレンテレフタラートは，分子内に多くの　(6)　結合を持った重合体である．ポリエチレンテレフタラートは合成繊維のほかに，ペットボトルの原料として大量に利用されている．

　次の問に答えよ．
問1．空欄　(1)　～　(6)　にあてはまる最も適切な語あるいは化合物名を書け．
問2．ポリエチレンテレフタラートを合成する化学反応式を書け．
問3．1.6kgのポリエチレンテレフタラートを合成するのに必要なテレフタル酸の物質は何molか．有効数字2桁で答えよ．原子量はH＝1.0，C＝12，O＝16とする．

〔新潟大・改〕

ポイント　合成繊維では，例題45のビニロンについでナイロン（ナイロン66，ナイロン6）とポリエチレンテレフタラートが重要である．

〔1〕**解説** **答**　c，f　－CO－NH－をアミド結合という．1個のアミノ酸のカルボキシ基と，別のアミノ酸のアミノ基とから水がとれるとき生じたアミド結合を特にペプチド結合という．したがってcはペプチド，fはアミドとなる．

g　ナイロン66の合成反応は

$$n\mathrm{HOOC-(CH_2)_4-COOH} + n\mathrm{H_2N-(CH_2)_6-NH_2}$$

$$\xrightarrow{\text{縮合重合}} \mathrm{HO\underset{\text{ }}{\left[OC-(CH_2)_4-CO-NH-(CH_2)_6-NH\right]_n}H} + (2n-1)\,\mathrm{H_2O}$$

ナイロン66（分子量$226n+18$）

1分子中のアミド結合の数は，脱水した水分子の数（$2n-1$）に等しい．まず，nを求める．平均分子量は8.82×10^3であるから

$$226n+18=8.82\times10^3 \quad \therefore \quad n=38.9$$
$$(2n-1)=2\times38.9-1=76.8 \fallingdotseq \mathbf{77}\text{個}$$

i　ナイロン6 $\mathrm{H\underset{\text{ }}{\left[HN-(CH_2)_5-CO\right]_n}OH}$ の末端にあるアミノ基は，塩基性であるから塩酸と中和反応を行う．アミノ基の物質量は

$$0.10\times\frac{2.26}{1000}=\mathbf{0.226\times10^{-3}}\,(\mathrm{mol})$$

j　ナイロン6の平均分子量をMとすると，

$$\frac{2.26}{M}=0.226\times10^{-3} \quad M=\mathbf{10000}$$

k　カプロラクタム　$\mathrm{HN-(CH_2)_5-CO}$の分子量は**113**

l　ナイロン6の重合度nは

$$n=\frac{10000}{113}=88.4\fallingdotseq\mathbf{88}$$

a．**絹**　b．**アミノ酸**　c．**ペプチド**　d．**ヘキサメチレンジアミン（またはアジピン酸）**　e．**アジピン酸（またはヘキサメチレンジアミン）**　f．**アミド**　g．**77**
h．**カプロラクタム**　i．**0.226**　j．**10000**　k．**113**　l．**88**

〔2〕**解説** **答**
問1．(1)　**再生（または半合成）**　　(2)　**半合成（または再生）**　　(3)　**合成**
　　　(4)　**エチレングリコール**　　(5)　**縮合**　　(6)　**エステル**

問2．$n\mathrm{HO-\underset{O}{C}-}$⬡$\mathrm{-\underset{O}{C}-OH} + n\mathrm{HO-CH_2-CH_2-OH}$

$$\longrightarrow \mathrm{HO\left[\underset{O}{C}-⬡-\underset{O}{C}-O-CH_2-CH_2-O\right]_n H} + (2n-1)\,\mathrm{H_2O}$$

問3．上式より，ポリエチレンテレフタラート（分子量$192n$）1molを合成するのにテレフタル酸はn（mol）必要である．$1.6\times10^3/192n$（mol）のポリエチレンテレフタラートを合成するのに必要なテレフタル酸の物質量をx（mol）とすると

$$x=\frac{1.6\times10^3}{192n}\times\frac{n}{1}=\mathbf{8.3\,(mol)}$$

例題47 イオン交換樹脂

次の文章を読み，問1から問4に答えよ．

スチレンに対して，少量のp-ジビニルベンゼンを混ぜて重合させると，2本のポリスチレン鎖をp-ジビニルベンゼンが連結した形の架橋構造をもつポリスチレンが得られる．このポリスチレンのベンゼン環中の ア 原子を酸性や塩基性の官能基で イ すると， ウ になる．

例えば，架橋構造のポリスチレンを濃硫酸で エ 化した場合， オ 基（$-SO_3H$）が導入され，架橋構造をもつポリスチレンスルホン酸が得られる．このような樹脂は カ 樹脂として使われる．

また， オ 基の代わりに$-CH_2-N^+(CH_3)_3OH^-$のような構造を持つ樹脂は キ 樹脂として使われる．

一般に， ウ は，図1のようなカラム（筒状容器）に充填し，その中に水溶液を流す形で使用される．

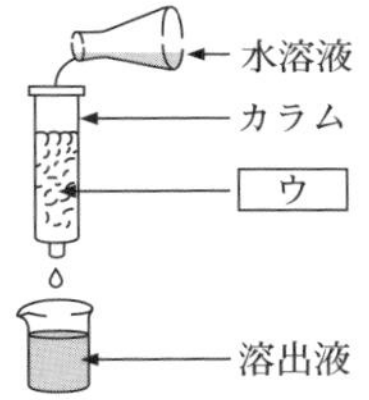

問1　文中の ア から キ の中に入る適切な語または物質名を答えよ．

問2　 ウ を用いて海水から塩類を含まない水を得る方法を述べよ．

問3　0.15mol/Lの硫酸マグネシウム水溶液10mLを，$-SO_3H$を持つ カ 樹脂を詰めたカラムに通した後，純水で完全に洗い流した．こうして得られた溶出液をすべて集め，0.10mol/Lの水酸化ナトリウム水溶液で中和滴定した．この実験操作に関して，以下の(1)から(3)に答えよ．

(1)　カラム内で起こる変化を反応式で示せ．ただし カ 樹脂の化学式は$R-SO_3H$とせよ．

(2)　水酸化ナトリウム水溶液は中和点までに何mL必要か求めよ．また，計算の過程も示せ．

(3)　使用後は カ 樹脂の機能が低下するが，その機能を再生させる方法を述べよ．

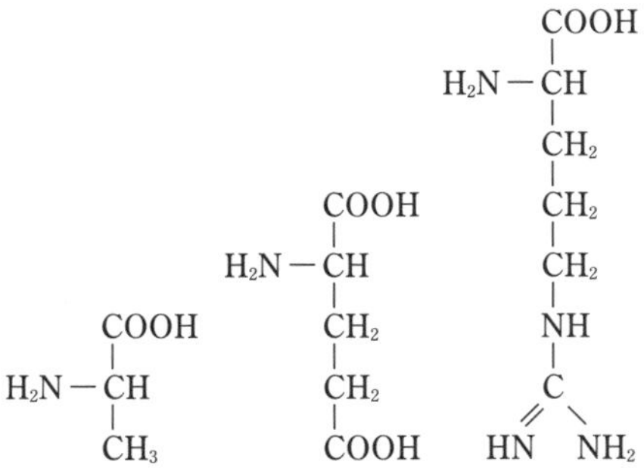

問4　アラニン，グルタミン酸，アルギニン（図2）の混合溶液（pH=12.0）を，図3のように キ 樹脂をつめたカラムの上から流す．これにpH=12.0，9.0，6.0，3.0の順にpHを小さくしながら緩衝液を流していったときに，カラム出口から溶出される順にアミノ酸の名称を答えよ．また，その理由も述べよ．

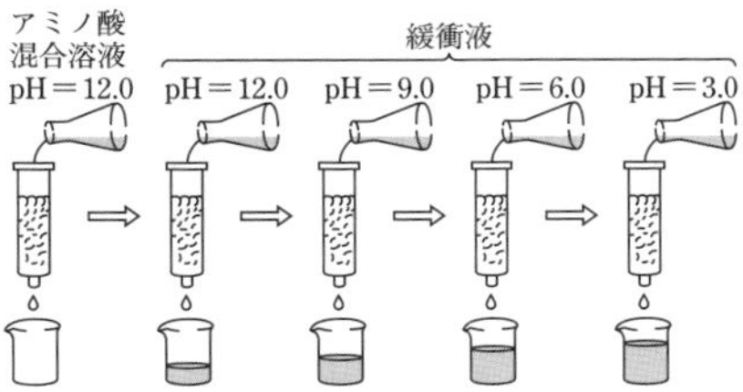

〔東京海洋大・改〕

図1

図2

アラニン　グルタミン酸　アルギニン

図3

アミノ酸混合溶液　pH=12.0　　緩衝液　pH=12.0　pH=9.0　pH=6.0　pH=3.0

≫ポイント〉　イオン交換樹脂についての出題が多くみられるようになった．イオン交換樹脂には，ポリスチレン（スチレンと少量の p-ジビニルベンゼンとの共重合体）のベンゼン環中の水素原子を酸性基（$-SO_3H$，$-COOH$など）で置き換えた陽イオン交換樹脂と，塩基性基（$-CH_2-N^+(CH_3)_3OH^-$）で置き換えた陰イオン交換樹脂とがある．イオン交換樹脂は純水の製造や工場廃水に含まれる重金属イオンの除去などに使われている．また，アミノ酸混合液中のアミノ酸の分離などにも利用されている．

解説 **答**

問1　R－をポリスチレンを母体としたものとすると，イオン交換樹脂は次のように表される．

$$\begin{cases} 陽イオン交換樹脂\cdots\cdots R-SO_3H,\ R-COOH \\ 陰イオン交換樹脂\cdots\cdots R-CH_2-N^+(CH_3)_3OH^- \end{cases}$$

これらのイオン交換樹脂は次式に示すように，それぞれ陽イオン，陰イオンと交換する能力をもっている．

$$R-SO_3H + Na^+ \longrightarrow R-SO_3Na + H^+$$
$$R-CH_2-N^+(CH_3)_3OH^- + Cl^-$$
$$\longrightarrow R-CH_2-N^+(CH_3)_3Cl^- + OH^-$$

スチレンと少量の p-ジビニルベンゼンを混ぜ，共重合すると，架橋構造をもつポリスチレンが得られる．ポリスチレンをスルホン化すると架橋構造をもつポリスチレンスルホン酸ができる．

ア．**水素**　　イ．**置換**　　ウ．**イオン交換樹脂**　　エ．**スルホン**

オ．**スルホ**　　カ．**陽イオン交換**　　キ．**陰イオン交換**

問2　**まず海水を陽イオン交換樹脂を充填したカラムに通して陽イオンを H^+ と交換して除く．次に流出した溶液を陰イオン交換樹脂を充填したカラムに通して陰イオンを OH^- と交換して除く．**

問3　(1)　**$2R-SO_3H + Mg^{2+} \longrightarrow (R-SO_3)_2Mg + 2H^+$**

(2)　硫酸マグネシウム水溶液は，陽イオン交換樹脂を通ると，$0.15 \times 10/1000\,(mol)$ の Mg^{2+} と H^+ が交換されるので，Mg^{2+} の2倍の物質量の H^+ が流出する．これを中和するのに必要な $0.10mol/L$ の水酸化ナトリウム水溶液の体積を xmLとすると

$$0.15 \times \frac{10}{1000} \times 2 = 0.10 \times \frac{x}{1000}$$

$$x = 30mL$$

(3)　**希塩酸を流せばよい．吸着している陽イオンが H^+ と交換する．**

問4　このような問題では次の①～③に注意する．

①等電点は中性アミノ酸は中性付近（pH6.0），酸性アミノ酸は酸性側（pH3.0付近），塩基性アミノ酸は塩基性側（pH10.0付近）にある．

②アミノ酸は等電点では双性イオン，等電点より酸性側では陽イオン，塩基性側では陰イオンとなっている．

③陽イオンは陽イオン交換樹脂に吸着し，陰イオンは陰イオン交換樹脂に吸着する．

　図2の3種類のアミノ酸は，アミノ基とカルボキシ基の数からアラニンは中性アミノ酸，グルタミン酸は酸性アミノ酸，アルギニンは塩基性アミノ酸である．

　pH12.0の塩基性溶液では，3つのアミノ酸は陰イオンになっているから，陰イオン交換樹脂に吸着している．この液をpHを小さくしていくと塩基性アミノ酸，中性アミノ酸，酸性アミノ酸の順に等電点に達し，双性イオンになり陰イオン交換樹脂からはずれて溶出する．

（溶出順序）**アルギニン→アラニン→グルタミン酸**

（理由）**アラニンは中性アミノ酸で等電点は中性付近，グルタミン酸は酸性アミノ酸で等電点は酸性側，アルギニンは塩基性アミノ酸で等電点は塩基性側にある．pH12.0の緩衝溶液中では3つのアミノ酸はすべて陰イオンになっているので陰イオン交換樹脂に吸着している．pH9.0の緩衝溶液を流すとアルギニンが等電点に達して双性イオンになって樹脂から溶出する．続いてpH6.0の緩衝溶液を流すとアラニンが，さらにpH3.0の緩衝溶液を流すとグルタミン酸が，それぞれ等電点に達して双性イオンとなり溶出する．**

例題48　天然ゴムと合成ゴム

　次の文章を読み，下の問1～4に答えよ．

　ゴムの木の樹皮から得られる乳濁液に，酸を加えて凝固させると天然ゴムが得られる．天然ゴムは下の〔Ⅰ〕で表される高分子化合物である．〔Ⅰ〕は | ア | が | イ | 重合して生じる．①天然ゴムに | ウ | を混合して加熱すると，弾性，機械的安定性，耐薬品性などに優れたゴムとなる．これは，〔Ⅰ〕の分子間に | ウ | 原子による | エ | 構造ができるからである．一方，天然ゴムの構造を模倣して，耐油性，耐熱性などにおいて天然ゴムよりも優れた性質をもつ，②クロロプレンゴム（ポリクロロプレン）や③〔Ⅱ〕で表される合成ゴムも製品化されている．

問1　| ア | の化合物の名称と構造式を示せ．

$$〔Ⅰ〕\quad \left[CH_2-\underset{\underset{CH_3}{|}}{C}=CH-CH_2 \right]_n$$

問2　| イ |～| エ |にはいる適切な語句を示せ．また，下線部①の操作の名称を書け．

$$〔Ⅱ〕\quad \left[CH_2-CH=CH-CH_2 \right]_m \left[CH_2-CH \right]_n$$

問3　下線部②の構造を〔Ⅰ〕にならって示せ．

問4　下線部③の合成ゴムは2種類の化合物A（分子量104），B（分子量54）を混ぜて共重合させたもので自動車用タイヤなどに用いられている．ただし，原子量はH＝1，C＝12，Br＝80とする．

(a)　化合物A，Bの名称と構造式を示せ．

(b)　このゴム50gに十分量の臭素を加えて反応させると100gの臭素が消費された．共重合に使われた化合物A，Bの物質量の比を1:xとしたとき，そのxの値を整数で答えよ．ただし，臭素はベンゼン環と反応しないものとする．

〔千葉大・改〕

ポイント　天然ゴムと合成ゴムの問題．天然ゴムは，ポリイソプレンで，加硫によって弾性が大きくなる．合成ゴムは，一般に天然ゴムより優れた性質をもち，ブタジエンゴム，クロロプレンゴム，スチレンブタジエンゴム，アクリロニトリルブタジエンゴムなどがある．

解説　**答**　問1　天然ゴムは，イソプレンが付加重合したポリイソプレンである．

$$\text{イソプレン}\quad CH_2=\underset{\underset{CH_3}{|}}{C}-CH=CH_2$$

問2　天然ゴムに数％の硫黄を加えて，加熱すると，弾性が強くなり，溶媒に溶けにくくなる．硫黄原子が，ポリイソプレン分子中のところどころの二重結合の炭素原子と化学結合し，ポリイソプレン分子どうしを結びつけ，架橋構造をつくっているからである．この操作を加硫という．

　　　　イ　**付加**　　ウ　**硫黄**　　エ　**架橋**　　①の操作……**加硫**

問3　クロロプレンゴムは，クロロプレン($CH_2=CCl-CH=CH_2$)を付加重合させたもの．

$$nCH_2=\underset{\underset{Cl}{|}}{C}-CH=CH_2 \xrightarrow{付加重合} \left[CH_2-\underset{\underset{Cl}{|}}{C}=CH-CH_2\right]_n$$

　　　　クロロプレン　　　　　　　クロロプレンゴム（ポリクロロプレン）

問4　〔Ⅱ〕は，スチレンブタジエンゴム(SBR)の構造で，スチレン($CH_2=CHC_6H_5$)とブタジエン($CH_2=CH-CH=CH_2$)を共重合させた合成ゴムである．
　　　スチレンの分子量は104，ブタジエンの分子量は54である．

(a)　A：CH=CH₂（スチレン）　　　　　　　B：$CH_2=CH-CH=CH_2$　ブタジエン

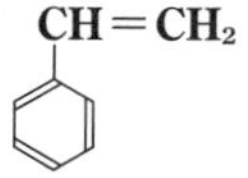

(b)　〔Ⅱ〕よりスチレンの物質量はn，ブタジエンの物質量はm．共重合に使われたスチレンとブタジエンの物質量の比（$n:m=1:x$）から
　　　$m=nx$
したがって，この共重合体の生成反応式は

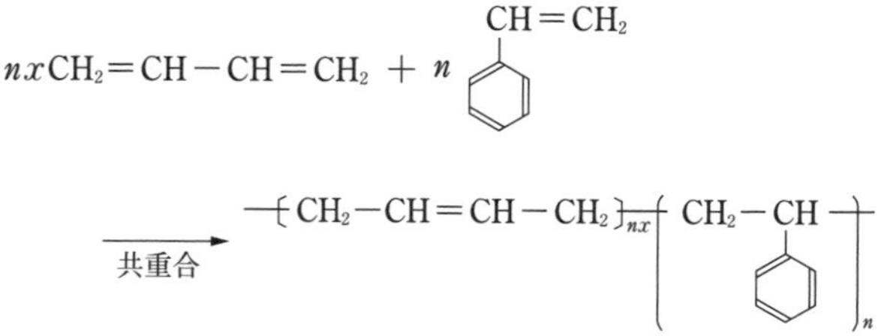

$$nxCH_2=CH-CH=CH_2 + n\,(スチレン)$$

$$\xrightarrow{共重合} \left[CH_2-CH=CH-CH_2\right]_{nx}\left[CH_2-CH\right]_n$$

分子量 $(54x+104)n$

Br$_2$はブタジエンの二重結合に付加するから，その反応式は

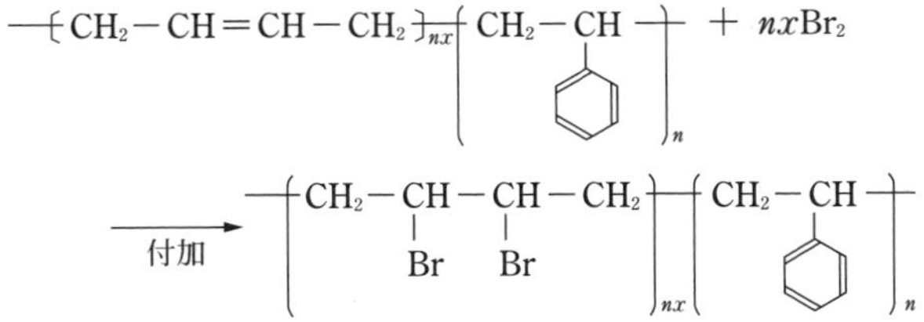

$$-\left(CH_2-CH=CH-CH_2\right)_{nx}\left[\begin{array}{c}CH_2-CH \\ | \\ \bigcirc \end{array}\right]_n + nxBr_2$$

$$\xrightarrow{\text{付加}} \left(\begin{array}{c}CH_2-CH-CH-CH_2 \\ | \quad\; | \\ Br \quad Br \end{array}\right)_{nx}\left[\begin{array}{c}CH_2-CH \\ | \\ \bigcirc \end{array}\right]_n$$

このゴムの分子量は$(54x+104)n$で，その50gは$\dfrac{50}{(54x+104)n}$ (mol).

付加するBr$_2$の物質量は，上式より$\dfrac{50}{(54x+104)n}\times nx$ (mol). また，Br$_2$（分子量160）

の100gは$\dfrac{100}{160}$ (mol)であるから，次式が成り立つ.

$$\frac{50}{(54x+104)n}\times nx=\frac{100}{160} \qquad\qquad x=4.0 \fallingdotseq 4$$

練　習　問　題

42　A群にいろいろな合成高分子の名称が示してある．これらの高分子化合物のそれぞれを合成するために必要なすべての出発単量体をB群から選んで，その記号を示せ．

〔A群〕

　　1．ポリブタジエン　　　2．ポリ酢酸ビニル　　　3．ナイロン66
　　4．ポリスチレン　　　　5．ポリプロピレン　　　6．ポリエチレンテレフタラート
　　7．メタクリル樹脂　　　8．フェノール樹脂　　　9．ポリ塩化ビニル
　　10．ポリアクリロニトリル

〔B群〕

　　a．$CH_2=CHCN$　　　　　　b．$CH_2=CHOCOCH_3$　　　c．$CH_2=CHCOOCH_3$

　　d．$HOOC(CH_2)_4COOH$　　e．$HO-\bigcirc$　　　　　f．$CH_2=CH-\bigcirc$

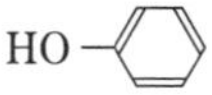

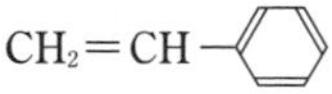

　　g．CH_3CHO　　　　　　　h．$HOCH_2CH_2OH$　　　　i．$CH_2=CHCl$

　　j．$CH_2=CH-CH=CH_2$　　k．CH_2O　　　　　　　l．H_2NCONH_2

　　m．$HOOC-\bigcirc-COOH$　　n．$\bigcirc\genfrac{}{}{0pt}{}{COOH}{COOH}$　　o．$CH_2=\underset{\underset{CH_3}{|}}{C}-COOCH_3$

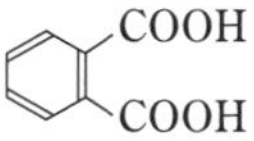

　　p．$CH_2=CH_2$　　　　　　q．$H_2N(CH_2)_6NH_2$　　　r．$CH_2=CH-CH_3$

　　s．$CH_2=CH-\underset{\underset{Cl}{|}}{C}=CH_2$　　　t．$CH_2=CHCOOH$

〔上智大〕

43　次の文章を読んで，下記の問に答えよ．

　合成高分子は，構成単位となる比較的分子量の小さい分子を多数結合させてつくったものである．ア□□□系高分子ナイロン66は，ジイ□□□である(A)アジピン酸とジアミンである(B)ヘキサメチレンジアミンをウ□□□反応させてつくられる．一方，(C)スチレン，(D)メタクリル酸メチルなどの重合反応では，分子内のエ□□□が開いて，オ□□□反応によって重合体が生成する．フェノール樹脂はフェノールとカ□□□をキ□□□反応させて得られる．ナイロン66やポリスチレン，ポリメタクリル酸メチルはク□□□高分子からなり，加熱すると溶融するが，フェノール樹脂はケ□□□構造の高分子であり，不溶，不融である．このような熱的性質から，前三者の樹脂はコ□□□樹脂，後者はサ□□□樹脂に大別される．

(1)　文中のア～サの□□□に最も適した語句を入れよ．
(2)　化合物A，B，C，Dの示性式を記せ．

〔大分大〕

44　次の文章を読み，以下の問1～6に答えよ．

　石油から得られる多くの物質は，高分子化合物の原料として重要な役割を果たしてい

る．右図はその中のいくつかの物質から
高分子化合物がつくられる経路を示す．
図中の矢印は，それぞれの物質が反応し
ていく方向を示す．単純な1つの反応で
すすむ場合もあるが，いくつかの反応を
経てすすむ場合もある．ここでa～fは
原料や中間生成物であり，A～Dは(イ)
～(チ)に示す高分子化合物のいずれかである．

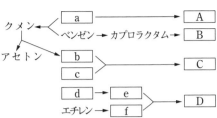

　高分子化合物　(イ)　ナイロン6　　　(ロ)　ナイロン66　　　(ハ)　ポリエチレン
　(ニ)　ポリプロピレン　　(ホ)　ポリエチレンテレフタラート　　(ヘ)　ポリスチレン
　(ト)　尿素樹脂　　　(チ)　フェノール樹脂

　次に示す①～⑤は原料，中間生成物，高分子化合物に関する記述である．

① 　aとベンゼンを反応させるとクメンが生成する．クメンは酸素によって酸化されて
酸素を含む化合物となり，ついで酸による分解でbとアセトンになる．aを高圧下で
重合させると熱湯にも耐えられる高分子化合物Aが得られる．Aは食品を入れる容器
としても広く用いられている．

② 　ベンゼンからは，いくつかの行程を経て，環状のアミド化合物であるカプロラクタ
ムが得られ，これが重合すると高分子化合物Bになる．

③ 　炭素数1個からなる化合物cはフェーリング液を赤くする．これを塩基性条件下で
bと反応させた後，熱を加えると高分子化合物Cが得られる．

④ 　dは炭素と水素だけからなる芳香族化合物である．酸化すると2価の酸eになる．e
をエチレンから導かれるfとともに加熱すると高分子化合物Dが得られる．

⑤ 　Dは繊維の素材として代表的なものの1つであるが，清涼飲料水の容器としても広
く使われている．使用後の容器を再生して繊維にするとワイシャツなどにつくりかえ
ることができる．

問1　カプロラクタムとベンゼンに含まれる炭素数は同じである．カプロラクタムの構
造式を示せ．

問2　カプロラクタムを加水分解するとアミノ酸が生じる．このアミノ酸には鏡像異性
体（光学異性体）が存在するか，存在しないか．また，その理由を述べよ．

問3　a，b，dの中で水酸化ナトリウム水溶液に容易に溶けるものはどれか，記号で示
せ．また，容易に溶ける理由を述べよ．

問4　A，B，C，Dを高分子化合物(イ)～(チ)の中から選び，記号で記せ．

問5　高分子化合物A，B，C，Dに関する記述として適したものを次の(あ)～(か)の中か
らすべて選び出し，記号で記せ．解答は1つだけとは限らない．また，(あ)～(か)の記
述は複数の高分子化合物にあてはまることもある．

(あ)　ヒドロキシ基をもっている．

(い)　熱硬化性であり，加熱しても形がくずれない．

(う)　付加重合反応により生成する．

(え)　モノマーが互いにC－C結合でつながって高分子構造を形成している．

(お)　炭素，水素，酸素から構成されている．

(か)　水素結合が形成されているので，繊維として強い．

〔横浜国立大・改〕

45　次の文章を読み，問1～問6に答えよ．

合成高分子化合物を生成させる反応には　(ア)　重合と　(イ)　重合がある．　(ア)　重合によってアジピン酸（HOOC－(CH₂)₄－COOH）とヘキサメチレンジアミンとから　(ウ)　結合をもつナイロン66，テレフタル酸（HOOC－C₆H₄－COOH）とエチレングリコールとから　(エ)　結合をもつポリエチレンテレフタラートなどが合成される．一方，ポリメタクリル酸メチルやポリビニルアルコールなどは　(イ)　重合によって合成される．高分子は分子量が大きいためその溶液は，光の通路が光って見える　(オ)　やコロイド粒子と溶媒分子の不規則な衝突によって引き起こされる　(カ)　などのコロイド溶液に特徴的な現象を示す．(1)ポリビニルアルコール水溶液（親水コロイド）を細孔から硫酸ナトリウム水溶液中に押し出して繊維状に凝固させ，(2)これをホルムアルデヒド水溶液で処理して水に溶けない合成繊維　(キ)　がつくられる．

問1　問題文中の空欄　(ア)　～　(キ)　に適当な語句を入れて文章を完成させよ．

問2　右の図はポリ塩化ビニルの構造を示したものである．例にならって(a)～(c)の高分子の構造を示せ．

〔例〕ポリ塩化ビニル：

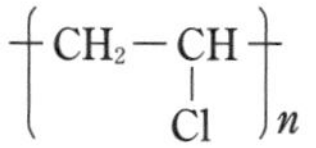

$$\left[CH_2-\underset{\underset{Cl}{|}}{CH} \right]_n$$

(a)　ナイロン66
(b)　ポリエチレンテレフタラート
(c)　ポリメタクリル酸メチル

問3　ポリビニルアルコールはビニルアルコールの重合反応により合成されるのではない．原料モノマーからポリビニルアルコールに至るまでの合成経路を化合物名と構造で示せ．

問4　本文中の下線部(1)の硫酸ナトリウム水溶液の働きについて説明せよ．

問5　本文中の下線部(2)の反応を化学反応式で示せ．

問6　単量体から重合反応により重合体の合成を行った．生成した重合体を精製するため反応溶液より未反応の単量体などの低分子化合物を取り除きたい．コロイド溶液としての性質を利用した精製方法について説明せよ．

〔奈良女子大〕

46　次の文について以下の各問に答よ．

化学者は，いろいろな天然高分子化合物にヒントを得て，数多くの高分子化合物を合成し人間社会に役立てている．

絹に似た合成繊維である①ナイロン66は，アジピン酸と(ア)　の(イ)　重合で合成されたもので，絹と同じように(ウ)　結合をもっている．ナイロン66の合成に用いるこれらの原料は，どちらもベンゼンからフェノールを経て合成できる．しわになりにくい合成繊維である②ポリエチレンテレフタラートは(エ)　結合をもち，テレフタル酸ジメチルと(オ)　を(イ)　重合させて得られる．原料のテレフタル酸ジメチル

は炭化水素である^カ□□□を酸化してテレフタル酸としたのち，酸を触媒として^キ□□□で^エ□□□化して合成される．

　天然ゴムは^ク□□□が^ケ□□□重合した構造をもつ高分子化合物であるが，いまでは^ク□□□と似た構造をもつ③クロロプレンやブタジエンを原料にして，天然ゴムよりもすぐれた性質をもつ合成ゴムがつくられている．

　これらの直鎖状の高分子化合物のほかにも，フェノールと^コ□□□から得られるフェノール樹脂のように，網状の構造をもつ高分子化合物も数多く合成され，それぞれの特徴を生かして利用されている．

問1　空欄(ア～コ)にあてはまる語句または物質名を記せ．
問2　化合物①～③の構造式を書け．
問3　ベンゼンからフェノールを合成する方法の1つを例にならって化学反応式で示せ．

　例 $CH_3CH_2OH \xrightarrow[160\sim170℃]{H_2SO_4} CH_2=CH_2 \xrightarrow{Br_2} CH_2BrCH_2Br$

問4　ベンゼン100gから計算上何gのナイロン66ができるか．ただし，原子量はH＝1，C＝12，N＝14，O＝16とする．
問5　直鎖状の高分子化合物と網状の高分子化合物では，一般にそれらの性質にどのようなちがいがあるか，簡潔に記せ．

〔大阪大〕

47 次の文の□□□および(　　)に入れるのに最も適当なものを，それぞれ a群 および(b群)から選び，その記号を記せ．また，｜(4)｜に化合物名を，｜(10)｜には整数値を，それぞれ記せ．ただし，原子量はH＝1，C＝12，N＝14，O＝16とする．

　ポリエチレンやナイロンなどの高分子は単量体の重合によって合成される．ポリエチレンやナイロンは骨格が□(1)□状に結合した重合体で，熱を加えると軟化することから□(2)□性樹脂とよばれる．

　ポリエチレン類似の高分子としては，ポリアクリロニトリル，ポリスチレン，ポリ塩化ビニル，ポリ酢酸ビニル，ポリプロピレン，ポリビニルアルコールがよく知られている．これらの高分子の中で((3))だけは重合で直接に合成することができない．この高分子の単量体を合成しようとして，触媒を用いてアセチレンに水を付加させても，得られる単量体は不安定なため，その異性体である｜(4)｜に変化するからである．そこで，((3))を合成するには，((5))を用い，((6))の加水分解を行う．得られた((3))は水溶性の高分子であるが，((7))の水溶液で処理すると水に溶けない高分子に変わる．このようにして得られた高分子は合成繊維に使用される．

　ナイロンは繊維として広く使われる．実験室でナイロン66を合成する場合，まず，約1mLのアジピン酸ジクロリドを20mLの四塩化炭素に溶かした溶液Aと，約1.5gのヘキサメチレンジアミンと

$$HO \left[\underset{O}{\underset{\|}{C}}-(CH_2)_4-\underset{O}{\underset{\|}{C}}-\overset{H}{\overset{|}{N}}-(CH_2)_6-\overset{H}{\overset{|}{N}} \right]_n H$$

ナイロン66

約1.5gの水酸化ナトリウムを水に溶かした溶液Bを，それぞれ別々につくる．次に，ビーカーに入れた溶液Aに溶液Bをガラス棒に伝わらせながら，ゆっくり加える．このときの溶液AとBは ⎡⎺(8)⎺⎤ した状態となり，ナイロン66が ⎡⎺(9)⎺⎤ に析出する．これを糸状に引き上げ，ガラス棒に巻き取って繊維にする．

　得られたナイロン66の分子量を浸透圧法によって測定すると，8.82×10^3 と求められた．したがって，このナイロン1分子あたりに含まれるアミド結合の数は ⎡⎺(10)⎺⎤ 個であることがわかる．

⎡ a 群 ⎤　(ア)　熱可塑　　(イ)　熱硬化　　(ウ)　直鎖　　(エ)　網目
　　　　　(オ)　混ざり合って白濁　　(カ)　Aが上層として二層に分離
　　　　　(キ)　Bが上層として二層に分離　　(ク)　ビーカーの底
　　　　　(ケ)　上層の溶液表面　　(コ)　二層の境界面　　(サ)　ビーカーの内側の壁面
(b 群)　(ア)　ポリアクリロニトリル　　(イ)　ポリスチレン　　(ウ)　ポリ塩化ビニル
　　　　　(エ)　ポリ酢酸ビニル　　(オ)　ポリプロピレン　　(カ)　ポリビニルアルコール
　　　　　(キ)　アンモニア　　(ク)　塩素　　(ケ)　水酸化ナトリウム　　(コ)　二酸化炭素
　　　　　(サ)　メタノール　　(シ)　ホルムアルデヒド　　(ス)　酢酸

〔関西大〕

練習問題の解説と解答

42 (1) **j** (2) **b** (3) **d**, **q**
(4) **f** (5) **r** (6) **h**, **m**
(7) **o** (8) **e**, **k** (9) **i**
(10) **a**

43 (1) アーポリアミド
イーカルボン酸
ウー縮合重合
エー二重結合
オー付加重合
カーホルムアルデヒド
キー付加縮合
クー長い鎖状構造の
ケー三次元網目
コー熱可塑性
サー熱硬化性

(2) A：**HOOC(CH$_2$)$_4$COOH**
B：**H$_2$N(CH$_2$)$_6$NH$_2$**
C：**C$_6$H$_5$CH＝CH$_2$**
D：**CH$_2$＝C(CH$_3$)COOCH$_3$**

44 ①〜⑤より
a プロペン b フェノール
c ホルムアルデヒド
d *p*-キシレン e テレフタル酸
f エチレングリコール
A ポリプロピレン
B ナイロン6
C フェノール樹脂
D ポリエチレンテレフタラート

問1

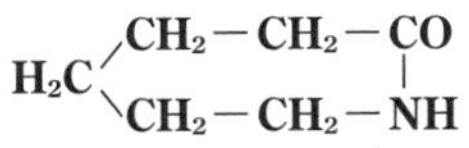

$$H_2C\Big\langle \begin{matrix} CH_2-CH_2-CO \\ CH_2-CH_2-NH \end{matrix}$$

問2 カプロラクタムを加水分解する
と、アミノカプロン酸を生じる。この
アミノ酸には、不斉炭素原子がないか

ら鏡像異性体は存在しない。

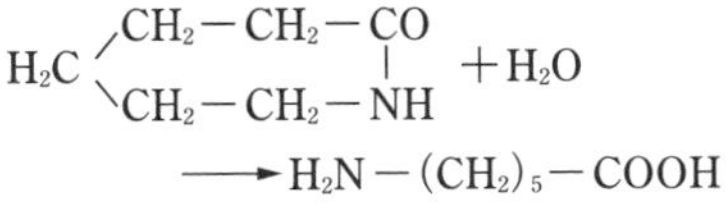

$$H_2C\Big\langle \begin{matrix} CH_2-CH_2-CO \\ CH_2-CH_2-NH \end{matrix} +H_2O$$
$$\longrightarrow H_2N-(CH_2)_5-COOH$$
アミノカプロン酸

存在しない
(理由) カプロラクタムを加水分解し
て生じるアミノカプロン酸は、
不斉炭素原子はない。

問3 **b**
(理由) フェノールは酸性物質である
から、水酸化ナトリウムと反応
して、水溶性のナトリウムフェ
ノキシドをつくる。プロペンや
p-キシレンは中性物質で、水に
溶けない。

問4 A （ニ） B （イ）
C （チ） D （ホ）
問5 A （う）,（え） B （か）
C （あ）,（い）,（え）,（お）
D （お）

45 問1 ㋐ **縮合** ㋑ **付加**
㋒ **アミド** ㋓ **エステル**
㋔ **チンダル現象**
㋕ **ブラウン運動**
㋖ **ビニロン**

問2

(a) $\mathrm{HO}\!\left[\!\begin{array}{c}\mathrm{C-(CH_2)_4-C-N-(CH_2)_6-N}\\\!\!\|\qquad\quad\|\ \ |\qquad\qquad\quad|\\ \mathrm{O}\qquad\quad\mathrm{O\ H}\qquad\qquad\ \mathrm{H}\end{array}\!\right]_n\!\!\mathrm{H}$

(b) $\mathrm{HO}\!\left[\!\begin{array}{c}\mathrm{C-\!\!\bigcirc\!\!-C-O-(CH_2)_2-O}\\\!\!\|\qquad\quad\|\\ \mathrm{O}\qquad\quad\mathrm{O}\end{array}\!\right]_n\!\!\mathrm{H}$

(c) $\left[\!\begin{array}{c}\quad\ \ \mathrm{CH_3}\\ \ \ \ \ |\\ \mathrm{-CH_2-C-}\\ \ \ \ \ |\\ \quad\ \mathrm{COOCH_3}\end{array}\!\right]_n$

問3

$$n\mathrm{CH_2=CH} \xrightarrow[\text{付加重合}]{} \left[\mathrm{CH_2-CH}\right]_n \xrightarrow[\text{けん化}]{} \left[\mathrm{CH_2-CH}\right]_n$$
（酢酸ビニル OCOCH₃ → ポリ酢酸ビニル OCOCH₃ → ポリビニルアルコール OH）

酢酸ビニル　　　　ポリ酢酸ビニル　　　　ポリビニルアルコール

問4　ポリビニルアルコールは，親水コロイドであるから，付着している水和水を硫酸ナトリウムで取り除き，ポリビニルアルコールを塩析させる．

問5

$$\left[\!\begin{array}{c}\mathrm{CH_2-CH-CH_2-CH}\\ \quad\ |\qquad\qquad\ |\\ \quad\mathrm{OH}\qquad\quad\ \mathrm{OH}\end{array}\!\right]\!+n\,\mathrm{HCHO}\longrightarrow$$

$$\left[\!\begin{array}{c}\mathrm{CH_2-CH-CH_2-CH}\\ \quad\ |\qquad\qquad\ |\\ \quad\mathrm{O-CH_2-O}\end{array}\!\right]_n\!+n\,\mathrm{H_2O}$$

問6　透析法を利用する．反応液を半透膜でつくった容器に入れ，流水中に浸すと，低分子化合物が除去され，精製される．

46 問1　アーヘキサメチレンジアミン
　　　　　　イー縮合
　　　　　　ウーアミド
　　　　　　エーエステル
　　　　　　オーエチレングリコール
　　　　　　カー*p*-キシレン
　　　　　　キーメタノール
　　　　　　クーイソプレン
　　　　　　ケー付加
　　　　　　コーホルムアルデヒド

問2① $\mathrm{HO}\!\left[\mathrm{OC-(CH_2)_4-CO-NH-(CH_2)_6-NH}\right]_n\!\mathrm{H}$

② $\mathrm{HO}\!\left[\mathrm{OC-\!\!\bigcirc\!\!-CO-O-(CH_2)_2-O}\right]_n\!\mathrm{H}$

③ $\mathrm{CH_2=CCl-CH=CH_2}$

問3　フェノールの製法には，下記の方法のほかに，クメン法，ベンゼンを塩素化したクロロベンゼンから合成する方法，またベンゼンをニトロ化，還元，ジアゾ化，加水分解して得る方法などがある．

問4　アジピン酸1molはベンゼン1mol
から生成され，ヘキサメチレンジアミ
ン1molはアジピン酸1molから生成さ
れるから，結局，ナイロン66の1mol
はベンゼン2nmolから得られることに
なる．100gのベンゼンは100/78(mol)
であるから，生成されるナイロン66
は（100/78）×（1/2n）(mol)．ナイロ
ン66の分子量を226nとすると，ナイ
ロン66の質量は，

$$\frac{100}{78}\times\frac{1}{2n}\times226n=144.9\fallingdotseq \mathbf{145}(g)$$

問5　**直鎖状高分子化合物は熱を加える
と軟らかくなるが（熱可塑性），網状
高分子化合物は熱を加えると硬くなる
（熱硬化性）.**

47　(4)　アセチレンに水を付加させると，
不安定なエノール型のビニルアルコール

$n\mathrm{ClCO}(\mathrm{CH_2})_4\mathrm{COCl}+n\mathrm{H_2N}(\mathrm{CH_2})_6\mathrm{NH_2}$
$\longrightarrow \mathrm{HO}\{\mathrm{OC}-(\mathrm{CH_2})_4-\mathrm{CO}-\mathrm{NH}-(\mathrm{CH_2})_6-\mathrm{NH}\}_{\overline{n}}\mathrm{H}+2n\mathrm{HCl}$

(10)　ナイロン66の分子量は，構造式か
ら226n＋18．浸透圧法による実測値
は8.82×10³．重合度nは
226n＋18＝8.82×10³
n＝38.9
繰り返し単位中には，アミド結合が

ができるが，すぐに安定なケト型のアセ
トアルデヒドに変わる．したがって，ビ
ニルアルコールから直接ポリビニルアル
コールをつくることはできない．

(3), (5), (6), (7)ビニロンは，アセチレン
から，次の方法で合成される．

アセチレン $\xrightarrow[\text{付加}]{\mathrm{CH_3COOH}}$ 酢酸ビニル

$\xrightarrow{\text{付加重合}}$ ポリ酢酸ビニル

$\xrightarrow[\text{けん化}]{\mathrm{NaOH}}$ ポリビニルアルコール

$\xrightarrow[\text{アセタール化}]{\mathrm{HCHO}}$ ビニロン

(8), (9)　アジピン酸ジクロリドの四塩化
炭素溶液Aは，水に溶けにくく，ヘキ
サメチレンジアミンの水溶液Bより密
度が大きいので，Bが上層，Aが下層
の二層に分離される．この二層の境界
面にナイロン66の薄膜ができる．

(2n－1)個あるから
2×38.9－1＝76.8≒77個

(1) **(ウ)**　(2) **(ア)**　(3) **(カ)**
(4) **アセトアルデヒド**　(5) **(ケ)**
(6) **(エ)**　(7) **(シ)**　(8) **(キ)**
(9) **(コ)**　(10) **77**

§10.　有機化学反応の種類，有機化合物の識別

例題49　有機化学反応の種類

　A欄(a)〜(e)の物質を，B欄とC欄の物質1つずつを直接反応させてつくりたい．該当する物質を，B欄とC欄から，また，この際の反応の種類を，D欄から，それぞれ1つずつ選び，その番号をマークせよ．

A欄
- (a)　アセトン
- (b)　ギ酸ナトリウム
- (c)　o-ニトロトルエン
- (d)　サリチル酸ナトリウム
- (e)　ポリエチレンテレフタラート

B欄

0　ジエチルエーテル	1　1-プロパノール	2　アジピン酸
3　テレフタル酸	4　トルエン	5　アセチレン
6　安息香酸	7　2-プロパノール	8　ナトリウムフェノキシド
9　一酸化炭素		

C欄

0　ナフタレン	1　アセトアルデヒド	2　ヘキサメチレンジアミン
3　エチレングリコール	4　二酸化炭素	5　カプロラクタム
6　ホルムアルデヒド	7　水酸化ナトリウム	8　濃硝酸と濃硫酸の混合物
9　硫酸酸性のニクロム酸カリウム水溶液		

D欄

0　ハロゲン化	1　けん化	2　アセチル化	3　アミノ化
4　付加	5　エステル化	6　ニトロ化	7　スルホン化
8　酸化	9　還元		

〔東京理科大〕

ポイント　有機化合物の合成原料と反応の種類に関する問題はよく出題される．

解説　(a)　アセトンは，2-プロパノールの酸化または酢酸カルシウムの乾留によってつくられる．

$$CH_3CH(OH)CH_3 \xrightarrow[酸化]{K_2Cr_2O_7} CH_3COCH_3$$

$$(CH_3COO)_2Ca \xrightarrow{乾留} CH_3COCH_3$$

(b)　ギ酸ナトリウムは，水酸化ナトリウムと一酸化炭素とを加圧，加熱(6〜8気圧，120〜150℃)下で作用させると得られる(このギ酸ナトリウムを硫酸で処理するとギ酸ができる．これがギ酸の工業的製法である)．

$$CO + NaOH \xrightarrow{付加} HCOONa$$

(c) *o*-ニトロトルエンは, トルエンをニトロ化すると得られる.

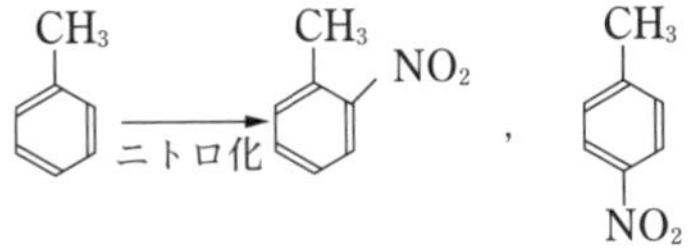

(d) サリチル酸ナトリウムは, ナトリウムフェノキシドと二酸化炭素を加圧, 加熱(4〜7気圧, 125℃)下で作用させると得られる.

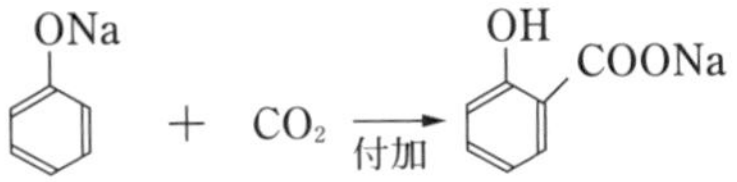

(e) ポリエチレンテレフタラートは, テレフタル酸とエチレングリコールを縮合重合させたもので, 多くのエステル結合をもっている.

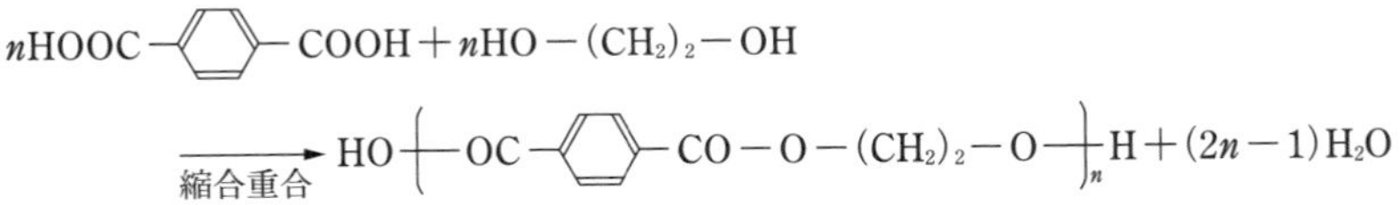

$$n\text{HOOC}-\!\!\!\!\raisebox{-0.2em}{\text{◯}}\!\!\!\!-\text{COOH}+n\text{HO}-(\text{CH}_2)_2-\text{OH}$$

$$\xrightarrow[\text{縮合重合}]{} \text{HO}\!\!\left[\text{OC}-\!\!\!\!\raisebox{-0.2em}{\text{◯}}\!\!\!\!-\text{CO}-\text{O}-(\text{CH}_2)_2-\text{O}\right]_n\!\!\!H+(2n-1)\text{H}_2\text{O}$$

答　(a) **7, 9, 8**　(b) **9, 7, 4**　(c) **4, 8, 6**　(d) **8, 4, 4**　(e) **3, 3, 5**

例題50　有機化合物の識別

　A群の各項(1)〜(10)にあげた2つの物質(ア), (イ)を互いに区別する最も適当な方法をB群の操作①〜⑩の中から選び, その操作によって起こる変化をC群ⓐ〜ⓗの中から選べ. B群およびC群から2回以上選んでもよい.

〔A群〕
(1) (ア) フマル酸　　　　　(イ) マレイン酸
(2) (ア) デンプン　　　　　(イ) スクロース
(3) (ア) ジエチルエーテル　(イ) 酢酸エチル
(4) (ア) エタノール　　　　(イ) メタノール
(5) (ア) 油脂　　　　　　　(イ) タンパク質
(6) (ア) パルミチン酸　　　(イ) セタノール
(7) (ア) ニトロベンゼン　　(イ) アニリン
(8) (ア) 含水エタノール　　(イ) 無水エタノール
(9) (ア) シクロヘキサン　　(イ) ベンゼン
(10) (ア) 酢酸　　　　　　　(イ) ギ酸

〔B群〕
① 希塩酸を加える.
② 金属ナトリウムを加える.
③ アンモニア水と硝酸銀水溶液を加えて温める.
④ 水酸化ナトリウム水溶液を加えて温める.
⑤ 無水硫酸銅(Ⅱ)を加える.
⑥ ヨウ素と水酸化ナトリウム水溶液を加えて温める.

⑦　塩基性にして硫酸銅(Ⅱ)水溶液を加える.

⑧　濃硫酸と濃硝酸との混合液を加えて温める.

⑨　ヨウ素ヨウ化カリウム溶液を加える.

⑩　加熱する.

〔C群〕　ⓐ　銀鏡ができる.　　　　ⓑ　塩を生成して溶ける.

ⓒ　水素を発生する.　　　ⓓ　特有の色を呈する.

ⓔ　特有の臭いを生じる.　ⓕ　容易に加水分解をうける.

ⓖ　ニトロ化合物を生成する.　ⓗ　容易に酸無水物を生成する.

〔岐阜薬科大・改〕

▶ポイント　有機化合物の識別では, 官能基や構造に注目する. p.38の「有機化合物の検出」の表および(注)を参考にするとよい. その際, 次の①～④に注意. ①金属ナトリウムと反応して水素を発生する反応は, 主にアルコールの検出に利用される. ②表中のAgNO₃＋NH₃水は, アンモニア性硝酸銀溶液とよばれている. アセチレンをこの溶液に通すと白色沈殿を, 還元性物質にこの溶液を加えて加温すると銀鏡をそれぞれ生じる. ③ヨウ素が関係するのは, ヨードホルム反応とヨウ素デンプン反応. デンプンの検出に使われるヨウ素溶液は, 正しくはヨウ素ヨウ化カリウム溶液とよばれている. ④硫酸銅(Ⅱ)は, ビウレット反応とフェーリング反応に使われている.

解説　(1)　フマル酸とマレイン酸は幾何異性体で, フマル酸はトランス形, マレイン酸はシス形である. マレイン酸は, カルボキシ基が隣り合っているので脱水して無水マレイン酸となる.

(2)　デンプンはヨウ素ヨウ化カリウム溶液で青色を呈するが, スクロースにはこの反応はない.

(3)　酢酸エチルは, エステルであるからアルカリによってけん化されてエタノールと酢酸ナトリウムを生成し, ともに水に溶ける.

(4)　エタノールは, $CH_3CH(OH)-$の構造をもつのでヨードホルム反応があり, 特臭のある黄色物質CHI_3を生じる. メタノールは, $CH_3CH(OH)-$の構造をもたないのでこの反応はない.

(5)　タンパク質は, ビウレット反応で赤紫色を呈するが, 油脂にはこの反応はない.

(6)　パルミチン酸は高級脂肪酸, セタノール$C_{16}H_{33}OH$は高級一価アルコールでともに固体である. パルミチン酸は, 水酸化ナトリウム水溶液を加えて温めると水溶性のパルミチン酸ナトリウム(セッケン)を生じるが, セタノールは水酸化ナトリウムとは反応しない.

(7)　アニリンは, 塩基性物質であるから希塩酸と反応し塩をつくって溶ける.

(8)　含水エタノールに, 無水硫酸銅(Ⅱ)(白色粉末)を加えるとテトラアクア銅(Ⅱ)イオン$[Cu(H_2O)_4]^{2+}$の青色を呈する. 無水エタノールは呈色しない.

(9)　シクロヘキサンは, 反応性に乏しいが, ベンゼンは, 置換反応(ニトロ化, スルホン化, 塩素化)を起こしやすい.

(10)　いずれもカルボン酸であるが, ギ酸はホルミル基をもつので銀鏡反応がある.

答

〔A〕	〔B〕	〔C〕	物　質
(1)	**10**	**h**	マレイン酸
(2)	**9**	**d**	デンプン
(3)	**4**	**b**	酢酸エチル
(4)	**6**	**e**	エタノール
(5)	**7**	**d**	タンパク質
(6)	**4**	**b**	パルミチン酸
(7)	**1**	**b**	アニリン
(8)	**5**	**d**	含水エタノール
(9)	**8**	**g**	ベンゼン
(10)	**3**	**a**	ギ酸

練 習 問 題

48　次のA群(1)〜(8)のような化学変化がある．B群からそれらの変化の出発化合物の構造式(ただし，構造式が与えられていない場合には最も特徴的な基)を，また，C群からそれらの変化に最も関係の深い反応名をそれぞれ選び，記号で答えよ．

〔A〕　(1)　アセチレン ⟶ 塩化ビニル

　　　(2)　メタノール ⟶ ホルムアルデヒド

　　　(3)　アセトアルデヒド ⟶ Cu_2O の赤色沈殿

　　　(4)　油脂 ⟶ セッケン

　　　(5)　タンパク質 ⟶ アミノ酸

　　　(6)　ベンゼンスルホン酸 ⟶ フェノール

　　　(7)　フェノール ⟶ フェノール樹脂

　　　(8)　アクリロニトリル ⟶ ポリアクリロニトリル

〔B〕　(ア)　$CH_2=CH-CN$　　(イ)　$CH_2=CH-CH_3$　　(ウ)　$+CH_2-CH_2+_n$

　　　(エ)　⟨ ⟩$-OH$　　(オ)　⟨ ⟩$-COOH$　　(カ)　⟨ ⟩$-CH_3$

　　　(キ)　$>C=C<$　　(ク)　$-OH$　　(ケ)　$-C≡C-$

　　　(コ)　$-C\!\!\begin{smallmatrix}O\\\\H\end{smallmatrix}$　　(サ)　$-\overset{|}{C}-C\!\!\begin{smallmatrix}O\\\\O-C-\end{smallmatrix}$　　(シ)　$-C\!\!\begin{smallmatrix}O\\\\OH\end{smallmatrix}$

　　　(ス)　$-N\!\!\begin{smallmatrix}H\\\\H\end{smallmatrix}$　　(セ)　$>C=O$　　(ソ)　$-\overset{|}{C}-O-\overset{|}{C}-$

　　　(タ)　$-\overset{\overset{O}{\|}}{\underset{\underset{O}{\|}}{S}}-OH$　　(チ)　$-O-\overset{\overset{O}{\|}}{\underset{\underset{O}{\|}}{S}}-OH$　　(ツ)　$-\overset{+}{N}\!\!\begin{smallmatrix}O\\\\O^-\end{smallmatrix}$

　　　(テ)　$\begin{smallmatrix}O\\\\O\end{smallmatrix}\!\!>C-N\!\!\begin{smallmatrix}H\\\\\end{smallmatrix}$

〔C〕　(a)　置換反応　　　　(b)　付加反応　　　　(c)　付加重合反応

　　　(d)　酸化反応　　　　(e)　脱水反応　　　　(f)　フェーリング反応

　　　(g)　ビウレット反応　　(h)　キサントプロテイン反応

　　　(i)　加水分解反応　　(j)　エステル化反応　　(k)　還元反応

　　　(l)　縮合重合反応　　(m)　けん化反応　　　(n)　銀鏡反応

　　　(o)　解離反応　　　　(p)　ヨードホルム反応　(q)　付加縮合反応

49　次の反応(1)〜(8)を読み，問 1，問 2 に答えよ．

　(1)　二クロム酸カリウムの硫酸酸性溶液を加えると，黒色になった．

　(2)　ヨウ素ヨウ化カリウム水溶液を作用させると，青紫色になった．

(3) 水酸化ナトリウム水溶液と硫酸銅(II)水溶液を加えると，赤紫色になった．

(4) 塩化鉄(III)水溶液を加えると，青紫色になった．

(5) 水酸化ナトリウム水溶液とヨウ素ヨウ化カリウム水溶液を作用させると，黄色沈殿物を生成した．

(6) 濃硝酸を加えて加熱すると黄色になった．さらにアンモニア水を加えると，橙黄色に変化した．

(7) アンモニア性硝酸銀水溶液を加えると，銀が析出した．

(8) ニッケルを触媒として水素を付加すると，硬化して固体になった．

問1　上記の各反応を起こす物質を(ア)～(コ)から選び，記号で答えよ．同じ物質を繰り返し用いてもよい．

(ア) タンパク質　　(イ) グルコース　　(ウ) アニリン　　(エ) メタノール

(オ) エタノール　　(カ) デンプン　　(キ) 植物性油脂　　(ク) グリセリン

(ケ) セルロース　　(コ) フェノール

問2　反応(5)および(6)の名称を書け．

〔工学院大〕

50 A欄にあげた(1)～(6)の各組の化合物（I）および（II）から，（I）を識別するのに，B欄に記した操作のうちいずれか1つを用いると，化合物（I）のみがC欄に記した変化を示す．各組について最も適当な操作および変化を，それぞれ選べ．

〔A〕 (1)　CH_3CHO（I）　　　　　　　　　　　　CH_3COCH_3（II）

(2)　$o\text{-}C_6H_4(OH)COOH$（I）　　　　　　C_6H_5OH（II）

(3)　$CH_2=C(CH_3)COOCH_3$（I）　　　$CH_3CH_2COOCH_3$（II）

(4)　CH_3CH_2OH（I）　　　　　　　　　CH_3OH（II）

(5)　$CH\equiv CH$（I）　　　　　　　　　　$CH_2=CH_2$（II）

(6)　$C_6H_5NH_2$（I）　　　　　　　　　　$H_2N(CH_2)_6NH_2$（II）

〔B〕 (a)　微量の過酸化ベンゾイルを加え温める．

(b)　塩化鉄(III)水溶液を加える．　　(c)　ニンヒドリン水溶液を加える．

(d)　水酸化ナトリウム水溶液を加える．　(e)　さらし粉の水溶液を加える．

(f)　フェーリング液を加え温める．　　(g)　炭酸水素ナトリウム水溶液を加える．

(h)　塩化水素を通じる．　　　　　　(i)　金属ナトリウムを加える．

(j)　酢酸水溶液を加える．

(k)　ヨウ素と水酸化ナトリウム水溶液を加え温める．

(l)　硫酸水銀(II)の硫酸酸性溶液を加える．

〔C〕 (ア) アセトアルデヒドが生成　　(イ) ホルムアルデヒドが生成

(ウ) 塩素が発生　　　　　　　(エ) 水素が発生　　(オ) 二酸化炭素が発生

(カ) 青色沈殿が生成　　　　　(キ) 赤色沈殿が生成　　(ク) 黄色沈殿が生成

(ケ) ガラス状固体が生成　　　(コ) 赤紫色を呈する　　(サ) 緑色を呈する

(シ) 溶解する

〔早稲田大・改〕

練習問題の解説と解答

48

	〔A〕	〔B〕	〔C〕		〔A〕	〔B〕	〔C〕
(1)	ケ	b	(5)	テ	i
(2)	ク	d	(6)	タ	a
(3)	コ	f	(7)	エ	q
(4)	サ	m	(8)	ア	c

49 (1)　アニリンの反応. アニリンは, 二クロム酸カリウムの硫酸酸性溶液によって酸化され, 黒色物質になる. アニリンブラックという.

(2)　デンプンの反応. I_2分子がデンプン分子のらせん構造の中にはいり込むことによって起こる反応. ヨウ素デンプン反応という.

(3)　トリペプチド以上のペプチドの反応. ペプチド結合のN原子がCu^{2+}と配位結合して錯イオンをつくることによって起こる反応. ビウレット反応という.

(4)　フェノール類の反応. フェノール性ヒドロキシ基のO原子がFe^{3+}と配位結合して錯イオンをつくることによって起こる反応. 塩化鉄(Ⅲ)反応という.

(5)　CH_3CO-, $CH_3CH(OH)-$の構造をもつ物質の反応. 特異臭の黄色物質CHI_3を生成する反応. ヨードホルム反応という.

(6)　ベンゼン環をもつペプチドやタンパク質の反応. ベンゼン環がニトロ化されることによって起こる反応. キサントプロテイン反応という.

(7)　ホルミル基をもつ還元性物質の反応. $[Ag(NH_3)_2]^+$を還元してAgを析出する反応. 銀鏡反応という.

(8)　不飽和油脂の反応. 水素を付加すると飽和油脂になり硬化する.

問1　(1)　(ウ)　　(2)　(カ)
　　　(3)　(ア)　　(4)　(コ)
　　　(5)　(オ)　　(6)　(ア)
　　　(7)　(イ)　　(8)　(キ)
問2　(5)　**ヨードホルム反応**
　　　(6)　**キサントプロテイン反応**

50　過酸化ベンゾイルはメタクリル酸メチルを付加重合するときの重合開始剤である.

(1)　アセトアルデヒドとアセトンはヨードホルム反応は陽性であるが, アセトアルデヒドだけが還元性物質.

(2)　サリチル酸, フェノールは塩化鉄(Ⅲ)反応は陽性であるが, サリチル酸はカルボン酸.

(3)　メタクリル酸メチルは付加重合体(メタクリル樹脂)を生成.

(4)　エタノールはヨードホルム反応は陽性.

(5)　アセチレンに触媒存在下で水を付加するとアセトアルデヒドが生成.

(6)　アニリンはさらし粉水溶液と反応して赤紫色を呈する.

(1)ー **f** ーキ
(2)ー **g** ーオ
(3)ー **a** ーケ
(4)ー **k** ーク
(5)ー **l** ーア
(6)ー **e** ーコ

§11. 混合物の分離，有機化学実験

例題 51 〈混合物の分離〉

　アニリン，安息香酸，ナフタレン，フェノールの4種類の化合物が混じり合っているエーテル溶液がある．これら4種類の化合物の性質のちがいを利用して，下の系統図にしたがって各成分に分離した．分離が完全に行われたとして下記の問に答えよ．

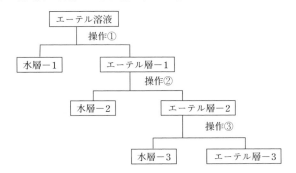

　操作①　分液漏斗中で炭酸水素ナトリウム水溶液と振り混ぜたのち静置する．
　操作②　分液漏斗中で水酸化ナトリウム水溶液と振り混ぜたのち静置する．
　操作③　分液漏斗中で希塩酸と振り混ぜたのち静置する．

(1)　水層－1を塩酸酸性にすると，結晶を析出した．この化合物の構造式を記せ．
(2)　水層－2に含まれている有機化合物の状態を構造式で記せ．
(3)　水層－3に水酸化ナトリウム水溶液を加えて塩基性にすると，油状物質が分離した．この化合物の構造式を記せ．
(4)　エーテル層－3を加熱し，蒸留によりエーテルを除くと，結晶性の物質が残った．この化合物の構造式を記せ．
(5)　水層－3をよく冷やし，これに亜硝酸ナトリウム水溶液を徐々に加え，しばらく放置する．このとき新たに生じた化合物の名称を記せ．また，この溶液を水層－2に加えると橙赤色の化合物が得られた．この化合物の構造式を記せ．

〔北海道大・改〕

▶**ポイント**　混合物の分離に関する問題は，パターンが決まっているからポイントをおさえておけば容易に解くことができる．

　多くの場合，出題される混合物の組合せは次の①〜③のいずれかである．すなわち，混合物の成分を酸性物質(カルボン酸，フェノール類)，塩基性物質(主としてアニリン)，中性物質(炭化水素，エステル，ニトロ化合物など)，両性物質(主としてアミノ酸のグリシン，アラニンなど)に分類するとき，

①　各物質から1種類ずつ計4種類の混合物．

② カルボン酸，フェノール類の2種類の酸性物質と塩基性物質，中性物質各1種類ずつの計4種類の混合物.

③ カルボン酸，フェノール類の2種類の酸性物質と塩基性物質，中性物質，両性物質各1種類ずつの計5種類の混合物.

解説 ① 同じ酸性物質のカルボン酸とフェノール類を分離するには，酸の強さの順序が，**カルボン酸＞炭酸水＞フェノール類**であるからNaHCO₃水溶液を使えばよい. カルボン酸は炭酸(二酸化炭素)を追い出して溶けるが，炭酸より弱いフェノール類は溶けない.

② フェノール類はNaHCO₃水溶液には溶けないが，NaOH水溶液には溶ける. また，塩基性物質は酸に溶ける.

③ 中性物質は酸にも塩基にも溶けない. 中性物質がエステルの場合はけん化反応の記述から推測できる.

④ 両性物質のアミノ酸は有機溶媒には溶けないが，水，酸，塩基には溶ける.

　以上のことが記されているp.39の「混合物の分離」の説明をよく読んでから問題を解くとよい. 結局，分離の経過は次のとおりである.

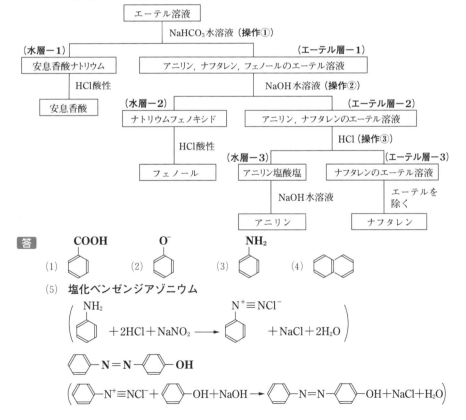

答

(1) COOH

(2) O⁻

(3) NH₂

(4)

(5) **塩化ベンゼンジアゾニウム**

例題 52　混合物の分離

次の問に答えよ．

化合物A，B，Cの混合物がある．これより各成分を取り出すため，分液漏斗を用いて次図に示すような操作を行った．その結果，Aはa，Bはb，Cはeの各層に主として含まれていることがわかった．下のア〜ウの事実を参考にして問1〜4に答えよ．なお，構造式は，CH₃CH₂OH，⟨⟩—OHのように記せ．

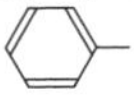

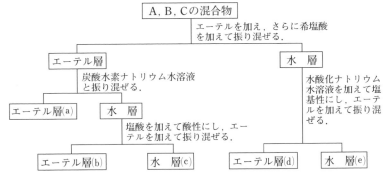

ア　Aは分子式$C_5H_{12}O$で，酸化すると化合物Dになる．DをAおよび少量の濃硫酸とともに加熱すると，炭素数10個の化合物となる．

イ　Bは分子式$C_8H_8O_2$で，濃硝酸と濃硫酸の混合物を作用させると，分子式$C_8H_7NO_4$の化合物が得られる．

ウ　Cは分子式$C_3H_7NO_2$で，光学異性体が存在する．Cをメタノールおよび塩化水素とともに加熱すると，化合物Eが得られる．Eにさらに無水酢酸を作用させると，分子式$C_6H_{11}NO_3$の化合物が得られる．

1. Aにあてはまる化合物の構造式を1つ記せ．
2. Bにあてはまる化合物を2つ選び，それらの構造式を記せ．
3. Cの構造式を記せ．
4. DとEの混合物に図に示した操作を行った場合，D，Eはそれぞれa〜eのどこに主として含まれることになるか．a〜eの記号で記せ．

〔東京大・改〕

▶ポイント　この問題は **例題 51** と同じ混合物の分離の問題である．**例題 51** は既知成分の混合物を分離する問題であったが，この問題は混合物中の成分を分離操作図から推測しさらに問題の記述から確認する問題である．

解説　化合物A，B，Cは，分離操作図から大体推測することができる．化合物AはHCl処理でエーテル層，さらにNaHCO₃水溶液処理でエーテル層に含まれていることから中性物質であるかまたは酸性物質のフェノール類である．化合物Bは，NaHCO₃水溶液処

理で水層にふくまれていることはカルボン酸ナトリウムになっていることを示すからカルボン酸である．化合物Cは，HClに溶け，NaOH水溶液を加えて塩基性にすると水層に移ることからアミノ基をもつ水溶性物質(アミノ酸)と推測される．さらに，完全にA, B, Cを確定するためには，ア，イ，ウの記述を読んでその内容に一致するものを選べばよい．

ア．Aは，分子式が$C_5H_{12}O$であるからアルコールとエーテルが考えられる．Aは酸化されるからアルコールで，しかもその酸化生成物DがAと反応してC数10個のエステルを生成するから**DはC数5個のカルボン酸**である．したがって，**AはC数5個の第一級アルコール**である．

$C_5H_{12}O$で表される第一級アルコールには次の4種類がある．

① $CH_3CH_2CH_2CH_2CH_2OH$　　　② $CH_3CH_2CH(CH_3)CH_2OH$

③ $(CH_3)_2CHCH_2CH_2OH$　　　　④ $(CH_3)_3CCH_2OH$

イ．Bは，分子式$C_8H_8O_2$から考えてベンゼン環をもつ(C数が6個以上あって，C数に比べてH数が少ない)ことが予測できる．また，分離操作でNaHCO₃水溶液に溶けるからカルボキシ基をもつ，つまり**Bは芳香族カルボン酸**と考えられる．

$C_8H_8O_2$で表される芳香族カルボン酸のベンゼン一置換体と二置換体には次の4種類がある．

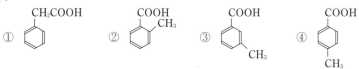

ウ．分子式$C_3H_7NO_2$のCは，図からアミノ基をもつ．また，メタノールと反応してエステルをつくることから，カルボキシ基をもつ．つまり**Cはアミノ酸**と考えられる．

$C_3H_7NO_2$で表されるアミノ酸には次の2種類がある．

$$① \quad \begin{matrix} & H & H & \\ & | & | & \\ H-&C-&C^*-&COOH \\ & | & | & \\ & H & NH_2 & \end{matrix} \qquad ② \quad \begin{matrix} & H & H & \\ & | & | & \\ H-&C-&C-&COOH \\ & | & | & \\ & NH_2 & H & \end{matrix}$$

Cには鏡像異性体があるから，Cは不斉炭素原子(C^*)をもつ①アラニンである．
CにメタノールとHClを作用させるとエステル化が起こり，化合物Eができる．

$$CH_3-\underset{\underset{NH_2}{|}}{\overset{\overset{H}{|}}{C}}-COOH+CH_3OH \longrightarrow CH_3-\underset{\underset{NH_2}{|}}{\overset{\overset{H}{|}}{C}}-COOCH_3+H_2O$$
$$\text{(E)}$$

Eにさらに$(CH_3CO)_2O$を作用させるとアセチル化が起こり，分子式$C_6H_{11}NO_3$の化合物ができる．

$$CH_3-\underset{\underset{NH_2}{|}}{\overset{\overset{H}{|}}{C}}-COOCH_3+(CH_3CO)_2O \longrightarrow CH_3-\underset{\underset{NHCOCH_3}{|}}{\overset{\overset{H}{|}}{C}}-COOCH_3+CH_3COOH$$
$$(C_6H_{11}NO_3)$$

4.　Dはカルボン酸C₄H₉COOH．Dは水には溶けないが，エーテルには溶けるからエーテ
　　ル層へ移る．次に，NaHCO₃水溶液に溶けるから水層へ移る．続いて，HClで酸性にす
　　ると水に溶けにくくなって，エーテル層(b)へ移る．
　　　Eは，アミノ酸のエステルで塩基性物質．EはHClに溶けて水層へ移る．次に，
　　NaOH水溶液でアルカリ性にすると水に溶けにくくなって，エーテル層(d)へ移る．

答　　1．アの項の①～④のうちの1つ．　　　2．イの項の①～④のうちの2つ．
　　　　3．CH₃CH(NH₂)COOH　　　　　　4．D－b，E－d

例題 53　エステル（安息香酸エチル）の合成実験

　問1～問9に答えよ．必要があれば，原子量は次の値を使うこと．
　　　　H＝1, C＝12, O＝16
　　図のような装置を組み，200mLの丸底フラスコに，
10gの安息香酸，50mLのエタノール，5mLの(ア)濃硫酸
を入れ，水浴上でガスバーナーを用い，おだやかに，
混合液が沸騰するように1時間加熱した．反応液を室
温まで放冷後，分液漏斗に移し，(イ)水70mLとベンゼ
ン40mLを加え，よく振った後，下層液を流し出し，
この液は廃液入れに捨てた．分液漏斗中に残った液
体に，飽和炭酸水素ナトリウム水溶液30mLを加え，
(ウ)気体が発生するので注意して振り混ぜた後，下層液
を100mLビーカーに流し出し集めた．(エ)この集めた液
体に濃塩酸を少しずつ加えたところ，白い固体が生
成した．固体が生じなくなるまで濃塩酸を加えた後，この固体を集め，よく乾燥し，
重量を測定したところ3.9gであった．分液漏斗中に残った液体を三角フラスコに移
し，(オ)無水硫酸ナトリウムを少量加え，しばらく放置後，固体をろ別した．ろ液を水
浴上で(カ)液体が留出しなくなるまで加熱した．残った液体の沸点が高いため，減圧下
でこの液体を蒸留したところ，化合物Aが3.5g得られた．

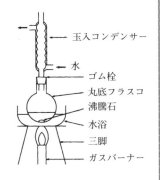

玉入コンデンサー
水
ゴム栓
丸底フラスコ
沸騰石
水浴
三脚
ガスバーナー

　問1　図に示したように，フラスコ中には沸騰石を入れるが，沸騰石を入れる目的
　　　　を述べよ．
　問2　下線(ア)で濃硫酸を加える目的を述べよ．
　問3　下線(イ)の操作は，何を目的とした操作か．目的を述べよ．
　問4　下線(ウ)で起こった反応を化学反応式で示せ．
　問5　下線(エ)で起こった反応を化学反応式で示せ．
　問6　下線(オ)で無水硫酸ナトリウムを加えた目的を述べよ．
　問7　下線(カ)で留出してくる液体は何か．構造式（または示性式）で示せ．
　問8　化合物Aを生成する反応の化学反応式を構造式で示せ．
　問9　消費した安息香酸に対して何％が化合物Aとして得られたか．小数点第2位
　　　　を四捨五入して第1位まで求めよ．

〔東京学芸大〕

▶ポイント　　この問題はエステル合成実験の典型的な問題である．実験に関する問題で注意する点は，①使用する試薬と器具の名称とそれらを使用する理由．②操作手順とその操作を行う理由．③生成物の収率　などである．

解説　答　①　沸騰石は突沸を防ぐために加える．

② 濃硫酸は，エステル化の触媒として，また，水の除去のために加える．

③ 反応液を放冷後，分液漏斗に移し，水とベンゼンを加えて振ると，分液漏斗中の下層の水層には，未反応のエタノールや硫酸が溶け込み，上層のベンゼン層には，安息香酸エチルと未反応の安息香酸が含まれている．

④ ③の下層液を捨てた後，分液漏斗中の残液(上層のベンゼン層の液)に，飽和炭酸水素ナトリウム水溶液を加えると，未反応の安息香酸が反応してCO_2を発生し，安息香酸ナトリウムとなって炭酸水素ナトリウム液層(下層)に移る．また，生成した安息香酸エチルは上層(ベンゼン層)に移っている．

$$\text{⟨benzene⟩—COOH} + NaHCO_3 \longrightarrow \text{⟨benzene⟩—COONa} + CO_2 + H_2O$$

⑤ ④の分液漏斗中の下層液(炭酸水素ナトリウム液層)をビーカーに流し出し，この液に濃塩酸を加えると，弱酸の安息香酸(白色)が析出する．乾燥後の重量は3.9g．

$$\text{⟨benzene⟩—COONa} + HCl \longrightarrow \text{⟨benzene⟩—COOH} + HCl$$

⑥ ④の分液漏斗中に残った上層液(ベンゼン層液)を，乾いた三角フラスコに移して無水硫酸ナトリウムを加えると，溶液中に含まれている水分が除かれる．

⑦ ⑥の溶液をしばらく放置後，固体をろ別し，ろ液を蒸留フラスコに移し，水浴上で蒸留すると，沸点の低いベンゼン(溶媒)が留出し，沸点の高い化合物A(安息香酸エチル)がフラスコに残る．減圧蒸留の結果，収量は3.5g．

問1　**突沸を防ぐため**

問2　**エステル化の触媒として，また，水の除去のために加える．**

問3　**反応液中の未反応のエタノールや硫酸を除くための操作である．**

問4
$$\text{⟨benzene⟩—COOH} + NaHCO_3 \longrightarrow \text{⟨benzene⟩—COONa} + CO_2 + H_2O$$

問5
$$\text{⟨benzene⟩—COONa} + HCl \longrightarrow \text{⟨benzene⟩—COOH} + NaCl$$

問6　**溶液中の水分を除くため．**　　　　問7　⟨benzene⟩

問8
$$\text{⟨benzene⟩—COOH} + CH_3CH_2OH \longrightarrow \text{⟨benzene⟩—COOCH_2CH_3} + H_2O$$

問9　消費した安息香酸は$10 - 3.9 = 6.1$(g)，安息香酸の分子量は122で，6.1gは$\dfrac{6.1}{122}$(mol)．生成した安息香酸エチルの物質量も同じ$\dfrac{6.1}{122}$(mol)．安息香酸エチルの分子量は150であるから，その質量は$\dfrac{6.1}{122} \times 150$(g)．いま，安息香酸エチルが3.5g得られたのであるから，その収率は　$\dfrac{3.5}{\dfrac{6.1}{122} \times 150} \times 100 = 46.66 \fallingdotseq \textbf{46.7}$ (%)

例題 54　アゾ化合物（1-フェニルアゾ-2-ナフトール）の合成実験

ニトロベンゼンを原料に，次の操作1〜6の順に実験を行った。下の問1〜問9に答えよ。

操作1　試験管にニトロベンゼン3 mLと(ア)スズ9 gをとり，この試験管をよく振り混ぜながら濃塩酸15 mLを少しずつ加え，温湯につけてニトロベンゼンの油滴がなくなるまでおだやかに加熱した。

操作2　操作1で得られた(イ)試験管の内容物を300 mL三角フラスコに移し，リトマス紙で液が塩基性になるのを確認するまで，6 mol/L水酸化ナトリウム水溶液を加えた。

操作3　操作2の液に少量のジエチルエーテルを加え，これを 器具A に入れてよく振り混ぜた。水層を流し出してからジエチルエーテル層を蒸発皿にとり，(ウ)放置してジエチルエーテルを蒸発させると，蒸発皿に 液体B が残った。

操作4　液体B 1 mLと2 mol/L塩酸10 mLを50 mL三角フラスコにとり，これを氷水につけて，5℃以下に冷やした。別に，試験管に10%亜硝酸ナトリウム水溶液10 mLをとり，これも同じ氷水に入れて冷やしながら，少しずつ三角フラスコに加えた。その後，(エ)三角フラスコの液を冷やしておいた。

操作5　100 mLビーカーに2-ナフトール1.5 gをとり，2 mol/L水酸化ナトリウム水溶液20 mLを加えて溶かした。このビーカーを氷水で冷やし，これに操作4の三角フラスコの溶液を少しずつ加えた。生じた固体を吸引ろ過し，水でよく洗った。

操作6　(オ)操作5で得られた固体を200 mL三角フラスコにとり，エタノール約100 mLを加え加熱して溶かした。その溶液を冷やし，析出した 化合物C を取り出した。

問1　下線部(ア)のスズの役割を書け。

問2　下線部(イ)の有機化合物を示性式で書け。

問3　器具Aとして最も適当なものを右の図から1つ選び，記号で答えよ。

問4　下線部(ウ)の実験操作を行う際に，注意をはらう点を2つ書け。

問5　液体Bの化合物名を記せ。

a　　b　　c　　d　　e

問6　液体Bの少量を別の試験管にとり，希塩酸を加えて溶かした。これにニクロム酸カリウム水溶液を少量加え，加熱したところ色が変化した。変化した後の色を書け。

問7　下線部(エ)の中に生成している物質は，5℃以上では水溶液中で分解してフェノールを生じる。この反応を化学反応式で書け。

問8　下線部(オ)の操作法の名称を記せ。また，この操作の目的を書け。

問9　化合物Cに含まれる官能基の中で，操作5によって生じた官能基の名称を記せ。また，Cの主な用途を1つ書け。

〔大阪市立大〕

▶ポイント　ニトロベンゼンを原料とした合成実験は出題率が高い.

解説　ニトロベンゼンから1-フェニルアゾ-2-ナフトールの合成経路は次のとおり.

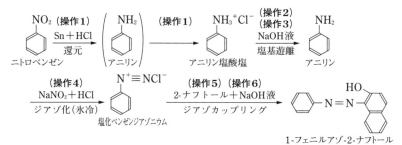

(操作1) ニトロベンゼンは水より重い,黄色油状の液体.ニトロベンゼンの還元によって生成したアニリンは,過剰の塩酸によってアニリン塩酸塩になっている.

$$2C_6H_5NO_2 + 3Sn + 14HCl \longrightarrow 2C_6H_5NH_3{}^+Cl^- + 3SnCl_4 + 4H_2O$$

(操作2) 塩基性になるまでNaOH水溶液を加えると,$SnCl_4$は

$$Sn^{4+} \longrightarrow \underset{(白色沈殿)}{Sn(OH)_4} \longrightarrow \underset{(無色)}{[Sn(OH)_6]^{2-}}$$

となって白色沈殿を生じるが,過剰のNaOH水溶液に錯イオンを生じて溶ける.アニリン塩酸塩は,NaOH(強塩基)によってアニリン(弱塩基)が遊離し,淡黄色の乳濁液となっている.

(操作3) アニリンは水に難溶であるが,ジエチルエーテルには溶ける.分離操作には分液漏斗(器具a)を使用する.

(操作4) ジアゾ反応である.氷水で冷却するのは$NaNO_2 + HCl$によって生じるHNO_2の酸化を防ぐためである.

$$\text{⟨⟩}-NH_2 + NaNO_2 + 2HCl \longrightarrow \text{⟨⟩}-N^+{\equiv}NCl^- + NaCl + 2H_2O$$

(操作5) ジアゾカップリング反応である.

$$\text{⟨⟩}-N^+{\equiv}NCl^- + \text{(HO-ナフトール)} + NaOH \longrightarrow \text{⟨⟩}-N{=}N\text{(-ナフトール-HO)} + NaCl + H_2O$$

(操作6) ジアゾカップリング反応後の生成物中に含まれている不純物を除き,精製する.

答　問1　**還元剤**　　問2　$C_6H_5NH_3{}^+Cl^-$　　問3　**a**

問4　ジエチルエーテルは,麻酔性があり,引火しやすいので,風通しのよい場所やドラフト内で使用するとよい.　　(1) **火気に十分注意する.**　(2) **室内を十分に換気する.**

問5　**アニリン**　　問6　**黒色**(アニリンブラックができる)

問7　$\text{⟨⟩}-N^+{\equiv}NCl^- + H_2O \longrightarrow \text{⟨⟩}-OH + N_2 + HCl$

問8　(名称) **再結晶法**　　(目的) **固体中に含まれる不純物を除き,精製する.**

問9　(名称) **アゾ基**　　(用途) **合成染料**

練 習 問 題

51　次の文章①～⑤を読み，下記の問(1)～(5)に答えよ．ただし，原子量はH＝1，C＝12とする．なお，問(3)～(5)の解答で有機化合物を示す場合は，例にならって構造式を記せ．

(構造式の例)

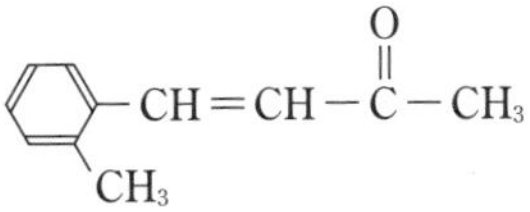

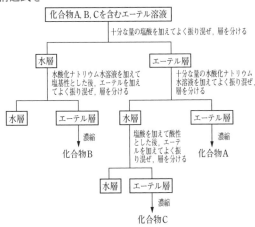

①　3種の芳香族化合物A，B，Cを含むエーテル溶液について，右のような操作をして化合物を分離した．

②　化合物A3.00 mgを完全燃焼させたところ9.96 mgの二酸化炭素と2.55 mgの水を生じた．

③　化合物Aを過マンガン酸カリウムで酸化させたところフタル酸が生じた．

④　化合物Bを無水酢酸と加熱して反応させたところ分子式 C_8H_9NO の化合物Dを生じた．

さらに，化合物Bの希塩酸水溶液を氷でよく冷やしながら亜硝酸ナトリウム水溶液を加えたところ化合物Eの水溶液を得た．

⑤　化合物Cを水酸化ナトリウム水溶液に溶かし，化合物Eの水溶液と反応させたところ橙赤色の化合物Fを生じた．

問(1)　分離操作において，溶液を振り混ぜ，層を分けるのに用いる適切な実験器具を右図の(a)～(e)から選び，その記号と名称を記せ．

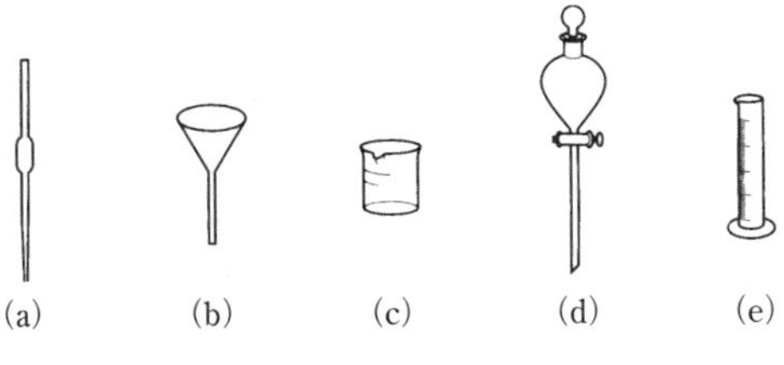

問(2)　化合物Aは別の実験からその分子量が106であることがわかった．化合物Aの分子式を求めよ．

問(3)　化合物A，Eの構造式を記せ．

問(4)　化合物BからDを生成する反応について，その化学反応式を示せ．

問(5)　化合物Cは別の実験から分子式が C_6H_6O であることがわかった．化合物C，Fの構造式を記せ．

〔富山大・改〕

52 (A)アニリン，(B)安息香酸，(C)フェノール，(D)シクロヘキセン (C₆H₁₀) を含む混合エー
テル溶液から，下図に示すような各段階の操作(a)〜(e)により，(A)，(B)，(C)，(D)の物質を
それぞれのエーテル層(Ⅰ〜Ⅳ)に分離した．この分離操作および，アニリン，安息香酸，
フェノール，シクロヘキセンに関する以下の問1〜6に答えよ．

問1　操作(b)，(c)，(d)，(e)で
はそれぞれどのような操作
を行ったか．(ア)〜(ク)の中か
ら最も適当なものを選び，
記号で答えよ．

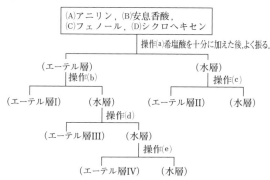

(ア)　希水酸化ナトリウム水
溶液を十分に加えた後，
よく振る．

(イ)　飽和塩化ナトリウム水
溶液を加えた後，よく振
る．

(ウ)　希塩酸を十分に加えた後，よく振る．

(エ)　二酸化炭素を十分に通じた後，よく振る．

(オ)　希水酸化ナトリウム水溶液を十分に加えた後，エーテルを加えよく振る．

(カ)　飽和塩化ナトリウム水溶液を加えた後，エーテルを加えよく振る．

(キ)　二酸化炭素を十分に通じた後，エーテルを加えよく振る．

(ク)　希塩酸を十分に加えた後，エーテルを加えよく振る．

問2　(a)〜(e)の分離操作において，溶液を振り混ぜ，2つの液層を分離するのに最も適
切な実験器具を1つ図示し，その名称を記せ．

問3　エーテル層Ⅰ，Ⅱ，Ⅲ，Ⅳにはそれぞれ(A)，(B)，(C)，(D)の物質のいずれが含まれ
ているか．(A)〜(D)の記号で答えよ．

問4　フェノールに十分な量の臭素水を作用させると，ただちに白色結晶(E)が生成した．
また，シクロヘキセンの四塩化炭素溶液に臭素を加えていくと，臭素の赤褐色の色が
消え，油状物質(F)が得られた．生成物(E)，(F)の構造式を記せ．

問5　下式にはアニリンから橙赤色の染料(H)を合成する反応経路が示してある．化合物
(G)，(H)の構造式および名称を記せ．

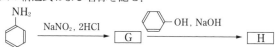

問6　安息香酸に関する下記の記述の中で正しいものをすべて選び，記号で答えよ．

(ア)　無色の結晶で，熱水にほとんど溶けないが，塩基性水溶液には塩となって溶け
る．

(イ)　工業的には触媒の存在下，空気によりトルエンを酸化して製造されている．

(ウ)　安息香酸をさらに酸化するとフタル酸が得られる．

(エ)　無水酢酸と反応し，香料に用いられるエステルを生成する．

㈹　安息香酸のエーテル溶液に，金属ナトリウムの小片を入れると水素が発生する.

53　次の文を読んで下記の問に答えよ.

　　いずれもベンゼン環 1 個をもち，分子式がそれぞれ C_8H_{10}，C_6H_6O，$C_{12}H_{14}O_4$ である化合物を混合したものがある. この 3 種類の化合物を分離し，確認するために以下の実験を行った.

（実験）　(i)分離操作

(1)　液体状の混合物を分液漏斗に移し，室温で塩基性になるまで，うすいNaOHの水溶液を加えよく振り混ぜて放置し，上層(a)と下層(b)に分離した.

(2)　(1)で得られた下層(b)の塩基性水溶液を取り出し，常温，常圧でCO₂を十分吹き込んだのち分液漏斗に移し，ジエチルエーテルで抽出すると，ジエチルエーテル層から混合物中の化合物Xが得られた.

(3)　(1)で得られた上層(a)に再びNaOHの水溶液を加え，加温して十分反応させたのち冷やし，分液漏斗に移し上層(c)と下層(d)に分離した. 上層(c)からは蒸留によって混合物中の化合物Yとエタノールが得られた.

(4)　(3)で得られた下層(d)に塩酸を加えて酸性にすると，白色の固体が析出したので分離し，化合物Cを得た. 化合物Cは元素分析などの結果，分子式 $C_8H_6O_4$ でベンゼン環をもっていることがわかった.

（実験）　(ii)確認反応

(5)　化合物Xの水溶液は塩化鉄(Ⅲ)の水溶液で青紫色を呈した. この化合物Xをニッケルを触媒として水素化し，化合物Aとしたのち，HNO₃で強く酸化すると合成繊維の原料として使われる化合物Bが得られた.

(6)　化合物Yは金属酸化物を触媒として加熱すると，1molの水素がとれて，化合物Dが得られた.

(7)　化合物Cは混合物中の化合物Zに由来すると考えられるが，230℃に加熱すると脱水して，ベンゼン環をもつ化合物Eが生成した.

　(注)　構造式のうち，ベンゼン環の水素は略して書け.

問 1　化合物Xから化合物Aを経て化合物Bを生成する化学変化を構造式で示し，それぞれの名称も書け.

問 2　分離操作の段階では，化合物Yにはいくつかの可能な構造式が考えられる. 可能な構造式とそれぞれの名称を書け.

問 3　化合物Dの名称，および化合物Zの名称を書け.

問 4　化合物Cから化合物Eを生成する化学変化を構造式で示し，それぞれの名称を書け.

〔東京医科歯科大・改〕

54 ベンゼンの蒸留をするために，下図のような装置を組み立てた．実験上，不適切と思われる箇所があれば指摘せよ．

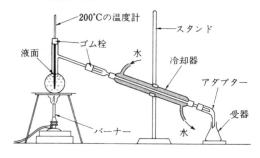

〔東京学芸大〕

55 有機化合物に関する実験を(A)〜(C)の順に行った．説明文を読み，問1〜問6に答えよ．

(A)　丸底フラスコに酢酸30.0gとエタノール100mL(約1.7mol)を入れて，少量の濃硫酸と沸騰石を加え，還流冷却器をつけて2時間加熱した．室温になるまで放置してから，丸底フラスコ内の溶液を氷冷した純水に注ぐと水層と有機層の二層に分離した．有機層の主成分は，酢酸エチルであった．

問1　酢酸エチルが生成する化学反応式を書け．

問2　脱水作用の他に濃硫酸が果たす役割を10字以内で述べよ．

(B)　(A)の有機層を(a)に移し，炭酸水素ナトリウム水溶液を加えて振り混ぜながら，発生する気体を放出させた．水層が弱塩基性であることを確認してから水層を除いた．有機層に粒状の塩化カルシウムを加えて残存する少量の水分を除去し，ろ過して有機層を取り出した．

問3　(a)に最も適当な実験器具を図示せよ．

問4　有機層に炭酸水素ナトリウム水溶液を加える理由と，そのときに起こる反応の化学反応式を書け．

(C)　(B)で得られた有機層には，酢酸エチルの他に有機化合物Xが含まれていた．また，Xは(A)の実験で酢酸を入れない場合にも生成した．そこで，蒸留によって酢酸エチルとXを分離して，純粋な酢酸エチル18.0gを取り出した．ただし，原子量はH＝1，C＝12，O＝16とする．

問5　有機化合物Xが生成する化学反応式を書け．

問6　(C)で得られた酢酸エチルの量は，(A)で酢酸がすべて酢酸エチルに変化したと考えた場合の何%になるかを計算せよ．主な計算式と答を記せ．

〔早稲田大・改〕

練 習 問 題 の 解 説 と 解 答

51 ① Aは中性物質，Bは塩基性物質，Cは酸性物質．

②，③

$$C : 9.96 \times \frac{12}{44} \fallingdotseq 2.72 \,(\text{mg})$$

$$H : 2.55 \times \frac{2}{18} \fallingdotseq 0.28 \,(\text{mg})$$

$$O : 3.00 - (2.72 + 0.28) = 0$$

原子数の比

$$C : H = \frac{2.72}{12} : \frac{0.28}{1} = 4 : 5$$

組成式　C_4H_5（式量53）

$(C_4H_5)_n = 106$ 　∴　$n = 2$

分子式　C_8H_{10}

酸化されてフタル酸を生じるからAは *o*-キシレン

④　$B + (CH_3CO)_2O$

　　　　　　$\longrightarrow C_8H_9NO + CH_3COOH$

Bは$C_6H_7N (C_6H_5NH_2)$でアニリン，Eは塩化ベンゼンジアゾニウム．

⑤　Cは問(5)の記述から分子式がC_6H_6Oで酸性物質であるからフェノール，Fは *p*-フェニルアゾフェノール．

問1　**(d)　分液漏斗**

問2　**C_8H_{10}**

問3

A : （ベンゼン環に CH_3, CH_3 のオルト置換構造）

E : （ベンゼン環に $-N^+ \equiv NCl^-$）

問4

（ベンゼン環）$-NH_2 + (CH_3CO)_2O$

$\longrightarrow$ （ベンゼン環）$-NHCOCH_3 + CH_3COOH$

問5

C : （ベンゼン環）$-OH$

F : （ベンゼン環）$-N = N-$（ベンゼン環）$-OH$

52 問1　操作(a)…塩基性物質のアニリンが，HClと反応してアニリン塩酸塩となり水層へ．

操作(b)…酸性物質の安息香酸とフェノールが，NaOHと反応してナトリウム塩となり水層へ．中性物質のシクロヘキサンはエーテル層Ⅰへ．

操作(c)…弱塩基のアニリンを強塩基のNaOHによって遊離．アニリンはエーテル層Ⅱへ．

操作(d)…CO₂を十分通じて炭酸より弱酸であるフェノールを遊離．フェノールはエーテル層Ⅲへ．水層には安息香酸ナトリウム．

操作(e)…HClより弱酸の安息香酸を遊離し，エーテル層Ⅳへ．

(b)　**(ア)**　　(c)　**(オ)**

(d)　**(キ)**　　(e)　**(ク)**

問2

（名称）**分液漏斗**

問3　Ⅰ　**(D)**　　Ⅱ　**(A)**

　　　Ⅲ　**(C)**　　Ⅳ　**(B)**

問4　ヒドロキシ基はオルト・パラ配向性の原子団．フェノールは，臭素と置換反応によって2, 4, 6-トリブロモフェノールの白色沈殿をつくる．

（フェノール）OH $+ 3Br_2 \longrightarrow$ （2,4,6-トリブロモフェノール：Br が2,4,6位）$+ 3HBr$

(E)

シクロヘキセンに臭素を加えると，付加反応が起こり，臭素の赤褐色が消える．

$$CH_2 \begin{array}{c} CH_2 \\ CH_2 \quad CH \\ CH_2 \quad CH \\ CH_2 \end{array} + Br_2 \longrightarrow \begin{array}{c} CH_2 \\ CH_2 \quad CHBr \\ CH_2 \quad CHBr \\ CH_2 \end{array}$$

(F)

問5

(G) ⟨benzene ring⟩—$N^+ \equiv N Cl^-$

塩化ベンゼンジアゾニウム

(H) ⟨benzene ring⟩—$N = N$—⟨benzene ring⟩—OH

p-フェニルアゾフェノール

問6　（イ），（オ）

53　分子式が C_8H_{10} で表される化合物はエチルベンゼン，o-キシレン，m-キシレン，p-キシレン．

　　分子式が C_6H_6O で表される化合物はフェノール．

　　分子式が $C_{12}H_{14}O_4$ で表される化合物は，炭素数や酸素数から考えてジカルボン酸エステル $C_6H_4\begin{array}{c}COOR\\COOR'\end{array}$.

(1), (2)　化合物Xは題意からフェノールと推定される．

(3)　化合物Yは C_8H_{10} と推定され，エタノールはジカルボン酸エステルのけん化生成物．

(4)　化合物C（分子式 $C_8H_6O_4$）は題意からジカルボン酸で，考えられる化合物は，

⟨構造式: COOH, COOH (o-)⟩　⟨構造式: COOH, COOH (m-)⟩

⟨構造式: COOH, COOH (p-)⟩

　　結局，$C_{12}H_{14}O_4$ はジカルボン酸とエ

タノールの縮合体（エステル）．

(5)　塩化鉄(Ⅲ)反応から化合物Xはフェノールと確定．フェノールを水素化するとシクロヘキサノール（化合物A）になり，さらに HNO_3 で強く酸化するとナイロン66の原料であるアジピン酸（化合物B）となる．

(6)　化合物Y（分子式 C_8H_{10}）は，その1molから1molの水素がとれるからエチルベンゼンで，化合物Dはスチレン．

(7)　化合物C（ジカルボン酸）は，脱水してベンゼン環をもつ化合物E（無水物）を生成したことからオルト型のフタル酸で，化合物Eは無水フタル酸．

　　結局，化合物Z（$C_{12}H_{14}O_4$）は1分子のフタル酸と2分子のエタノールがエステル化してできたフタル酸ジエチル．

問1　（化合物X）　　　（化合物A）

⟨構造式: フェノール (OH付きベンゼン環)⟩ → ⟨構造式: シクロヘキサノール⟩

フェノール　　　**シクロヘキサノール**

（化合物B）

→ ⟨構造式: アジピン酸⟩

アジピン酸

問2　⟨構造式: エチルベンゼン $CH_2{-}CH_3$⟩　⟨構造式: o-キシレン CH_3, CH_3⟩

エチルベンゼン　　**o-キシレン**

CH₃ structures: m-キシレン, p-キシレン

m-キシレン　　p-キシレン

問3　化合物D：スチレン
　　　化合物Z：フタル酸ジエチル
問4　化合物C　　　　化合物E

フタル酸 → 無水フタル酸

54　1　直接火で加熱すると引火の危険
性があるから湯浴にする.
　　2　温度計の球部を枝付きフラスコの枝
の部分に置く.
　　3　枝付きフラスコ内のベンゼンの量を
半分以下にする.
　　4　枝付きフラスコに毛細管または沸騰
石を入れる.
　　5　ゴム栓はベンゼンに溶けるからコル
ク栓に替える.
　　6　冷却水を下から上へ流す.
　　7　枝付きフラスコはスタンドに固定す
る.

55　問1　$CH_3COOH + C_2H_5OH$
　　　　　　$\longrightarrow CH_3COOC_2H_5 + H_2O$
　　問2　触媒作用を果たしている.
　(B)　沸騰石を加えるのは突沸を防ぐた
め.　(A)の有機層には，主成分の酢酸エ
チルのほかに，有機化合物Xおよび，
未反応の酢酸とエタノールが少量含ま
れている. この有機層を(a)の分液ロー
トに移し，水層と分け，NaHCO₃水
溶液を加えると未反応の酢酸が反応し

てCO₂を発生する.
　　$CH_3COOH + NaHCO_3$
　　　　$\longrightarrow CH_3COONa + CO_2 + H_2O$
生成した酢酸ナトリウムとエタノール
は水に溶けて除かれる.
　問3

　問4　（理由）有機層中に含まれている
　　　　　　未反応の酢酸を除くため.
　　$CH_3COOH + NaHCO_3$
　　　　$\longrightarrow CH_3COONa + CO_2 + H_2O$
　(C)　酢酸は$\dfrac{30.0}{60.0} = 0.50$(mol)，エタノール
は約1.7molで，エタノールが過剰で
あるから，濃硫酸を加えて熱すると，
過剰にあるエタノールが脱水してジエ
チルエーテル(X)ができる.
　問5　$2C_2H_5OH \longrightarrow C_2H_5OC_2H_5 + H_2O$
　問6　実験では，酢酸0.50molとエタノ
ール約1.7molを，丸底フラスコに入
れて反応させているから，反応が
100%の収率で進行するものとすれ
ば，生成する酢酸エチルの物質量は，
酢酸と同じ0.50molである. 酢酸エチ
ルの分子量は88.0であるから，その
質量は　$0.50 \times 88.0 = 44.0$(g)
　　いま，酢酸エチルが18.0g得られる
のであるから，その生成収率は

$$\frac{18.0}{44.0} \times 100 = 40.9(\%)$$

§12. 総 合 問 題

例題 55 〈 石油化学工業 〉

　　石油や天然ガスを原料として，化合物A〜L
およびXを合成する経路を図1に示してある.
図1に関する説明も参考にして，化合物A〜L
の構造式を，右の書き方の例にならって記せ.

構造式の書き方の例

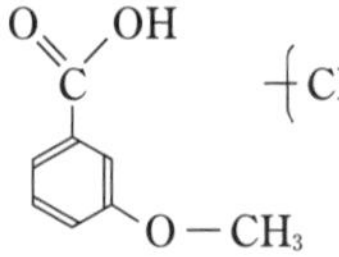

$-(CH_2-CH_2)_n$

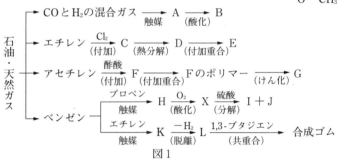

図1に関する説明:
　　1) Aは有毒な液体である. Bは銀鏡反応を示し，また，容易に酸化されてギ酸
　　　　に変わる.
　　2) Gは水溶性のポリマーである.
　　3) IとJは，Xの分解で同時に生成する. Iは，よく使われる有機溶媒で，水に
　　　　もよく溶ける. JとBの付加縮合反応により硬い樹脂が生成する.
　　4) Kは，分子式C_8H_{10}をもつ芳香族炭化水素である.

〔金沢大〕

▶ポイント▶　石油や天然ガスを原料とした典型的な総合問題である. この種の問題は出題率
が高くなっている.

〔解説〕　石油や天然ガスを原料として，各種の化合物を合成する工業を，石油化学工業と
いう.

〇Aは次の生成反応によってメタノール. メタノールは有毒な液体で，多量に飲用すると
　眼がおかされ，ついには死亡する. Bはホルムアルデヒドで，銀鏡反応やフェーリング
　反応が陽性.

$$CO + 2H_2 \xrightarrow{\text{触媒}} \underset{(A)}{CH_3OH} \xrightarrow{\text{酸化}} \underset{(B)}{HCHO} \xrightarrow{\text{酸化}} HCOOH$$

〇塩化ビニルは，アセチレンにHClを付加してつくられるが，現在は，エチレンにCl_2を
　付加し，熱分解を行ってつくっている.

$$nCH_2=CH_2 \xrightarrow[\text{付加}]{nCl_2} nCH_2Cl-CH_2Cl \xrightarrow[\text{熱分解}]{-nHCl} nCH_2=CHCl \xrightarrow[\text{付加重合}]{} \left(\!\!\begin{array}{c} CH_2-CH \\ | \\ Cl \end{array}\!\!\right)_n$$

エチレン　　　　　　　　　　　(C)　　　　　　　　　　　(D)　　　　　　　　　　　　　　(E)
　　　　　　　　　　　1,2-ジクロロエタン　　　　　塩化ビニル　　　　　　　　　　ポリ塩化ビニル

○ Gは，水溶性のポリマーであるからポリビニルアルコール．アセチレンに酢酸を付加すると酢酸ビニル，付加重合によってポリ酢酸ビニルが得られる．ポリ酢酸ビニルをけん化すると，ポリビニルアルコールになる．これはビニロンの原料である．

$$nCH\equiv CH \xrightarrow[\text{付加}]{nCH_3COOH} nCH_2=CHOCOCH_3$$

アセチレン　　　　　　　　　(F)　酢酸ビニル

$$\xrightarrow[\text{付加重合}]{} \left(\!\!\begin{array}{c} CH_2-CH \\ | \\ OCOCH_3 \end{array}\!\!\right)_n \xrightarrow[\text{けん化}]{} \left(\!\!\begin{array}{c} CH_2-CH \\ | \\ OH \end{array}\!\!\right)_n$$

ポリ酢酸ビニル　　　　　　　　　　　　　(G)
　　　　　　　　　　　　　　　　　　ポリビニルアルコール

○ ベンゼンとプロペンからクメン，クメンの空気酸化でクメンヒドロペルオキシド，これを H_2SO_4 で分解すると，フェノールとアセトンが生成する．有機溶媒に使われるIがアセトン，Jがフェノール．フェノールとホルムアルデヒドの付加縮合により，熱硬化性樹脂のフェノール樹脂ができる．

○ ベンゼンとエチレンからエチルベンゼン（C_8H_{10}），エチルベンゼンを脱水素するとスチレンができる．スチレンはブタジエン（1,3-ブタジエン）と共重合して，合成ゴムのスチレンブタジエンゴム（SBR）をつくる．

答　A：CH_3-OH　　　　B：$\begin{array}{c} H-C-H \\ \| \\ O \end{array}$　　　C：CH_2Cl-CH_2Cl

D：$CH_2=CHCl$　　E：$\left(\!\!\begin{array}{c} CH_2-CH \\ | \\ Cl \end{array}\!\!\right)_n$　　F：$\begin{array}{c} CH_2=CH \\ | \\ O-C-CH_3 \\ \| \\ O \end{array}$

G：$\left[\text{CH}_2 - \underset{\text{OH}}{\text{CH}} \right]_n$ H：$\text{H}_3\text{C} - \underset{\underset{\text{◯}}{|}}{\overset{\overset{\text{H}}{|}}{\text{C}}} - \text{CH}_3$ I：$\text{CH}_3 - \underset{\underset{\text{O}}{\|}}{\text{C}} - \text{CH}_3$

J：$\underset{\text{◯}}{\text{OH}}$ K：$\underset{\text{◯}}{\text{CH}_2 - \text{CH}_3}$ L：$\underset{\text{◯}}{\text{CH}=\text{CH}_2}$

例題56 正誤問題

次の各問に記号(a, b, ……)で答えよ.

1 次の化合物の反応に関する記述で正しくないものはどれか.

(a) トルエン，およびスチレンは臭素の四塩化炭素溶液と反応する.

(b) アセトンにヨウ素と水酸化ナトリウム水溶液を加え，加熱すると黄色の沈殿を生じる.

(c) クレゾールは水酸化ナトリウム水溶液に溶解してナトリウム塩をつくるが，炭酸水素ナトリウム水溶液には溶けない.

(d) スクロースにフェーリング液を加えて熱しても変化しなかったが，希硫酸を加えて熱し，中和後フェーリング液を加えて熱すると赤色の沈殿を生じた.

2 アニリンの生成と性質に関する記述で正しくないものはどれか.

(a) アニリンの水溶液にさらし粉溶液を加えると赤紫色を呈する.

(b) アニリン塩酸塩溶液に二クロム酸カリウム溶液を加え，加熱すると暗緑色になり，しだいに黒色に変化する.

(c) アニリン塩酸塩の水溶液を亜硝酸ナトリウム溶液でジアゾ化し，2-ナフトールの水酸化ナトリウム溶液を加えると橙赤色の物質が生成する.

(d) 試験管にニトロベンゼン，スズ，濃塩酸を加え，おだやかに加熱し，ニトロベンゼンの油滴がなくなったら，水で冷やし，ジエチルエーテルを加えてアニリンを抽出する. エーテル層をピペットで蒸発ざらに移す. ジエチルエーテルが蒸発すると，アニリンが蒸発ざらに油滴になって残る.

3 異性体に関する記述のうち正しくないものはどれか.

(a) グルコースには鏡像異性体（光学異性体）が存在しうる.

(b) アミノ酸の1つであるアラニンには鏡像異性体が存在しうるが，グリシンには光学異性体はありえない.

(c) マレイン酸とフマル酸はシス-トランス異性体（幾何異性体）であり，シス形はフマル酸である.

(d) ベンゼンの水素原子3個をメチル基で置換した化合物には，異性体は3種類ありうる.

4 油脂に関する記述のうち正しくないものはどれか.

(a) 油脂をけん化すると高級アルコールと高級脂肪酸のナトリウム塩を与える.

(b) 代表的な飽和脂肪酸としてはパルミチン酸，不飽和脂肪酸としてはオレイン

酸がある.

(c) けん化価は,油脂1gをけん化するのに必要な水酸化カリウムのミリグラム数
をいい,油脂の分子量のめやすとなる.

(d) ヨウ素価は,油脂100gに付加するヨウ素のグラム数を示し,油脂の不飽和度
の尺度である.

5 デンプンに関する記述のうち正しくないものはどれか.

(a) デンプンはグルコースとフルクトースから構成される高分子化合物である.

(b) セルロースもデンプンもグルコースから構成されているが,その結合様式に
相違がある.

(c) デンプンに麦芽を働かせるとアミラーゼの働きによりマルトースができる.

(d) デンプンとヨウ素溶液を反応させると青色を呈する.これは非常に鋭敏なの
で微量のヨウ素の検出に用いられる.

〔富山医科薬科大・改〕

解説 1 (a) スチレンには臭素は付加するが,トルエンには付加しない.(b) アセト
ンは,CH_3CO- をもつのでヨードホルム反応陽性.(c) クレゾールは,炭酸よりも弱
い酸であるから $NaHCO_3$ 水溶液に溶けない.(d) スクロースは還元性がないが,加水分
解生成物のグルコース(ブドウ糖)とフルクトース(果糖)はともに還元性がある.

2 (a),(b)アニリンの検出反応.(c) アゾ化合物の生成反応.(d) アニリンは,塩酸塩を
つくって水に溶けるからエーテル層には移らない.

3 (a) グルコースは,鎖式構造のときには4個,環式構造のときには5個の不斉炭素原
子が存在するので鏡像異性体がある.(b) α-アミノ酸では最も簡単なグリシンだけが
不斉炭素原子をもたない.(c) マレイン酸はシス形,フマル酸はトランス形,(d) この
場合3種類の異性体がある.

4 (a) 油脂をけん化すると3価アルコールのグリセリンと,高級脂肪酸のナトリウム塩
ができる.(b) パルミチン酸,ステアリン酸は飽和脂肪酸,オレイン酸,リノール酸,
リノレン酸は不飽和脂肪酸.(c) けん化価の定義.(d) ヨウ素価の定義.

5 (a) デンプンは α-グルコースの縮合重合体.(b) セルロースは β-グルコースの縮合
重合体.(c) デンプンは,アミラーゼの働きによってデキストリンを経てマルトース
(麦芽糖)に分解される.(d) ヨウ素デンプン反応は,デンプンおよびヨウ素の検出に利
用されている.

答 1−a, 2−d, 3−c, 4−a, 5−a

	練 習 問 題	

56 次の(1)～(3)の反応について，(a)～(e)には甲群の語句から選び，$\boxed{\text{I}}$ ～ $\boxed{\text{V}}$ には化合物名を乙群から選んで，(ア)，(イ)，……などの記号で答えよ．

(1) デンプン ──→ $\boxed{\text{I}}$ ──(a)→ エタノール
　　　　　加水分解

(2) $\boxed{\text{II}}$ ──(酸化)→ テレフタル酸 ──(エステル化)→ テレフタル酸ジメチル ──(c)→ ポリエチレンテレフタラート
　　ナフサ ──(b)→ エチレン ──(酸化)→ エチレンオキシド ──(加水分解)→ $\boxed{\text{III}}$

(3) アセチレン ──(付加)→ $\boxed{\text{IV}}$ ──(酸化)→ 酢酸 ──(脱水)→ 無水酢酸 ──(e)→ 酢酸フェニル
　　ベンゼン ──(d)→ ベンゼンスルホン酸 ──(アルカリ融解)→ ナトリウムフェノキシド ──(加水分解)→ $\boxed{\text{V}}$

甲群

(ア) 酸化	(イ) 縮合重合	(ウ) けん化	(エ) 発酵	(オ) 加水分解
(カ) アセチル化	(キ) 転化	(ク) 熱分解	(ケ) 還元	(コ) 加硫
(サ) 付加重合	(シ) スルホン化			

乙群

(ス) トルエン	(セ) グリセリン	(ソ) グルコース	(タ) p-キシレン
(チ) スクロース	(ツ) アニリン	(テ) クレゾール	(ト) フェノール
(ナ) エチレングリコール		(ニ) アセトフェノン	
(ヌ) アセトアルデヒド		(ネ) ホルムアルデヒド	

57 次の文，(1)～(10)の各々について，正しければ○印を記せ．間違いであれば，下線部をどのように訂正したらよいか，(例文)に対する(解答例)のように記せ．ただし，すべて訂正する必要があるとは限らない．必要ならば，次の原子量を使え．H＝1.0　C＝12.0　N＝14.0　O＝16.0

(例文) エチレンは分子式 <u>C_2H_6</u> で表される<u>直線</u>分子であり，水を付加すると<u>エタノール</u>になる．

(解答例) $C_2H_6 \longrightarrow C_2H_4$，直線 $\longrightarrow$ 平面

(1) ポリスチレンは<u>スチレンの縮合重合</u>で得られる<u>熱硬化性</u>樹脂であり，断熱材などの素材に用いられる．

(2) メラミン樹脂は<u>メラミンとアセトアルデヒドの付加縮合</u>で得られ，<u>2次元的直線構造</u>の分子である．

(3) ナイロン6は<u>カプロラクタムの開環重合</u>で生成し，<u>平均分子量 1.13×10^5</u> のポリマーには約3000個の<u>エステル結合</u>がある．

(4) 生ゴムは主に<u>ポリブタジエン〔$(-CH_2-CH=CH-CH_2-)_n$〕</u>の構造をもち，<u>硫黄</u>

で分子間に架橋構造をつくることによって，低弾性にしている．

(5) プラスチックの焼却処理上の問題点の1つは，低発熱量であることである．また，ポリアクリロニトリルの燃焼で，窒素酸化物や塩化水素などの有害ガスを発生することがある．

(6) デンプンはα-グルコースを構成単位とする二糖であり，α-グルコースをフェーリング液と反応させるとCu_2Oの青色沈殿を生じる．

(7) β-グルコースがグリコシド結合で結合したものをセルロースといい，セルロースのすべてのヒドロキシ基を硝酸エステル化したものは火薬の原料になる．

(8) 単純タンパク質はα-アミノ酸の重合体であり，α-アミノ酸の結晶は$H_2N-CH(R)-COOH$の形で存在する．また，グルタミン酸以外のα-アミノ酸には鏡像異性体(光学異性体)が存在する．

(9) ベンゼン，フェノール，およびアニリンの混合物を分離するには，この混合物に希水酸化ナトリウム水溶液を加えてよく振り混ぜ，水層と油層に分離する．この水層に希塩酸を加えるとアニリンが分離する．また，この油層に希塩酸を加えてよく振り混ぜると，水層にベンゼンが含まれる．

(10) 油脂を酸性で加水分解すると，セッケンとグリセリンを与える．

このセッケンはアルキルベンゼンスルホン酸ナトリウムのことであり，界面活性剤の1つである．

〔宇都宮大〕

58 次の事項に相当する物質(A～M)を下の化合物群から選び記号(ア～ヌ)で答えよ．

(1) Aを完全に燃焼させるとき生じる二酸化炭素と水のモル比は7対3である．

(2) 炭化カルシウム(カルシウムカーバイド)に水を作用させるとBが発生する．BとCは炭化水素であり，水素で還元すると，いずれもDになる．

(3) EとFは異性体である．Eは水酸化ナトリウム水溶液と反応してGを含む混合物を生じる．Gはおだやかに酸化するとHになり，Hはフェーリング溶液を加えると赤色の沈殿を生じる．

(4) Iを濃硝酸と濃硫酸の混合物と反応させるとJが生じる．さらに，Jはスズと塩酸で還元するとKになる．

(5) L，Mの重合体は，それぞれ生ゴム，ナイロン6である．

化合物群

ア　$CH_3-C(=O)-H$

イ　CH_3-CH_3

ウ 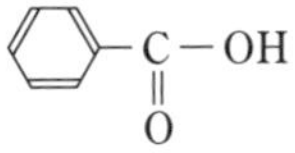

エ　CH_3-CH_2-OH

オ 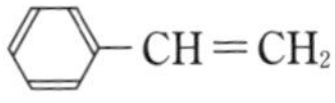

カ 

キ 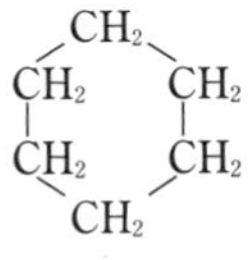

ク　CH$_3$-C-O-CH$_2$-CH$_3$
　　　　　‖
　　　　　O

ケ　（CH$_3$置換ベンゼン）

コ　CH$_2$=CH-CN　　サ　CH$_3$-CH$_2$-O-CH$_2$-CH$_3$

シ　（NH$_2$置換ベンゼン）

ス　（O$_2$N, CH$_3$, NO$_2$, NO$_2$ 置換ベンゼン）　　セ　CH$_3$-CH$_2$-CH$_2$-OH

ソ　CH$_2$=C-CH=CH$_2$
　　　　　|
　　　　CH$_3$

タ　（SO$_3$H 置換ベンゼン）　　チ　（NO$_2$ 置換ベンゼン）

ツ　CH$_3$-CH$_2$-C-O-CH$_3$
　　　　　　　‖
　　　　　　　O

テ　$\begin{matrix} H \\ H \end{matrix}$C=C$\begin{matrix} H \\ H \end{matrix}$

ト　H$_2$C$\begin{matrix} CH_2-CH_2-CO \\ CH_2-CH_2-NH \end{matrix}$

ナ　CH$_3$-C-OH
　　　　　‖
　　　　　O

ニ　H-C≡C-H　　ヌ　CH$_3$-CH$_2$-C-H
　　　　　　　　　　　　　　　‖
　　　　　　　　　　　　　　　O

〔1985筑波大（前）〕

59　次の文を読み，以下の各問に答えよ．

　繊維には天然繊維と化学繊維がある．化学繊維はさらに，再生繊維，半合成繊維，合成繊維に分類される．

　天然繊維としては，綿，羊毛，絹などが知られている．綿の主成分はセルロースであり，羊毛や絹の主成分は[　ア　]である．再生繊維はセルロースを化学的に処理してコロイド溶液にした後，これを細孔から押し出してセルロースの繊維に再生したものであり，レーヨンとよばれる．レーヨンには銅アンモニアレーヨンとビスコースレーヨンがある．銅アンモニアレーヨンはキュプラともよばれ，[　イ　]試薬にセルロースを溶解し，溶液を希硫酸中に押し出してセルロースを再生したものである．一方，ビスコースレーヨンは，A)ビスコースを希硫酸中に押し出して再生したものである．ビスコースを膜状に押し出すと[　ウ　]が得られる．半合成繊維はパルプを[　エ　]でエステル化してから繊維を形成したものでアセテート繊維とよばれる．

　合成繊維としてはナイロン66，ポリエチレンテレフタラート，アクリル繊維がよく知

られている．ナイロン66はヘキサメチレンジアミンとアジピン酸を オ 重合して得られる．ポリエチレンテレフタラートはB)テレフタル酸とエチレングリコールを オ 重合して得られる．アクリル繊維はアクリロニトリルを主成分とし，アクリル酸メチルなどを混合し， カ 重合によって生成した高分子である．このように カ 重合において2種以上の単量体が混合して重合するのを キ 重合という．

問1　空欄 ア ～ キ に適切な語句を記せ．

問2　A)ビスコースのつくり方を記せ．

問3　B)テレフタル酸とエチレングリコールのそれぞれ1分子ずつが反応してできる直鎖状分子の構造式を記せ．

〔熊本大〕

60　下記の文中の□□□内に入れる適当な語句を次の語句群から選んで，(1)，(2)などの番号で答えよ．また，（　）内には数値，〔　〕内には相当する化合物の示性式を書け．数値は四捨五入して小数第1位まで示せ．ただし，原子量はH＝1，C＝12，O＝16とする．

語句群

(1)　アセチレン	(2)　アセトアニリド	(3)　アセチルサリチル酸
(4)　アセトン	(5)　圧力	(6)　アミノ酸　　(7)　アミラーゼ
(8)　エタノール	(9)　エタン	(10)　エチレン　　(11)　塩化ビニル
(12)　温度	(13)　フルクトース	(14)　酢酸　　(15)　酢酸エチル
(16)　酢酸ビニル	(17)　サリチル酸メチル	(18)　ジエチルエーテル
(19)　1,2-ジブロモエタン	(20)　タンパク質	(21)　テトラブロモエタン
(22)　ビニルアルコール	(23)　α-グルコース	(24)　プロピオン酸
(25)　ペプチダーゼ	(26)　塩化ベンゼンジアゾニウム	
(27)　ポリエチレン	(28)　ポリエチレンテレフタラート	
(29)　ポリ酢酸ビニル	(30)　ポリプロピレン	(31)　ポリビニルアルコール
(32)　無水酢酸	(33)　メタン	(34)　メタノール

酵素は生体細胞内でつくられる触媒作用をもつA□□□で，糖質，タンパク質，脂質などの加水分解や酸化，還元をつかさどっている．酵素作用の主な3つの特性をあげると，基質選択性，最適のB□□□範囲およびpH範囲がある．酵母菌による発酵の際，デンプン分子$(C_6H_{10}O_5)_n$はC□□□の作用でマルトースに加水分解され，さらに，マルターゼで加水分解されるとD□□□になり，最後に，一群の酵素の作用でE□□□と二酸化炭素になる．この一連の変換が完全に起こると仮定すると，デンプン200gからF（　　）gのEと，27℃，$1.0×10^5$Pa(1atm)でG（　　）Lの二酸化炭素が発生することになる．

Eに濃硫酸を加えて130℃くらいに加熱すると，2分子間で脱水反応が起こり，揮発性の液体H□□□が得られる．Hと同じ組成式をもつ異性体として，4種類のアルコールがあり，その示性式は，$CH_3CH_2CH_2CH_2OH$，I〔　　〕，J〔　　〕，K〔　　〕である．

Eに濃硫酸をさらに高温で加熱した場合には，L□□□が発生する．Lは示性式M〔　　〕

をもつ気体で，白金を触媒にして水素を作用させると^N[　　]，臭素を付加させると，^O[　　]が得られる．また，触媒を用いて，Lを重合させさると，^P[　　]とよばれる高分子化合物が得られる．

　パラジウム塩を触媒として，Lを酸化して得られる^Q[　　]は，合成繊維，医薬品，染料などの原料として重要である．2分子のQの脱水反応で得られる^R[　　]は反応性が高く，アニリンに作用させると^S[　　]が，また，サリチル酸に作用させると^T[　　]が得られる．アセチレンにQを付加させて得られる^U[　　]を重合させると^V[　　]とよばれる高分子化合物が生成する．Vを加水分解して得られる^W[　　]を適当な処理をして紡糸したものが日本で開発されたビニロンという合成繊維である．

〔愛媛大〕

練習問題の解説と解答

56 (a)　(エ)　(b)　(ク)　(c)　(イ)
(d)　(シ)　(e)　(カ)
Ⅰ　(ソ)　Ⅱ　(タ)　Ⅲ　(ナ)
Ⅳ　(ヌ)　Ⅴ　(ト)

57 (1)　縮合重合 ―→ 付加重合
　　　　熱硬化性 ―→ 熱可塑性
(2)　アセトアルデヒド ―→ ホルムアルデヒド
　　　2次元的直線 ―→ 3次元的網目
(3)　カプロラクタムの分子量は113であるからアミド結合の数は1000個.
　　　3000 ―→ 1000, エステル ―→ アミド
(4)　ポリブタジエン ―→ ポリイソプレン
　　$+CH_2 - CH = CH - CH_2 \}_n$
　　$―→ +CH_2 - C(CH_3) = CH - CH_2 \}_n$
　　　低弾性 ―→ 高弾性
(5)　低発熱量 ―→ 高発熱量
　　　塩化水素 ―→ シアン化水素
(6)　二糖 ―→ 多糖
　　　青色沈殿 ―→ 赤色沈殿
(7)　○
(8)　$H_2N - CH(R) - COOH$
　　　$―→ H_3N^+ - CH(R) - COO^-$
　　　グルタミン酸 ―→ グリシン
(9)　アニリン ―→ フェノール
　　　ベンゼン ―→ アニリン
(10)　酸性 ―→ 塩基性
　　　アルキルベンゼンスルホン酸ナトリウム ―→ (高級)脂肪酸ナトリウム

58 (1)　Aは1分子中にCを7個, Hを6個もつ安息香酸 C_6H_5COOH.
(2)　Bはアセチレン, Cはエチレン, Dはエタン
(3)　EとFはエステルで $CH_3COOCH_2CH_3$ と $CH_3CH_2COOCH_3$ のいずれかである.

けん化して得られるアルコールは CH_3CH_2OH と CH_3OH で, このいずれかがG.「化合物群」の中には CH_3CH_2OH だけしかないからGは CH_3CH_2OH. したがって, Eは $CH_3COOCH_2CH_3$, Fは $CH_3CH_2COOCH_3$, またHは CH_3CHO.
(4)　Iは C_6H_6, Jは $C_6H_5NO_2$, Kは $C_6H_5NH_2$
(5)　生ゴムはイソプレンを付加重合させたもの, ナイロン6はカプロラクタムに少量の水を加えて加熱し開環重合させたもの.

$$n \begin{bmatrix} CH_2 = C - CH = CH_2 \\ | \\ CH_3 \end{bmatrix}$$
イソプレン
$$―→ \begin{bmatrix} -CH_2 - C = CH - CH_2 - \\ | \\ CH_3 \end{bmatrix}_n$$
生ゴム

$$n\, H_2C \begin{cases} CH_2 - CH_2 - CO \\ CH_2 - CH_2 - NH \end{cases}$$
カプロラクタム

$$―→ H + HN - (CH_2)_5 - CO \}_n OH$$
ナイロン6

A―ウ　　B―ニ　　C―テ
D―イ　　E―ク　　F―ツ
G―エ　　H―ア　　I―カ
J―チ　　K―シ　　L―ソ
M―ト

59 銅アンモニアレーヨンは, セルロースをシュバイツァー試薬(水酸化銅(Ⅱ)のアンモニア水溶液)に溶かし, 細孔から希硫酸中に押し出して, セルロースを再生した繊維, ビスコースレーヨンは,

セルロースに二硫化炭素と水酸化ナトリウム水溶液を作用させ，得られるセルロースキサントゲン酸ナトリウムを希水酸化ナトリウム水溶液に溶かしたもの（ビスコースという）を，細孔から希硫酸中に押し出して，セルロースを再生した繊維．ビスコースを膜状に押し出したものがセロハン．

問1　（ア）　タンパク質
　　　（イ）　シュバイツァー
　　　（ウ）　セロハン
　　　（エ）　無水酢酸　　（オ）　縮合
　　　（カ）　付加　　　　（キ）　共

問2　セルロースを二硫化炭素と水酸化ナトリウム水溶液と反応させ，得られるセルロースキサントゲン酸ナトリウムを，希水酸化ナトリウム水溶液に溶解する．

問3

$$\text{HO-C}-\bigcirc\!\!-\text{C-O-CH}_2-\text{CH}_2-\text{OH}$$
　　　　∥　　　　∥
　　　　O　　　　O

60　A，B　酵素は生体内の複雑な反応を促進させる働きをもつ物質でその本体はタンパク質である．酵素のもつ主な3つの特性は，①特定の基質にだけ働く（基質特異性），②最適温度（35～40℃）で働く，③最適pH（5～8）で働くことなどである．

F　$2(C_6H_{10}O_5)_n + nH_2O \longrightarrow nC_{12}H_{22}O_{11}$
　　$C_{12}H_{22}O_{11} + H_2O \longrightarrow 2C_6H_{12}O_6$
　　$C_6H_{12}O_6 \longrightarrow 2C_2H_5OH + 2CO_2$
　　∴　$(C_6H_{10}O_5)_n$
　　　　　　$\longrightarrow 2nC_2H_5OH + 2nCO_2$
　　$(C_6H_{10}O_5)_n$の分子量は$162n$．

　　C_2H_5OH は46．デンプン200gは
　　$\dfrac{200}{162n}$(mol)．

　　したがって，C_2H_5OHの物質量は
　　$\dfrac{200}{162n} \times 2n$(mol)で，その質量は，
　　$\dfrac{200}{162n} \times 2n \times 46 ≒ 113.6$(g)

G　発生するCO_2が27℃，1.0×10^5Pa(1atm)で占める体積は，
　　$\dfrac{200}{162n} \times 2n \times 22.4 \times \dfrac{273+27}{273}$
　　$≒ 60.8$(L)

A．**（20）**　　　B．**（12）**　　　C．**（7）**
D．**（23）**　　　E．**（8）**　　　F．**113.6**
G．**60.8**　　　H．**（18）**
I．$\mathbf{CH_3CH_2CH(OH)CH_3}$
J．$\mathbf{(CH_3)_2CHCH_2OH}$
K．$\mathbf{(CH_3)_3COH}$　　　　L．**（10）**
M．$\mathbf{CH_2=CH_2}$　　　　N．**（9）**
O．**（19）**　　　P．**（27）**　　　Q．**（14）**
R．**（32）**　　　S．**（2）**　　　T．**（3）**
U．**（16）**　　　V．**（29）**　　　W．**（31）**